农区肉羊高效养殖技术

◎ 许贵善 主编

中国农业科学技术出版社

图书在版编目（CIP）数据

农区肉羊高效养殖技术／许贵善主编 . —北京：中国农业科学技术
出版社，2020. 1
　ISBN 978-7-5116-3560-0

　Ⅰ.①农…　Ⅱ.①许…　Ⅲ.①肉用羊–饲养管理　Ⅳ.①S826.9

中国版本图书馆 CIP 数据核字（2019）第 292779 号

责任编辑	张国锋
责任校对	李向荣

出　版　者	中国农业科学技术出版社
	北京市中关村南大街 12 号　邮编：100081
电　　　话	（010）82106636（编辑室）　（010）82109702（发行部）
	（010）82109709（读者服务部）
传　　　真	（010）82106631
网　　　址	http://www.castp.cn
经　销　者	各地新华书店
印　刷　者	北京富泰印刷有限责任公司
开　　　本	850mm×1 168mm　1/16
印　　　张	13. 75
字　　　数	370 千字
版　　　次	2020 年 1 月第 1 版　2020 年 1 月第 1 次印刷
定　　　价	78. 00 元

《农区肉羊高效养殖技术》
编写人员名单

主　编　许贵善

副主编　冯昕炜　肖国亮

编　者　(按姓氏笔画排序)

马忠杰　马绍楠　王　彦　冯昕炜　许贵善

肖国亮　周　艳　赵玉宾　高　帆　彭婉婉

前　言

羊是反刍动物，具有独特的消化器官，可以充分利用各种牧草和农副产品，并将众多的粗饲料转化为优质的畜产品。羊饲养方式简单，投资少，见效快，便于家庭农场饲养，也可以大规模养殖。因此养羊生产是发展节粮型畜牧业的重要选项，也是广大农牧民脱贫致富的重要途径。

我国养羊历史悠久，品种资源丰富，草原辽阔，农作物副产物丰富，发展养羊业具有得天独厚的优势。中国是传统的养羊大国，但不是养羊强国，规模化和标准化饲养刚刚起步。随着国民经济的发展和人民生活水平的提高，畜牧业结构不断优化和调整，为养羊业的发展提供了良好的机遇，尤其是近些年来，国家实施了标准化创建、良种补贴等一系列扶持养羊业的优惠政策，我国的肉羊产业发展步入了快车道。

本书共十二章。包括：中国养羊业概况，绵、山羊品种，羊的生物学特性，羊消化生理及粗饲料利用特点，肉羊营养需要量，农作物副产品的种类与特点，青贮饲料的调制技术，秸秆的氨化和碱化技术，秸秆加工成型调制技术，羊的高效繁育技术，羊的饲养管理技术和肉羊常见疾病及其防治等。本书主要内容涵盖了养羊生产中营养与饲料、高效快繁、疫病防控和饲养管理等主要环节。重点介绍了农区舍饲条件下肉羊饲养管理技术，羔羊早期断奶技术，母羊频密繁殖技术与营养调控技术，粗饲料的加工调制技术等。本书的出版发行对于提高我国肉羊的标准化养殖水平，提升基层畜牧技术推广人员的科技服务能力和养殖者生产管理水平具有一定的指导意义和促进作用。

本书具有通俗易懂、照方抓药的特点，适用于规模化羊场的技术与管理人员，对从事畜牧业管理的行政人员具有参考意义，对肉羊饲养入门者有指导作用。

对于本书所引用的参考资料表示感谢，由于编写时间仓促，书中疏漏之处在所难免，敬请广大读者批评指正。

编者

2019 年 5 月

目　　录

第一章　养羊业概况 …………………………………………………… 1
　第一节　世界养羊业概况 ……………………………………………… 1
　第二节　中国养羊业概况 ……………………………………………… 8

第二章　绵、山羊品种 ………………………………………………… 13
　第一节　国外引入羊的主要品种 …………………………………… 13
　第二节　我国肉用绵羊品种 ………………………………………… 17
　第三节　我国主要肉用山羊品种 …………………………………… 22

第三章　羊的生物学特性 ……………………………………………… 26
　第一节　羊的生活习性 ……………………………………………… 26
　第二节　羊的行为特性 ……………………………………………… 28
　第三节　羊的繁殖特性 ……………………………………………… 31

第四章　羊消化生理及粗饲料利用特点 …………………………… 35

第五章　肉羊营养需要量 ……………………………………………… 43

第六章　农作物副产品的种类与特点 ……………………………… 83
　第一节　我国农作物副产品总论 …………………………………… 83
　第二节　秸秆饲料的特性 …………………………………………… 84
　第三节　秸秆的种类与营养成分 …………………………………… 88
　第四节　秕壳的种类与成分 ………………………………………… 93
　第五节　抗营养因子 ………………………………………………… 94

第七章　青贮饲料的调制技术及在肉羊养殖中的应用 …………… 97
　第一节　青贮原理与过程 …………………………………………… 98
　第二节　青贮饲料的质量评定和在肉羊养殖中的应用 ………… 106

第八章　秸秆的氨化和碱化技术及在肉羊养殖中的应用 ……… 111
　第一节　秸秆类饲料 ……………………………………………… 111
　第二节　秸秆的加工 ……………………………………………… 113

第九章　秸秆加工成型调制技术及在肉羊养殖中的应用 ……… 125
　第一节　秸秆成型饲料的优点及推荐配方 ……………………… 125
　第二节　秸秆颗粒饲料的加工调制 ……………………………… 134

第三节　块状粗饲料的加工调制 …………………………………… 140

第十章　羊的高效繁育技术 …………………………………… 151
　第一节　羊的繁殖规律 …………………………………………… 151
　第二节　人工授精技术 …………………………………………… 155
　第三节　繁殖新技术的应用 ……………………………………… 159

第十一章　羊的饲养管理技术 ………………………………… 162
　第一节　羔羊的饲养管理 ………………………………………… 162
　第二节　育成羊的饲养 …………………………………………… 171
　第三节　妊娠母羊的饲养管理 …………………………………… 172
　第四节　肥育羊的饲养 …………………………………………… 175

第十二章　肉羊常见疾病及其防治 …………………………… 184
　第一节　肉羊疾病流行趋势和综合防控 ………………………… 184
　第二节　肉羊传染病 ……………………………………………… 188
　第三节　肉羊寄生虫疾病 ………………………………………… 195
　第四节　肉羊普通病 ……………………………………………… 201

参考文献 ………………………………………………………… 210

第一章 养羊业概况

羊是草食动物，是人类最早驯养的家畜之一，羊的驯养至今已有七千多年的历史。养羊业为人类提供了大量的肉、奶、纺织原料、皮革等生活和生产资料。人们利用羊产品，实际上是对林草地资源的高效利用，而对林草地资源的利用程度，是决定人类社会经济发展快慢的一个重要因素。

随着科学技术的快速发展和人类社会的不断进步，世界养羊业的发展取得了令人瞩目的成就。养羊业已经成为一些国家国民经济可持续发展的支柱产业之一。养羊业在草地畜牧业中有着重要的地位，对社会和经济发展起着积极的作用。

第一节 世界养羊业概况

一、世界羊的存栏数及羊产品产量

1. 世界羊只存栏情况

2016 年，全球羊只存栏量为 21.76 亿只，其中山羊存栏量为 10.03 亿只，绵羊为 11.73 亿只，与 2015 年相比，分别增长了 2.43% 和 1.15%，羊只存栏总量同比增长 1.69%（简路洋等，2018，表 1-1）。

2015—2016 年，世界山羊和绵羊存栏量前 10 国家的排名并未改变，羊只存栏量基本保持稳中有升的态势，只有澳大利亚和伊朗国内的绵羊存栏量分别降低了 4.75% 和 4.98%（表 1-2，表 1-3）。山羊存栏量排名前 10 的国家中，除中国外，其余国家大多位于南亚以及非洲地区，其存栏量高与当地的自然环境、品种以及消费者选择密切相关。中、印两国的绵羊和山羊存栏量排名都十分靠前，这与两国广袤的土地资源以及庞大的人口、旺盛的羊肉市场需求密切相关。尼日利亚作为西非人口大国，其自然环境和草场资源优越，发展畜牧业的条件得天独厚，其山羊和绵羊存栏量排名分别为第 3 位和第 4 位。澳大利亚国土面积辽阔，草地资源丰富，同样适合羊业发展，但澳大利亚羊业以绵羊为主，绵羊存栏量排名世界第 2 位，山羊存栏量极少（简路洋等，2018）。

表 1-1　世界羊只存栏情况

	2015 年（亿只）	2015 年（亿只）	增幅（%）
山羊	9.79	10.03	2.43
绵羊	11.60	11.73	1.15
总和	21.40	21.76	1.69

数据来源：联合国粮食及农业组织（FAO）

表 1-2　世界山羊存栏量排名前 10 国家

	2015 年（亿只）	2016 年（亿只）	增幅（%）
中国	14 481.77	14 909.00	2.95
印度	13 206.94	13 387.46	1.37
尼日尼亚	7 257.77	7 387.96	1.86
巴基斯坦	6 842.00	7 030.00	2.75
孟加拉	5 600.00	5 608.32	0.15
苏丹	3 122.70	3 132.51	0.31
埃塞俄比亚	2 970.50	3 032.02	1.67
肯尼亚	2 509.44	2 674.59	6.58
蒙古	2 359.29	2 557.49	8.40
马里	2 008.31	2 214.15	10.25

数据来源：联合国粮食及农业组织（FAO）

表 1-3　世界绵羊存栏量排名前 10 国家

	2015 年（亿只）	2016 年（亿只）	增幅（%）
中国	15 849.02	16 206.27	2.25
澳大利亚	7 090.98	6 754.31	-4.75
印度	6 221.66	6 301.62	1.29
伊朗	4 473.18	4 250.20	-4.98
尼日尼亚	4 163.22	4 209.10	1.10
苏丹	4 021.00	4 055.29	0.85
英国	3 333.70	3 394.30	1.82
土耳其	3 114.02	3 150.79	1.18
埃塞俄比亚	2 944.00	3 069.79	4.27
巴基斯坦	2 912.08	2 980.00	2.33

数据来源：联合国粮食及农业组织（FAO）

2. 世界羊肉出口及中国羊肉进口

澳大利亚和新西兰作为传统的畜牧业大国，其羊肉出口量和出口额均远超其他国家，分别达到了 44.21 万 t、19.27 亿美元和 38.74 万 t、18.84 亿美元。但相较于中、印、巴等存栏排名靠前的国家，澳大利亚和新西兰的羊只存栏量水平并不高，充分说明了两国畜牧业"出口型"发展的本质。

2016 年中国羊肉进口总量为 24.49 万 t，远超其他国家。在中国国内羊肉产量世界第一的基础上，仍然大量进口羊肉，侧面反映了国内羊肉市场旺盛的需求。2016 年中国进口绵羊肉为 23.99 万 t，而山羊肉仅为 0.50 万 t，显示出国内市场对绵羊肉的偏好，也显示出进口绵羊肉的价格优势。不只是中国，其他国家羊肉进口量中同样呈现出绵羊肉远超山羊肉的态势。中国羊肉进口量大约是美国的 2.5 倍，但美国羊肉进口额为 7.86 亿美元，反而高于中国的进口额 7.00 亿美元。这一结果可能与美国出台的关税壁垒政策以及进口羊肉产品更加高端有关。

3. 世界羊毛产量

全球羊毛供给持续收缩。从产量情况来看，近 10 年来羊毛（净毛）产量稳定维持在 110 万~120 万 t，2015 年到 2017 年全球羊毛（洗净毛）产量分别为 116.6 万 t、114.8 万 t 以及 115.4 万 t，羊毛（净毛）库存量也维持在较低的水平，羊毛（净毛）总供给量已经达到了 70 年以来最低水平。

世界上主要羊毛生产国包括澳大利亚、中国和新西兰，2015 年羊毛产量分别占世界总量的 23.76%、15.09% 和 9.78%，三国产量合计占比为世界总产量的一半。澳大利亚和新西兰羊毛产量 2016—2017 年均呈现下降的趋势，而中国羊毛产量相对稳定。其他农业企业的竞争是羊毛产量下降的主要因素，各个羊毛生产国的主要竞争企业有所不同。比如，澳大利主要受到种植业、羊肉生产对绵羊数量的影响以及季节的影响。新西兰则受到乳制品企业对土地占用的影响。澳大利亚羊毛品质较为细长，主要用于服饰生产，中国羊毛和新西兰羊毛品质较为粗短，主要用于室内纺织品生产。

二、世界养羊业现状

1. 由毛用向肉用方向发展，大力发展肥羔肉生产

由于人民生活水平的提高及自身保健意识的不断增强，人类对羊肉的需求量逐年增加，而且羊肉的生产效益远远高于羊毛生产。羊肉生产的增加，不仅表现在产量上，也反映在羊肉生产的结构上。养羊业发达的国家如法国，羊肉总产量中羔羊肉占 75%，澳大利亚占 70%，新西兰占 80%，英国和美国占 90% 以上。羔羊肉产量迅速增加，是充分利用羔羊生长发育快、饲料报酬高、肉质好、生产周期短、经济效益高等特点，专业化和集约化的肥羔生产正逐步取代大羊肉生产。因为：一是羔羊生长快、饲料报酬高、生产成本低，1~5 月龄的羔羊体重增长最快，其饲料报酬（料肉比）为（3~4）：1，比成年羊〔（6~8）：1〕可节省饲料近 1 半；二是羔羊当年出生、当年育肥、当年屠宰，可提高出栏率、肉羊生产周期和羊群周转速度，经济效益明显；三是从事羔羊生产是适应饲草季节性变化的有效措施，可减少枯草期羊的体重损失，避免肉羊

生产陷入"夏壮、秋肥、冬乏、春瘦"的恶性循环；四是羔羊肉市场需求量大、行情好、价格高，而且羔羊皮质量好、价格高。由于羔羊肉具有瘦肉多、肌肉纤维细嫩、脂肪少、膻味轻、味美多汁和容易消化等特点，颇受消费者欢迎，反映在市场价格上，羔羊肉比成年羊肉高出 0.5~1 倍。由于生产羔羊肉可获得最佳经济效益和社会效益，所以世界各国都积极研究，大力发展肥羔生产。

2. 绵羊饲养量下降，羊毛产量持续减少，细毛、超细毛市场走俏

20 世纪 90 年代世界羊毛总量供过于求，且受到合成纤维的激烈竞争（合成纤维的平均单价仅为羊毛的 1/3），羊毛市场疲软，羊毛价格下跌 35%，由此导致各产毛国家同期绵羊头数急剧减少。虽然羊毛总产量在减少，但同时占 15% 份额的细毛和超细毛却十分走俏，其价格也远高于中支毛。世界各国细毛羊育种开始注重对高支毛品种的选育。为此澳大利亚政府制定了总体缩减美利奴羊存栏，但增加超细型的饲养规模的计划；育种方面开展降低羊毛细度研究，并把羊毛开发与育种研究相结合以开发新产品。由于羊毛细度对价格的影响越来越显著，细度育种成为澳洲美利奴羊育种的研究重点。据资料显示，澳大利亚新南威尔士州拥有最多毛绵羊，其次是西澳州、维多利亚州、南澳大利亚州。澳大利亚羊毛主要由美利奴羊及杂交美利奴羊所产。羊毛细长、毛质上乘、卷曲柔软、长度匀齐、洁白光亮、弹性强力较好、防火防静电、隔热隔噪声。在澳大利亚，细毛指的是纤维直径为 19.6~20.5 μm 的美利奴羊毛，超细毛则是 19.5 μm 以下。澳大利亚羊毛 87% 的剪毛细度小于 24 μm，30% 的剪毛细度小于 19 μm，专门用于生产最高档的羊毛服装。

3. 利用现代化新技术，向集约化方向发展

养羊业发达的国家基本实现了品种良种化、草原改良化、放牧围栏化和育肥工厂化，养羊水平很高，经济效益显著。这些国家在广泛采用多元杂交的基础上形成杂交体系，同时利用现代繁殖技术，调节光照促进提早发情、提早配种、早期断奶、诱发分娩、集中强度育肥等措施来缩短非繁殖期的时间。搞两年 3 胎的频密繁殖方式，通过同期发情技术，统一配种，集中产羔，规模育肥。在育肥手段上充分利用羔羊的生理特点和营养理论，配制营养全面的日粮，以便于用最短的育肥时间使羔羊达到上市体重，做到大批量生产、均衡上市、全年供应。

4. 育种中充分利用新技术

在育种方面，现代繁殖新技术在发达国家被广泛推广应用于肥羔羊生产中，但未来较长一段时期里，常规育种技术仍是畜禽遗传改良的主要手段，但分子生物技术以及基因工程技术的发展，DNA 分子遗传标记在遗传育种中的应用，将为羊遗传改良提供新的途径和方法，创造携带优良基因的新品种。自阐明了 Booroola 多产基因（FecB）的性质以来，识别和分析主基因的工作已成为绵羊育种研究的重要特征，影响排卵率的类似基因也已报道，而且已经尝试探索这种变异的机制并使其渗入到其他品种和羊群中，对影响免疫功能、畜产品品质遗传基础的进一步认识，将使畜禽育种不再停留在单纯的提高个体生产性能，品质育种、抗病育种将成为畜禽育种的重要内容。

5. 天然草场改良化，人工草场不断扩大改良天然草场，建立人工草地

为了提高草地载畜量，降低肉羊生产成本，改良天然草场，建设人工草地，并采用

围栏分区轮牧技术，对原有的可利用草场，运用科学方法进行大范围的改良工作，提高单位面积的载畜量和牧草质量，在缺少或草场资源匮乏的地区建立人工草地，从而解决或缓解牧草短缺与饲养之间的矛盾，推动畜牧业的发展，已成为肉羊饲养业发达国家的普遍做法。

6. 养殖成本增加，价格持续上涨

近年来，世界肉羊生产总成本呈上升趋势。在肉羊生产成本中，饲料费用占总成本费用的 70% 左右，仔畜费用及人工成本占成本费用 20% 以上，并且呈上升趋势，其中增长幅度最大的是饲料费用，其次是仔畜费用。人工成本近十年增长了近 5 倍。从收益看，成本收益率在 18.34%~60.01%，并且在大幅震荡中呈下降趋势。饲料原料涨价、劳动力价格上升等因素导致养殖成本增加，直接推动了羊肉价格的持续上涨，而且这种上涨的趋势还在继续。

三、世界养羊业发展措施

（一）大力发展肉羊业，提高肉羊品种质量和出栏率

1. 大力发展肥羔肉生产

羔羊肉膻味轻，瘦肉多，脂肪少，鲜嫩多汁，容易消化，胆固醇的含量也低于其他肉类，且羔羊在 6 月龄前具有生长速度快、饲料报酬高 [羔羊为（3~4）:1，成年羊为（6~8）:1]、胴体品质好的特点，其生产在国际上已占主导地位。所以养羊业发达的国家都在繁育早熟肉用品种的基础上，利用杂交优势，进行肥羔肉的专业化生产，并逐步由生产成年羊肉转向生产羔羊肉，目前在国际市场销售的羊肉主要为肥羔肉。

2. 早期断奶，集中育肥

早期断奶，实质上是通过控制哺乳期来缩短母羊产羔间隔和控制繁殖周期，可大大减轻母羊的负担，使母羊的体质尽早得以恢复，以达到一年两产或两年三产，提高存栏母羊生产效率的目的。对于羔羊而言，早期断奶，提早补饲，可以使羔羊得到充足的营养，最大限度地发挥其生长潜力。羔羊早期断奶后随即补给充足的饲料进行强度育肥。育肥方式主要有：放牧育肥、舍饲育肥、混合育肥 3 种。目前育肥方式一般都采用放牧加补饲和舍饲育肥的方法。其中放牧加补饲可缩短羔羊育肥周期，增加羊肉的出栏量、出肉量。

3. 根据市场变化抓季节差，进行短期强度育肥

利用牧区秋冬夏季节调整羊群比例的有利时机，大量采购淘汰种羊或膘情欠佳的育成羊（架子羊）进行集中短期强度育肥，提高空缺圈舍的利用率，增加养殖收入。

4. 加强羊肉生产的下游工程

随着国际和国内市场对羊肉需求的不断增加和人们对羊肉食品的认同，羊肉的深加工业发展迅猛，新的羊肉烹调方法和各种羊肉食品的成品和半成品的不断研制、开发，将进一步促进羊肉的消费，有利于增加羊肉产品的附加值。应大力发展羊肉深加工业的产业化生产，形成初具规模的羊肉加工产业结构，达到养殖业和下游深加工业相互促进的良性循环，从而带动整个养羊业的发展。

（二）继续加强细毛羊和超细毛羊品种的育种和改良

几十年来世界细毛羊品种培育工作所取得的巨大成绩，对毛纺织业发展作出了巨大贡献。在当前发展肉羊业热情空前高涨的形势下，细毛羊业发达的地区，应该保持清醒头脑和战略定力，保持和发挥自己的优势，继续在提高羊毛品质和个体产毛量方面做工作，尤其在培育自己的超细型羊毛品种方面下功夫，重点发展专门化生产品种的选育。在加强细毛和超细毛品种的培育和改良的同时，也不能放弃原有的优良地方品种。

（三）广泛采用杂交方式，充分利用杂种优势

杂交是养羊业中广泛采用的繁育方法之一，杂交可将不同品种羊的优良特性结合在一起，创造出原来羊所不具备的特征，可用来改良低产品种，创造新品种和生产最经济的养羊业产品。其中杂交育种包括级进杂交、导入杂交、育成杂交等。经济杂交是提高肉羊生产性能和改善肉品质的有效方法。利用杂交产生的杂种优势进行羊肉生产，是肉羊生产中最成功的经验。研究表明，通过杂交方式进行肉羊生产，产羔率一般可提高20%～30%，增重提高约20%，羔羊成活率可提高40%左右，另外，在羔羊生产中多元杂交效果更好。

（四）应用现代繁殖技术，提高繁殖力

绵羊是单胎动物，通常每胎只生一羔，现在繁殖力较高的品种仅有芬兰的兰得瑞斯、前苏联的罗曼诺夫、我国的小尾寒羊和湖羊。因此，要满足肉羊生产的需要，仅仅依靠传统的繁殖方式是远远不够的。应大力推广现代繁殖新技术，如采用超排技术来提高受胎率；采用胚胎移植和胚胎分割技术来提高产羔率；采用同期发情技术使母羊同时发情，统一配种，从而使肉羊大批量生产，做到均衡上市，全年供应。美国就是应用这些技术保证全年都有肥羔上市供应市场。

（五）加强地方品种的保护，积极开发利用优良的地方品种。

在当今世界畜禽遗传资源日趋贫乏，遗传变异性愈来愈窄的情况下，科学技术的发展尤其是生物技术的发展使遗传资源变得更为重要，因此保存绵、山羊的遗传资源对世界绵山羊的育种工作将产生极大的影响，起到难以估量的作用。在确保绵、山羊品种资源得到有效保护的同时，进行科学合理的开发利用，改良、培育出优秀高产的绵山羊品种，使之为提高人民群众的生活水平服务。还有很多优良的绵、山羊地方品种未被重视和利用，它们具有独特生产性能和对当地环境良好的适应性，积极开发利用这些优良地方品种，将为新品种开发和现有品种性能的提高提供优秀的遗传资源。

（六）养羊业发展与牧草资源可持续利用相结合

随着食草畜牧业的发展和草地载畜量的减弱，过度放牧和草地沙漠化愈来愈严重，这将给养羊业今后的发展和牧草资源的可持续利用带来严重的影响。利用秸秆等丰富的农副产品资源积极发展养羊业，发展舍饲、半舍饲与天然草场的划区轮牧相结合的饲养模式，将是解决这一问题的有效方法。大力投入天然草原的改良，同时积极发展人工草场的建设，只有这样才能科学合理地利用现有的牧草资源，保护我国草原生态环境，实现养羊业的可持续发展。

（七）开展集约化、工厂化羊生产

肉羊生产是集多项技术为一体的综合技术，包括肉羊发展良种化、饲草种植基地化、饲养管理规范化、疫病防治制度化、产品销售网络化、羊肉加工标准化、经营管理品牌化的要求发展肉羊产业化。养羊业向专业化发展，是一种必然趋势，为满足市场的不同需要，为提高养羊业的管理水平，为合理利用不同的土地资源，不得不在集约化的基础上，进行更精更细的分工。因而出现了专业种羊场、专业肥羔羊场、专业肉用羊场以及羊牛兼养场等。

（八）建立育种核心群补贴制度，对种羊特别是基础母羊实行补贴

根据羊繁殖周期长、繁殖率低、冷冻精液受胎率低、育种和改良过程中需要的种羊数量多及世代间隔与育种周期长、育种场经济效益差等特点，建立核心群补贴制度，对核心群羊只特别是基础母羊给予补贴，确保核心群的稳定。

四、世界绵羊业发展趋势

世界养羊业的发展是随着社会进步和人类生活水平改善对羊产品需求的不断提高而变化的。19世纪20—50年代，世界绵羊业以产毛为主，而把羊肉生产列为从属地位，即"毛主肉从"。19世纪50年代以后，随着对羊肉需求量增长，羊肉价格的提高，单纯生产羊毛，而忽视羊肉的生产，经济上是不合算的，因而绵羊的发展方向逐渐由毛用、毛肉兼用，转向肉毛兼用或肉用。因此，世界绵羊在品种类型结构上发生了很大变化。有些国家压缩了美利奴羊的饲养量，而用长毛品种或其他肉用品种去杂交，以生产羊肉。英国是典型的"肉主毛从"的国家，全国所有的品种几乎都是肉用型。养羊收入主要靠羊肉和输出种羊，羊毛收入仅占20%。法国的兰布耶美利奴羊已名存实亡，现在主要品种基本上都是肉用品种。饲养毛用羊为主的澳大利亚，细毛羊亦逐年减少，而杂交的肉羊逐年增加。为此，国内羊肉生产应尽快由生产成年羊肉转向生产羔羊肉。养羊业发达的国家都在繁育早熟肉用品种的基础上，利用杂交优势，进行肥羔肉的专业化生产，并逐步由生产成年羊肉转向生产羔羊肉。目前在国际市场销售的羊肉主要为肥羔，4~6月龄屠宰的肥羔胴体重可达15~20kg。这样的肥羔精肉多、脂肪少、鲜嫩、多汁、易消化、膻味轻，在市场上备受青睐。在美国、英国每年上市的羊肉中90%以上是羔羊肉，在新西兰、澳大利亚和法国，羔羊肉的产量占羊肉产量的70%。欧美、中东各国羔羊肉的需求量很大，仅中东地区每年就进口活羊1 500万只以上。我国人均羊肉仅2.321kg，如达到人均10kg水平（目前我国人均猪肉33kg以上），年产羊肉要由目前的292.7万t达到1 260万t，即为目前年出栏21 722.5万只（平均每只胴体重13.4kg）增加4.23倍，为目前绵山羊存栏数的3.14倍。为此，就需要增加可繁殖母羊数量，多生产肥羔，尤其是4~6月龄的肥羔，并提高其胴体重。

而羊毛的发展趋势是向细度更细的方向发展，毛纺织品向轻薄、柔软、挺括、高档方向发展。

第二节 中国养羊业概况

我国是养羊大国,绵山羊存栏量及出栏量、产肉量均居世界之首。养羊业与国民经济的发展和各族人民生活水平的提高关系十分密切,特别是进入 21 世纪后,我国养羊业得到快速发展,成果显著,养羊业在国民经济中的比重也逐年提高。近年来,随着农业结构调整和市场对优质羊肉需求的增加,在政府部门的支持下,养羊业的研究水平和标准化养殖水平有了较大的提高。尽管如此,与养羊业发达的国家相比,还存在品种退化、饲养水平和产品质量不高、繁殖育种体系和社会服务体系不完善、基础设施建设落后和经济效益不高等问题。这在一定程度上制约了我国养羊业的发展,影响了我国畜牧业结构调整和建设社会主义新农村的进程。

一、我国养羊业的现状

我国牧区历来比较注重养羊业的发展,因为羊不仅是牧民重要的生产资料,而且也是重要的生活资料。但由于土壤沙化、水热条件和饲草料条件的限制,牧区养羊业在羊的数量上已经没有较大的发展潜力,而且随着我国生态保护政策的深入实施,将会采取一系列措施降低牧区现有羊存栏量和草地载畜量,以恢复植被和改善生态条件。与此相反,我国农区养羊业却存在着很大的生产潜力,加之农民养羊积极性日渐高涨,农区羊存栏数和出栏数明显增加。据统计,目前农区(如山东、河南、河北等省)羊存栏数量和羊产品产量比 20 世纪 80 年代增加了 4 倍以上,羊肉产量增加 6 倍以上。当前,不论是羊数量还是产品数量,农业区都远远超过了我国过去划定的"六大牧区"。

农区养羊产业蓬勃发展的主要原因如下。

第一,"分羊到户"等政策的实施极大地调动了农民的养羊积极性,农区利用农作物秸秆和农副产品养羊,生产成本比较低,产品具有较高的市场竞争力。多养羊既可以利用当地大量的秸秆资源,减少焚烧农作物秸秆造成的环境污染;又可以用羊粪增加土壤肥力,改善土壤团粒结构和增加土壤有机质含量;还能增加农民收入。

第二,羊产品价格提高刺激了羊存栏数量和羊产品数量的增加。就羊肉而言,目前羊肉的价格较 20 世纪 80 年代提高了约 40 倍,价格持续上涨且还有较大的上升空间,这与长期以来低而不稳的猪、鸡产品价格形成了鲜明的对照。价格因素和市场需求对养羊业产生了巨大的影响,使得在羊数量增加较多的前提下,也能保证养羊者经济效益得以实现。

第三,畜群结构的调整,有利于羊数量的增加。20 世纪 80 年代以前,由于只注重存栏数量,不注重羊产品产量,我国羊畜群结构严重不合理。其表现为老残羊多、羯羊多、公羊多,能繁母羊少,羊出栏率低,而且羊肉品质差。随着市场经济政策的实施,养羊业也逐渐由数量型向效益型转化。羊群中能繁母羊的比例增加,老残羊、羯羊和公羊比例下降,加快了羊周转速率,提高了羊肉品质和经济效益。

第四，随着市场经济体制的逐步完善，我国养羊业面临着新的发展机遇与挑战。发展的良好机遇：一是，国家"一带一路"倡议的提出和实施，得到了国际社会尤其是沿线国家的热烈响应，对羊肉等草食动物产品具有极大的需求，是肉羊产业快速发展的重大机遇；第二，我国的羊肉价格只相当于国际市场价格的 70%~80%，我国羊肉产品进入国际市场具有竞争优势；三是"疯牛病"等肉食品安全事故频发使得消费者更愿意购买安全的羊肉产品，羊肉需求量将会进一步增加；四是我国绝大多数地区（尤其是高原地区）羊产品无污染，属于无公害的绿色食品；五是我国地域面积辽阔，饲草料种类丰富，可以利用一些地方特色牧草（如甘草、锁阳、香草等）生产特色风味羊肉。面临的挑战是我国目前生产的羊肉品质竞争力较差，如体表脂肪厚度、肌肉脂肪含量、肉色和胴体性状等。

二、我国羊的存栏数及羊产品产量

统计数据表明，2017 年我国羊饲养量达到 30 231 万只，而存栏量也呈稳定趋势发展，2017 年我国羊的存栏量为 29 903.7 万头。

从羊的出栏量来看，全国羊的出栏量保持稳定增长，2012—2017 年年均增长率约3%。2016 年全国羊的出栏量突破 30 000 万只，同比增长率达到了 4.1%。数据显示，2018 年前三季度全国羊的出栏量达到 21 200 万只，比上年同期增加 104 万只，增长 0.5%。

三、我国肉羊产业发展的有利条件

（一）肉羊产业发展对促进节粮型畜牧业发展，缓解粮食安全压力意义深远

在我国畜牧业生产中，猪、鸡等耗粮型家畜数量和提供的肉食品产量占绝对优势，牛、羊等草食家畜占比较低。随着工业化、城镇化步伐的加快，我国人口数量将继续增长，耕地面积将不断减少、粮食增产难度越来越大，保持粮食供求长期平衡任务艰巨。而我国作为一个拥有近 14 亿人口的大国，人均耕地面积只有 12 亩（15 亩 = 1hm²）、人均占有粮食不足 400kg，要从有限的粮食产量中挤出大量饲料用粮，其潜力十分有限。况且，改革开放 40 多年来，我国饲料粮占粮食总产量的比重不断提高，用量逐年增加。20 世纪 80 年代初，养殖业全部饲料用粮 0.72 亿 t，占全国粮食总产量的 20%~25%；2005 年，饲料用粮 1.96 亿 t，占全国粮食总产量的比重上升到 40.54%；2007 年，在我国肉类产品价格大幅上涨、消费有所下降的情况下，饲料用粮依然达到 2.05 亿 t，占粮食总产量的比重达 40.82%。所以，饲料原料短缺的局面将成为我国畜牧业可持续发展的最大瓶颈。如果合理发展草食畜牧业，每年将会节省大量粮食。

按 2007 年我国牛、羊肉总产量 613.4 万 t、382.6 万 t 计，可节约粮食 8 964 万 t，相当于增加耕地 2.96 亿亩。与此同时，我国现有可利用草原总面积 3.3 亿 hm²，人工

种草面积 2 500 万 hm², 退耕还草面积 530 万 hm², 农作物秸秆 6 亿多吨, 十分适宜发展草食畜牧业。因此, 大力发展牛、羊等节粮型草食家畜, 是充分利用自然资源、缓解粮食安全压力、促进我国居民食物消费结构升级的有效途径。正因如此, 肉羊业正在成长为我国畜牧业的一个"朝阳产业", 若能合理开发利用牧草、秸秆及其他非粮资源, 发展草食畜牧业, 对改善我国居民的膳食结构、提高国人的身体素质、增加农牧民生产经营收入、促进我国农业尤其是畜牧业生产结构的调整意义重大。

(二) 肉羊产业发展迅速, 产业前景光明

20 世纪 60 年代以来, 国际养羊业的主导方向发生了变化, 出现了由毛用转向肉毛兼用直至肉用为主的发展趋势。在这一大背景下, 我国肉羊产业发展方兴未艾, 尽管生产兴起时间较短, 但发展的速度很快。自 20 世纪 90 年代以来, 我国绵羊、山羊的存栏量、出栏量、羊肉产量均居世界第一位, 肉羊业产值占畜牧业的比重也在不断提高。截至 2009 年底 (FAO 数据), 我国肉羊存栏量和出栏量分别为 2.81 亿只和 2.69 亿只, 肉羊年产量达到 386.7 万 t, 比 1980 年的 45.1 万 t 增加了 341.6 万 t, 占世界羊肉产量的比重也由 1980 年的 6.14% 增加到 2009 年的 29.64%, 年均增长速度为 7.92%, 远远高于世界 2.10% 的平均增长速度。与此同时, 羊肉在我国肉类产量中的比重不断提高, 由 1980 年的 3.70% 提高到 2009 年的 5.09%, 肉羊业产值 (2008 年为 1 085 亿元) 占畜牧业总产值的比重也已经由 1990 年的 2.84% 提高到 2008 年的 5.27%。

(三) 肉羊产业在促进农牧民增收、带动相关行业发展中作用显著

作为畜牧业的一个子产业, 肉羊产业上联种植业、下联加工业, 既能促进种植业结构的调整又能延伸到二三产业, 实现多环节、多层次、多领域的增值增收。肉羊产业的发展能有效地转化粮食和其他副产品, 可以带动种植业和相关产业发展, 促进农业向深度和广度拓展, 其发展还可以增加老少边穷地区农牧民就业机会, 是农牧民脱贫致富最直接、最有效的途径。据调查, 2002 年肉羊饲养平均每只纯收益 100 元, 2007 年平均达 140 元, 提高了 40%。

(四) 居民对畜产品需求增加, 尤其以肉羊产业为代表的草食畜牧业的发展对改善居民饮食结构意义重大, 两者呈现良性互动

随着经济的快速发展、城市化步伐的加快和居民生活水平的提高, 城乡居民对高蛋白、低脂肪类畜产品的消费需求将稳步增加。1985 年, 我国人均牛羊肉消费数量, 城镇居民为 2.6kg, 农村居民仅为 0.65kg; 2009 年, 城镇居民人均达到 3.70kg, 农村居民人均达到 1.37kg, 分别比 1985 年增长 34.06% 和 110.7%。今后 10 多年是我国全面建成小康社会的关键时期, 每年新增人口约 700 万; 预计城镇居民人均可支配收入以每年 11% 以上的速度增长, 农村居民人均纯收入以 6% 以上速度递增; 城市化水平以年均 1% 的速度加快推进。居民收入的增加和城市化水平的提高是羊肉食品保持旺盛需求的持续动力。据测算, 到 2020 年, 肉、奶人均需求将分别达到 53.4kg 和 45.9kg, 消费年均增长速度分别为 2.3% 和 6.7%。其中, 牛羊肉消费占居民肉类消费总量的比重将增加到 16%, 牛羊肉人均需求将达到 8.5kg。

四、中国肉羊产业发展的制约因素

(一) 肉羊产业发展日益受到资源和环境的制约

从生产上看,随着宏观经济的不断发展,肉羊生产日益受到来自非农产业和其他畜牧业发展的压力,成长空间日渐狭小,尤其在一些经济发达地区,肉羊生产出现了持续萎缩的态势,致使我国肉羊生产有向"老少边穷"地区转移的趋势。不可否认,这些地区一直以来就是我国肉羊生产的重要区域,但受经济发展水平和资源生态环境脆弱的制约,以上地区很难承担起中国肉羊产业现代化发展的重任。这一矛盾不仅存在于肉羊产业的发展之中,而且是中国畜牧业发展所面临的共同问题。因此,不难发现中国肉羊产业的发展日益受到环境和资源的约束。

(二) 肉羊生产的产业链不健全,产业化组织程度非常低,缺少名优品牌

从加工流通上看,肉羊产业的发展有赖于肉羊加工业的发展,但农户的小规模生产、肉羊加工业的原料——专门化肉羊品种的缺乏、优质肥羔羊供应的严重不足,加之羊肉食品加工业增长乏力,不仅严重制约了羊肉加工的专业化和规模化,也使现有的规模加工业开工不足、设备闲置,阻碍了优质肉羊生产及其产业的发展。另外,肉羊生产的产业链不健全,产业化组织程度非常低。产业链利益主体之间各自为政、互为独立,并没有建立"风险共担、利润共享"连接机制。直接导致肉羊产品的加工转化程度不高,多数企业还是以初级加工为主,产品附加值低,保鲜期和货架期短,市场适应能力差。因此,很难形成自己的品牌,严重制约了中国肉羊产业的发展壮大。

(三) 羊肉消费在居民畜产品消费中比例偏低,消费者对羊肉品质要求越来越高

从消费上看,羊肉消费在整个畜产品消费中比例偏低。从绝对量上看,猪肉、牛肉、禽肉、蛋类和奶制品人均消费量分别由 1985 年的 16.68kg、2.15kg、3.24kg、6.84kg、6.32kg(1992 年数据)增加到 2008 年的 19.26kg、2.22kg、8.00kg、10.74kg、19.30kg,增幅为 15.47%、3.26%、146.91%、57.02%和 205.38%。而唯独羊肉消费由 1992 年的 1.56kg 下降到 2008 年的 1.22kg,降幅为 21.80%。由此可见,我国居民畜产品消费结构过于向肉类集中,肉类又过于向猪肉集中的"双集中"趋势明显。这种略显畸形的饮食结构使羊肉产品消费市场难以扩大,严重制约了中国肉羊产业的进一步发展。与此同时,国内畜产品质量安全事件频发,触动着广大消费者的敏感神经,使他们对畜产品的选择态度上也变得更为保守谨慎,对畜产品的质量和品质要求也更为挑剔,这使以千家万户小规模生产为主的肉羊产业发展面临着巨大的挑战。因此,中国消费者饮食结构的不合理和消费态度的微妙变化使中国肉羊产业的发展面临着很大的不确定性。

(四) "生产大国,出口小国"特征明显,市场竞争日趋激烈

从国际贸易上看,中国是典型的"生产大国,出口小国"。作为当前世界上最大的

羊肉生产国，中国在世界羊肉贸易中所占的比例非常小，只有不到 0.2% 的羊肉产量用于出口，大约占到世界羊肉出口总量 1% 的份额。特别是自加入 WTO 后，随着我国畜产品市场的逐步放开，国外肉羊发展强国像澳大利亚、新西兰的羊肉产品对我国的羊肉产品在国际、国内两个市场上形成挤压。主要表现为，我国羊肉产品出口额的下降，出口市场的狭小和进口的不断增加，贸易逆差的不断扩大。2008 年羊产品进口继续增加，出口微降，贸易逆差达到 5 485.6 万美元，比 2007 年增加 3 091.7 万美元。造成这一局面的根本原因就是我国羊肉产品国际竞争力偏低。因此，羊肉产品市场上所呈现出来的"国际竞争国内化、国内市场国际化"的变化趋势使中国肉羊产业的可持续发展面临着极大的压力和挑战。所以，在中国，虽然肉羊产业的发展前景光明，而且发展也初具规模，但与畜牧业其他行业尤其是生猪、肉鸡及奶业相比，无论在产业规模还是政策支持力度上仍存在不小的差距。特别值得指出的是，随着城市化、工业化的不断推进和加入 WTO 后过渡期的结束，如何在一系列的"内忧外患"中保持中国肉羊产业的可持续健康发展已经成为相关部门和畜牧科技工作者亟待解决的问题。

第二章 绵、山羊品种

全世界现有主要的绵羊品种 603 个，由于品种繁多，动物学家和畜牧学家为了便于人们的研究和应用，对绵羊品种进行了分类。绵羊品种分类方法很多，如根据绵羊尾的长短和形态来分，短瘦尾品种 87 个，短脂尾品种 86 个，长瘦尾品种 390 个，长脂尾品种 26 个，臀尾品种 13 个，无尾品种 1 个；根据覆盖被毛的特征来分，细毛品种 65 个，半细毛品种 205 个，粗毛和半粗毛品种 281 个，非毛用品种 52 个；根据生产方向来分，具有 1 个专门生产方向的绵羊品种 124 个，具有 2 个以上生产方向的绵羊品种 333 个，只有 3 个生产方向的绵羊品种 146 个。

第一节 国外引入羊的主要品种

一、萨福克羊

原产于英国英格兰东南部的萨福克、诺福克、剑桥和埃塞克斯等地。该品种是以南丘羊为父本，当地体型较大、瘦肉率高的旧型黑头有角诺福克羊为母本进行杂交培育，于 1859 年育成，是目前世界上体型、体重最大的肉用品种。我国从 20 世纪 70 年代起先后从澳大利亚、新西兰等国引进，主要分布在新疆、内蒙古、北京、宁夏、吉林、河北和山西等地。

外貌特征：萨福克羊体型较大，头短而宽，鼻梁隆起，耳大，公母羊均无角，颈长、深，且宽厚，胸宽，背、腰和臀部宽而平；肌肉丰满，后躯发育良好。头和四肢为黑色，并且无羊毛覆盖。被毛白色，但偶尔可发现有少量的有色纤维。

生产性能：成年公羊体重 100~136kg，成年母羊 70~96kg，剪毛量成年公羊 5~6kg，成年母羊 2.5~3.6kg，毛长 7~8cm，细度 50~58 支，净毛率 60% 左右。该品种早熟，生长发育快，产肉性能好，经育肥的 4 月龄公羔胴体重 24.2kg，4 月龄母羔为 19.7kg，并且瘦肉率高，是生产大胴体优质羔羊肉的理想品种。美国、英国、澳大利亚等国都将该品种作为生产羔羊肉的终端父本品种。产羔率 141.7%~157.7%。

二、无角道塞特羊

原产于澳大利亚和新西兰。以雷兰羊和有角道赛特羊为母本，考历代羊为父本进行杂交，杂种羊再与有角道赛特公羊回交，然后选择所生的无角后代培育而成。在目前我国肉羊业发展过程中，许多省（区）均引用该品种公羊作主要父本与地方绵羊杂交，效果良好。

外貌特征：体质结实，头短而宽，公母羊均无角。颈短粗，胸宽深，背腰平直，后躯丰满，四肢粗短，整个躯体呈圆桶状，面部、四肢及被毛为白色。

生产性能：6 月龄羔羊体重为 55kg，周岁公羊可达 110kg；母羊母性好，泌乳力强，产羔率 120%～150%。该品种羊生长发育快，早熟，全年发情配种产羔。经过肥育的 4 月龄羔羊的胴体重公羔为 22.0kg，母羔为 19.7kg，成年公羊体重 90～110kg，成年母羊为 65～75kg，剪毛量 2～3kg，净毛率 60%左右，毛长 7.5～10.0cm，羊毛细度 56～58 支。产羔率 137%～175%。

三、杜泊羊

原产于南非共和国，是该国在 1942—1950 年间，用从英国引入的有角道赛特品种公羊与当地的波斯黑头品种母羊进行杂交，经选择和培育育成的肉用绵羊品种。该品种已分布到南非各地，主要分布在干旱地区。近年来，我国山东省、河北省、北京市等已有引入。

外貌特征：头颈为黑色，体躯和四肢为白色，也有全身为白色的群体，但有的羊腿部有时出现色斑。一般无角，头顶平直，长度适中，额宽，鼻梁隆起，耳大稍垂，既不短也不过宽。颈短粗、宽厚，背腰平直，肋骨拱圆，前胸丰满，后躯肌肉发达。四肢强健，肢势端正。长瘦尾。

生产性能：杜泊绵羊早熟，生长发育快，100 日龄公羔重 34.72kg，母羊 31.29kg。成年公羊体重 100～110kg，成年母羊体重 75～90kg。体高，1 岁公羊 72.7cm；3 岁公羊 75.3cm。杜泊绵羊的繁殖表现主要取决于营养和管理水平，因此在年度间、种群间和地区之间差异较大。正常情况下，产羔率为 140%，其中产单羔母羊占 61%，产双羔母羊占 30%，产三羔母羊占 4%。在良好的饲养管理条件下，可 2 年产 3 胎，产羔率 180%。同时，母羊泌乳力强，护羔性好。

杜泊绵羊体质结实，对炎热、干旱、潮湿、寒冷多种气候条件有良好的适应性。同时抗病力强，但在潮湿条件下，易感染肝片吸虫病，羔羊易感球虫病。

四、夏洛莱羊

原产地为法国，自 1987 年引入我国，主要饲养在河北、内蒙古等省（自治区）。

外貌特征：头无毛，粉红色或黑色，有时带有黑色斑点。公、母羊均无角，额宽，眼眶距离大。耳朵细长，与头部颜色相同。颈短粗，肩宽平，胸宽而深，肋部拱圆，背部肌肉发达，体躯呈圆筒状，四肢较矮，肉用体型良好，被毛同质、白色。

生产性能：成年公羊体重 100～150kg，母羊 75～95kg。10～30 日龄公羔日增重平均 255g，母羔 245g，30～70 日龄公羔平均日增重 302g，母羔 276g。育肥 5 月龄羊体重可达 45kg，胴体重 23kg，屠宰率 55%以上。母羊产羔率平均 185%。

五、林肯羊

林肯羊原产于英国东部的林肯郡。属半细毛品种。中国从 1966 年开始先后从英国、澳大利亚和新西兰引入，饲养于内蒙古、云南、吉林等省（自治区）。

外貌特征：林肯羊体质结实，体躯高大，结构匀称。公母羊均无角，头较长，颈短。前额有丛毛下垂。背腰平直，腰臀宽广，肋骨弓张良好。羊毛有丝光光泽。

生产性能：成年公、母羊平均体重 120～140kg 和 70～90kg，剪毛量成年公羊 8～10kg，母羊 6.0～6.5kg，净毛率 60%～65%，毛长 20～30cm，细度 36～44 支，母羊产羔率 120%左右。

六、德国肉用美利奴羊

原产于德国，属肉毛兼用细毛羊。用泊列考斯和莱斯特品种公羊与德国原有的美利奴羊杂交培育而成。我国 1958 年曾有引入，分别饲养在甘肃、安徽、内蒙古、河北等省（区），曾参与了内蒙古细毛羊新品种的育成。

外貌特征：体格大，胸宽深，背腰平直，肌肉丰满，后躯发育良好，公、母羊均无角。

生产性能：成年公羊体重 90～100kg，成年母羊 60～65kg，剪毛量成年公羊 10～11kg，成年母羊 4.5～5.5kg，毛长 7.5～9.0cm，细度 60～64 支，净毛率 45%～52%，产羔率 140%～175%。早熟，6 月龄羔羊体重可达 40～45kg，比较好的个体可达 50～55kg。

七、南非肉用美利奴羊

原产于南非，现分布于澳大利亚、新西兰、美洲及亚洲一些国家。我国从 20 世纪 90 年代开始引进，主要分布在新疆、内蒙古、北京、山西、辽宁和宁夏等省（自治区）。

外貌特征：该品种公母无角，体大宽深，胸部开阔，臀部宽广，腿粗壮坚实，生长速度快，产肉性能好。

生产性能：100 日龄羔羊体重可达 35kg。成年公羊体重 100～110kg，成年母羊 70～80kg。剪毛量成年公羊 5kg，母羊 4kg，羊毛细度 21μm。母羊 9 月龄性成熟，平均产羔率 150%。

八、德克赛尔羊

原产于荷兰德克赛尔岛而得名。20 世纪初用林肯、莱斯特羊与当地马尔盛夫羊杂交，经长期的选择和培育而成。该品种已广泛分布于比利时、卢森堡、丹麦、德国、法国、英国、美国、新西兰等国。自 1995 年以来，我国黑龙江、宁夏、北京、河北和甘肃等省市自治区先后引进。

外貌特征：德克赛尔羊头大小适中，颈中等长、粗，体型大，胸圆，鬐甲平，个别个体略微凸起，背腰平直，肌肉丰满，后躯发育良好。

生产性能：成年公羊体重 115~130kg，成年母羊 75~80kg；剪毛量成年公羊平均 5.0kg，成年母羊 4.5kg，净毛率 60%；羊毛长度 10~15cm，羊毛细度 48~50 支。羔羊 70 日龄前平均日增重为 300 克，在最适宜的草场条件下，120 日龄的羔羊体重 40kg，6~7 月龄达 50~60kg，屠宰率 54%~60%。早熟，泌乳性能好，产羔率 150%~160%。对寒冷气候有良好的适应性。该品种羊寿命长，产羔率高，母性好，产奶多。羊肉品质好，肌肉发达，瘦肉率和胴体分割率高，市场竞争力强。

九、澳洲白绵羊

澳洲白绵羊原产于澳大利亚新南威尔士州，核心产区为 Bathur 地区，是一个中型偏大型专门化肉用绵羊品种，是澳大利亚集成了白杜泊绵羊、万瑞绵羊、无角道赛特和特克赛尔等品种的优良基因培育而成的粗毛型专门化肉羊品种。该品种自 2011 年由全国畜牧总站和天津奥群牧业有限公司联合引入，目前在内蒙古、河北、山东、山西和新疆等地推广应用。

外貌特征：澳洲白绵羊头部呈类三角形形状，颌部结实，脸颊大，平坦，咬肌强健，下巴深、宽，鼻骨略拱起。少许公羊有角。耳朵中等呈半下垂状，眼睛大而深色，眼睑发达。公羊颈部结构强健，颈根部宽，往上渐渐变窄与头部相连。母羊须部结构强健略显清秀。澳洲白绵羊胸宽而深，胸深至肘部水平，前胸稍凸而饱满。前腿垂直强壮，前腿膝关节以上部分较长且肌肉丰满，小腿胫骨强健。体躯宽深，肋骨开张良好、丰满。背腰平直而长，肌肉强壮，甚至略微圆拱。臀部宽、后躯深。内外胯肌肉丰满而长，关节刚健，蹄部直立。

生产性能：在放牧和管理条件良好的情况下，6 月龄澳洲白绵羊公羊体重可达 52.5kg，胴体重 23kg，舍饲胴体重可达到 26kg；10 月龄体重可达 78kg，且脂肪覆盖均匀。初产母羊产羔率 110% 左右，经产母羊 150% 以上。公、母羊情期均在 7~9 月龄。公羊初次配种时间为 7.5~8 月龄，母羊初次配种时间为 7~9 月龄。成年公羊平均每次射精量 1.5~2mL，精子活力 0.85 以上。母羊发情周期 17~18d，妊娠周期 148d。母羊常年发情，春季 3—6 月、秋季 8—12 月较为集中。

十、波尔山羊

原产于南非共和国。1995 年以来，我国先后从德国、南非共和国和新西兰等引入，主要分布在陕西、江苏、四川、山东、河北、浙江和贵州等省。

外貌特征：波尔山羊具有强健的头，眼睛清秀，罗马鼻，头颈部及前肢比较发达，体躯长、宽、深，肋部发育良好且完全展开，胸部发达，背部结实宽厚，腿臀部肌肉丰满，四肢结实有力。毛色为白色，头、耳、颈部颜色可以是浅红至深红色，但不超过肩部，双侧眼睑必须有色。

生产性能：波尔山羊体格大，生长发育快，成年公羊体重 90~135kg，成年母羊 60~90kg；羔羊初生重 3~4kg，断奶前日增重一般在 200g 以上，6 月龄时体重 30kg 以上。波尔山羊肉用性能良好，屠宰率 8~10 月龄为 48%，周岁、2 岁和 3 岁分别为 50%、52% 和 54%，4 岁时达到 56%~60% 或以上，波尔山羊胴体瘦而不干，肉厚而不肥，色泽纯正，膻味小，多汁鲜嫩，备受消费者欢迎。该品种性成熟早，多胎率比例高，据统计：单胎母羊比例为 7.6%，双胎母羊比例为 56.5%，3 胎母羊比例为 33.2%，4 胎母羊比例为 2.4%，5 胎母羊比例为 0.4%。

第二节　我国肉用绵羊品种

经过长期的驯化和选育，我国培育出了丰富多样的绵羊品种，形成了生产类型多样化的中国绵羊，如风味浓郁的肉脂型绵羊有同羊和阿勒泰羊等，具有高繁殖力特性的小尾寒羊和湖羊等。这些绵羊品种均能较好地适应当地的自然环境，具有耐粗饲、抗逆性和抗病力强等特点，在肉、毛、皮或繁殖力、肉质等方面有各自独特的优良性状，构成了中国丰富的绵羊基因库。

一、三大古老绵羊品种

1. 蒙古羊

蒙古羊为我国三大粗毛羊之一，是中国分布最广的一个绵羊品种，除内蒙古自治区外，东北、华北、西北均有分布。

外貌特征：蒙古羊由于分布地区辽阔，各地自然条件、饲养管理水平和选育方向不一致，因此体形外貌有一定差异。外形上一般表现为头狭长，鼻梁隆起。公羊多数有角，为螺旋形，角尖向外伸，母羊多无角。耳大下垂，短脂尾，呈圆形，尾尖弯曲呈"S"形，体躯被毛多为白色，头颈与四肢则多有黑或褐色斑块。毛被呈毛辫结构。

生产性能：成年公羊体重 45~65kg，成年母羊体重 35~55kg；成年公羊剪毛量 1.5~2.2kg，成年母羊 1~1.8kg；屠宰率 40%~54%；产羔率 100%~105%，一般一胎一羔。

2. 哈萨克羊

哈萨克羊为我国三大粗毛羊之一，分布在天山北麓、阿尔泰山南麓及准噶尔盆地，阿勒泰、塔城等地区。除新疆外，甘肃、青海、新疆三省（自治区）交界处也有哈萨克羊。

外貌特征：哈萨克羊鼻梁隆起，公羊有较大的角，母羊无角。耳大下垂，背腰宽，体躯浅，四肢高而粗壮。尾宽大，下有缺口，不具尾尖，形似"W"。毛色不一，多为褐、灰、黑、白等杂色。

生产性能：成年公、母羊体重分别为 60～85kg、45～60kg，剪毛量成年公羊 2.61kg、成年母羊 1.88kg 左右。净毛率分别为 57.8% 和 68.9%。羊毛长度成年公羊毛辫长度为 11～18cm，成年母羊毛辫为 5.5～21cm。屠宰率为 49.0% 左右。初产母羊平均产羔率为 101.24%，成年母羊为 101.95%，双羔率很低。

3. 西藏羊

西藏羊为我国三大粗毛羊之一，原产于西藏高原，分布于西藏、青海、四川北部以及云南、贵州等地的山岳地带。西藏羊分布面积大，由于各地海拔、水热条件的差异，因而形成了一些各具特点的自然类群。依其生态环境，结合其生产、经济特点，西藏羊主要分为高原型（或草地型）和山谷型两大类。

体形外貌：高原型（草地型）体质结实，体格高大，四肢端正较长，体躯近似方形。公、母羊均有角，公羊角长而粗壮，呈螺旋状向左右平伸；母羊角细而短，多数呈螺旋状向外上方斜伸。鼻梁隆起，耳大而不下垂。前胸开阔，背腰平直，十字部稍高，紧贴臀部有扁锥形小尾。毛色全白者占 6.85%，头肢杂色者占 82.6%，体躯杂色者占 10.5%。山谷型西藏羊明显特点是体格小，结构紧凑，体躯呈圆桶状，颈稍长，背腰平直。头呈三角形，公羊多有角，短小，向后上方弯曲，母羊多无角，毛色甚杂。

生产性能：高原型（草地型）成年公羊体重 50.8kg，成年母羊为 38.5kg。剪毛量成年公羊为 1.42kg，成年母羊为 0.97kg，成年羯羊的平均屠宰率为 43.11%。山谷型成年公羊体重平均为 36.79kg，成年母羊为 29.69kg，剪毛量成年公羊平均为 1.5kg，成年母羊为 0.75kg。屠宰率平均为 48.7%。西藏羊一般一年一胎，一胎一羔，双羔者极少。

二、我国培育的主要肉用绵羊品种

1. 巴美肉羊

巴美肉羊属于肉毛兼用型品种，是根据内蒙古巴彦淖尔市的自然条件、社会经济基础和市场发展需求，由内蒙古巴彦淖尔市家畜改良工作站等单位的广大畜牧科技人员和农牧民，经过 40 多年的不懈努力精心培育而成的，体型外貌一致、遗传性能稳定的肉羊新品种，2007 年通过国家畜禽遗传资源委员会审定。巴美肉羊成年羊平均体重公羊 101.2kg、母羊 60.5kg；育成羊平均体重公羊 71.2kg、母羊 50.8kg。6 月龄羔羊平均日增重 230g 以上，胴体重 24.95kg，屠宰率 51.13%。巴美肉羊具有较强的抗逆性和良好的适应性。耐粗饲，觅食能力强，采食范围广，适合农牧区舍饲半舍饲饲养。羔羊育肥快，是生产高档羊肉产品的优质羔羊，近年来以其肉质鲜嫩、无膻味、口感好而深受加工企业和消费者青睐。

2. 昭乌达肉羊

昭乌达肉羊是我国第一个草原型肉羊品种，在内蒙古赤峰市育成，于 2012 年 2 月正式通过农业部审定。昭乌达肉羊是以德国肉用美利奴羊为父本、当地改良细毛羊为母本培育而成的，目前存栏 55 万余只。昭乌达肉羊羔羊初生重公羔 5.0kg、母羔 4.2kg；断奶重公羔 25.2kg、母羔 23.0kg；育成羊体重公羊 72.1kg、母羊 47.6kg；成年羊体重公羊 95.7kg、母羊 5.7kg。昭乌达肉羊性成熟早，在加强补饲情况下可以实现两年产三胎。昭乌达肉羊体格较大，生长速度快，适应性强，胴体净肉率高，肉质鲜美，具有鲜而不腻、嫩而不膻、肥美多汁、爽滑绵软的特点，是低脂肪、高蛋白质健康食品，具有天然纯正的草原风味。

3. 察哈尔羊

察哈尔羊是 2014 年经过国家畜禽遗传资源委员会审定，被正式命名的新品种，育种区位于内蒙古锡林郭勒盟南部镶黄旗、正镶白旗、正蓝旗。察哈尔羊是在内蒙古自治区锡林郭勒盟南部细毛羊养殖区，为适应当地自然、资源条件和市场需求，从 20 世纪 90 年代初开始，经过广大畜牧科技人员和牧民的不懈努力，运用杂交育种的方法，以内蒙古细毛羊为母本、德国肉用美利奴羊为父本杂交育种、横交固定和选育提高，培育而成的一个优质肉毛兼用羊新品种。该品种体型外貌基本一致、抗逆性强、肉用性能良好、繁殖率高、遗传性能稳定。察哈尔羊成年种公羊平均体重 91.87kg、平均产毛量 6.4kg；成年母羊相应指标为 65.26kg、4.7kg，繁殖率 147.2 ％。育成种公羊平均体重 70.04kg、平均产毛量 4.7kg；育成母羊相应指标为 55.34kg、4.2kg。羔羊平均初生重公羔 4.36kg、母羔 4.12kg；6 月龄羔羊平均体重公羔 38.76kg、母羔 35.53kg。

4. 鲁西黑头羊

鲁西黑头羊是以黑头杜泊公羊为父本、小尾寒羊为母本，采用常规动物育种技术与分子标记辅助选择相结合的方法，选择杂种二、三代中符合育种目标要求的公、母羊横交固定、闭锁选育而成，含黑头杜泊羊血 80％左右、小尾寒羊血 20％左右。该品种具有早熟、繁殖率高、生长发育快、育肥性能好，肉质品质好、耐粗饲、适应性强，能适合我国北方农区气候条件和舍饲圈养条件等特点。

鲁西黑头羊主要产于山东省聊城市东昌府区、临清市、阳谷县、冠县、茌平县等县区。头颈部被毛黑色，体躯被毛白色。头清秀，鼻梁隆起，耳大稍下垂，颈背部结合良好。胸宽深，背腰平直，后躯丰满，四肢较高且粗壮，蹄质坚实，体躯呈桶状结构。公、母羊均无角，瘦尾。3 月龄断奶体重公羔 32.6kg、母羔 30.8kg；6 月龄体重公羔 49.4kg、母羔 46.3kg；成年羊体重公羊 102.8kg、母羊 81.0kg。公羊 8 月龄性成熟，初配年龄 10 月龄，成年公羊平均射精量 1.3mL。母羊 6 月龄性成熟，常年发情，发情周期 18 天，发情持续期 29 小时，初配年龄 8 月龄，妊娠期 147 天，两年产三胎。初产母羊平均产羔率 150％以上，经产母羊产羔率 220％以上。

三、兼用型肉羊品种

滩羊是我国独特的裘皮用绵羊品种。主产于宁夏回族自治区盐池等县，分布于宁夏及宁夏毗邻的甘肃、内蒙古、陕西等地。滩羊成年羊体重公羊 47.0kg、母羊 35.0kg；成年羊屠宰率羯羊 45.0％、母羊 40％。滩羊 7～8 月龄性成熟，每年 8—9 月为发情配种旺季。一般年产一胎，产双羔者很少，产羔率 101.0％～103.0％。滩羊耐粗放管理，遗传性稳定，对产区严酷的自然条件有良好的适应性，是优良的地方品种。

四、具有高繁殖特性的绵羊品种

1. 小尾寒羊

原产于河北南部、河南东部和东北部、山东南部及皖北、苏北一带，现全国各地都有分布，具有体大，生长发育快，早熟、繁殖力强、性能稳定、适应性强等优点。小尾寒羊是我国著名的肉裘兼用型地方绵羊品种，是中国的"国宝"，是"世界超级绵羊品种"，其生长发育和繁殖率不亚于世界著名的兰德瑞斯羊和罗曼诺夫羊。

外貌特征：小尾寒羊体型结构匀称，鼻梁隆起，耳大下垂，脂尾呈圆扇形，尾尖上翻，尾长不超过飞节，胸部宽深，肋骨开张，背腰平直，体躯长呈圆桶状，四肢健壮端正。公羊头大颈粗，有螺旋形大角。母羊头小颈长，有小角或无角。被毛白色、异质，少数个体头部有色斑。

生产性能：3月龄公羊断奶体重22kg以上，母羔20kg以上；6月龄公羔38kg以上，母羔35kg以上；周岁公羊75kg以上，母羊50kg以上；成年公羊100kg以上，母羊55kg以上。成年公羊剪毛量4kg、母羊2kg左右，净毛率60%以上。8月龄公、母羊屠宰率在53%以上，净肉率在40%以上，肉质较好，18月龄公羊屠宰率平均为56.26%。母羊初情期5~6个月，6~7个月可配种怀孕，母羊常年发情，初产母羊产羔率在200%以上，经产母羊270%。

生活习性如下。

（1）喜干燥、清洁的生活环境　潮湿的环境易发寄生虫病和腐蹄病。

（2）喜食干净食物和喜饮洁净水　小尾寒羊对于各种牧草和秸秆都可采食，但宁吃粗、不吃污，拒食被尿污染的草和饮水或是践踏过的草，要求净水、净料、净草。

（3）公羊善斗、母羊胆小易惊　小尾寒羊公羊喜欢抵斗，在放牧时应将公羊单独隔开；母羊喜安静，温顺、胆小、易受惊，如遇刺激性噪声袭扰，则采食和生长都会受到影响，故有"一惊三不食，三惊久不长"之说，特别是临产母羊产羔易受嘈杂环境的不利影响。

2. 湖羊

湖羊产于浙江、江苏太湖流域，主要分布在浙江的吴兴、嘉兴、海宁、杭州和江苏的吴江、宜兴等地区，以生长发育快、成熟早、繁殖性能高、生产美丽羔皮而著称。

外貌特征：湖羊头面狭长，鼻梁隆起，耳大下垂，公母羊均无角，眼大突出，颈细长，体躯较窄，背腰平直，十字部较鬐甲部稍高，四肢纤细，短脂尾，尾大呈扁圆形，尾尖上翘。全身白色，少数个体的眼圈及四肢有黑褐色斑点。

生产性能：成年公羊体重40~50kg，成年母羊为35~45kg。剪毛量成年公羊平均为2.0kg、成年母羊为1.2kg。产羔率平均为212%。湖羊的泌乳性能良好。在4个月泌乳期中可产乳130L左右。成年母羊的屠宰率为54%~56%。羔羊生后1~2天内宰剥的羔皮称为"小湖羔皮"，羔皮毛色洁白，有丝一般的光泽，花纹呈波浪形，甚为美观。羔羊出生后60天内宰剥的皮为"袍羔皮"，皮板薄而轻，毛细柔、光泽好，是上等的裘皮原料。

生活习性如下。

（1）叫声求食　湖羊的长期舍饲形成了"草来张口、无草则叫"的习性。在无外界干扰情况下，若听到羊群发出"咩咩"的叫声，则大多因饥饿引起，应及时饲喂。

（2）喜夜食草　湖羊在夜间安静、干扰少时，食草量大（约占日食草量的2/3）。

（3）母性较强　产羔母羊不仅喜爱亲生羔羊，而且喜欢非亲生之羔羊。尤其是丧子后的母羊神态不安，如遇其他羊分娩时，站立一旁静观，待小羔羊落地就会上前闻并舔干其身上黏液，让羔羊吮乳。这种特性有利于羔羊寄养时寻找"保姆羊"。

（4）喜静怕闹　湖羊喜欢安静，尤其是妊娠母羊，如遇噪声易引起流产。

（5）喜干燥、爱清洁　湖羊的生活环境怕湿、怕蚊蝇，故羊舍应清洁、干燥、卫生，防止蚊蝇侵扰。湖羊怕光，尤其是怕强烈的阳光，因此羊舍应有遮蔽设施。

五、风味浓郁的肉脂型绵羊

1. 阿勒泰羊

阿勒泰羊是新疆维吾尔自治区的优良肉脂兼用型粗毛羊品种。阿勒泰羊在纯放牧条件下，5月龄羯羊屠宰前平均体重36.35kg，屠宰率达到51%。初生重公羔4.5~5.0kg、母羔4.0~4.5kg。繁殖率初产母羊103%、经产母羊10%。阿勒泰羊具有耐粗饲、抗严寒、善跋涉、体质结实、早熟、抗逆性强、适于放牧等生物学特性，在终年放牧、四季转移牧场条件下，仍有较强的抓膘能力。

2. 同羊

又名同州羊，主要分布在陕西省渭南、咸阳两市北部各县，延安市南部和秦岭山区也有少量分布。饲养方式多为半放牧半舍饲。目前，同羊数量急剧减少，已处于濒危状态。成年羊平均体重公羊44.0kg、母羊36.2kg。屠宰率周岁羯羊51.57%、成年羯羊57.64%，净肉率41.11%。同羊6~7月龄即达性成熟，1.5岁配种。全年可多次发情、配种，一般两年产三胎。

六、具有独特价值的绵羊品种

1. 兰坪乌骨绵羊

兰坪乌骨绵羊是以产肉为主的地方绵羊品种，是云南省兰坪县特有的、世界上唯一呈乌骨乌肉特征的哺乳动物，是一种十分珍稀的动物遗传资源。兰坪乌骨绵羊成年公羊平均体重47.0kg、体高66.5cm；成年母羊相应指标为37.0kg、62.7cm。性成熟时间公羊8月龄、母羊7月龄。初配年龄公羊13月龄、母羊12月龄。发情周期为15~19d。繁殖季节多在秋季，妊娠期5个月。大部分母羊两年产三胎。羔羊出生重约2.5kg，成活率约95%。

2. 石屏青绵羊

石屏青绵羊分布于云南省石屏县北部山区，主产于龙武镇、哨冲镇、龙朋镇。石屏青绵羊是长期自然选择和当地彝族群众饲养驯化形成的肉毛兼用型地方品种。石屏青绵羊成年公羊平均体重 35.8kg、胴体重 13.21kg、净肉重 9.67kg、屠宰率 36.9%、净肉率 27%；成年母羊相应指标为 33.8kg、11.81kg、8.15kg、34.9% 和 24.1%。公羊 7 月龄进入初情期、12 月龄达到性成熟、18 月龄用于配种；母羊相应指标为 8 月龄、12 月龄、16 月龄。利用年限公羊 3~4 年、母羊 6~8 年。发情以春季较为集中，一般年产一胎，产羔率 95.8%。石屏青绵羊四肢细长，蹄质坚硬结实，行动灵活，善爬坡攀岩，一年四季均以放牧为主，极少补饲，遗传性能稳定，性情温驯，耐寒、耐粗饲，适应性和抗病力均强。

第三节　我国主要肉用山羊品种

山羊具有采食广、耐粗饲和抗逆性强等特点，是适应性最强和地理分布最广泛的家畜品种。我国山羊品种分布遍及全国，北自黑龙江省、南至海南省、东到黄海边、西达青藏高原都有山羊分布。我国地域辽阔，各地区自然条件相差悬殊，再加上多年的自然选择和人工选择，因此逐步形成了各地区具有不同遗传特点、体型、外貌特征和生产性能的山羊品种。

据畜禽遗传资源调查，列入 2011 年出版的国家级品种遗传资源志的山羊品种有 66 个。根据主要生产途径，可将我国山羊品种划分为八大类型，具体如下。① 普通山羊，也称土种羊，数量最多、分布最广，具有强大的适应性和生活力，能在恶劣的生活条件下生长繁殖，但绒、毛、肉、乳、板皮的产量和品质均不突出，如西藏山羊、新疆山羊等；② 肉用山羊，除培育品种南江黄羊外，我国许多地方品种山羊屠宰率高、肉质细嫩，具有良好的肉用性能；③ 毛用山羊，以引进、风土驯化的安哥拉山羊为代表，我国长江三角洲白山羊以生产笔料毛著名；④ 乳用山羊，以关中奶山羊、崂山奶山羊和新培育的文登奶山羊为代表，具有产奶量高、性情温和等特点；⑤ 绒用山羊，是我国特殊的山羊遗传资源，以辽宁绒山羊、内蒙古绒山羊为代表，具有产绒量高、羊绒综合品质好、耐粗饲、适应性强、遗传性能稳定等特点；⑥ 裘皮山羊，中卫山羊是世界上唯一的裘皮山羊品种；⑦ 羔皮山羊，以济宁青山羊所产青猾皮色泽美观、皮毛光润，且其产羔率达 283%；⑧ 板皮山羊，以黄淮山羊、板角山羊、马头山羊、成都麻羊等为代表，是我国优良的地方山羊品种，具有板皮弹性好、质地均匀、面积大、抗张力强等特点，目前此类地方品种多向肉用方向选育。

一、我国主要的地方山羊品种

1. 马头山羊

马头山羊产区在湖北省的十堰市、丹江口市和湖南省常德市、怀化市，以及湘西土家族苗族自治州各县。

外貌特征：马头山羊体质结实，结构匀称，体躯呈长方形。头大小适中，公、母羊均无角，但有退化的角痕。两耳向前略下垂，颌下有髯，部分羊颈下有一对肉垂。成年公羊颈较短粗，母羊颈较细长。头、颈、肩结合良好，前胸发达，背腰平直，后躯发育良好，尻略斜。四肢端正，蹄质坚实。乳房发育良好。毛被以白色为主，次为黑色、麻色及杂色；毛短、有光泽，冬季生有少量绒毛；额、颈部有长粗毛。

生产性能：马头山羊成年公羊平均体重为 43.81kg、母羊为 33.70kg，羯羊为 47.44kg。在全年放牧情况下，12 月龄公、母羊屠宰率为 54.69%、50.01%。马头山羊性成熟早，母羔 3~5 月龄、公羔 4~6 月龄达性成熟，一般 10 月龄配种，初产母羊多为单羔，经产母羊多产双羔，一年产两胎或两年产三胎。产羔率为 191.94%~200.33%。

2. 西藏山羊

分布在西藏、青海、四川阿坝、甘孜以及甘南等地，产区属青藏高原。

外貌特征：该品种体格较小，公母羊均有角，被毛颜色较杂，纯白者很少，多为黑色、青色以及头肢花色。体质结实，前胸发达，肋骨拱张良好，母羊乳房不发达，乳头小。

生产性能：成年公羊平均体重 23.95kg，成年母羊 21.56kg，成年羯羊屠宰率 48.31%。剪毛量成年公羊 418.3g，成年母羊 339g，抓绒量成年公羊 211.8g，成年母羊 183.8g；羊绒品质好，直径 15.37±1.1μm，长度 5~6cm。年产一胎，多在秋季配种，产羔率为 110%~135%。

3. 成都麻羊

成都麻羊原产于四川省成都平原及附近山区，是乳、肉、皮兼用的优良地方品种。

外貌特征：成都麻羊公母羊多有角，有髯，胸部发达，背腰宽平，羊骨架大，躯干丰满，呈长方形。乳房发育较好，被毛呈深褐色，腹毛较浅，面部两侧各有一条浅褐色条纹，由角基到尾根有一条黑色背线，在甲部黑色毛沿肩胛两侧向下延伸，与背线结成十字形。

生产性能：成年公羊体重 40~50kg，母羊体重 30~35kg，成年羯羊屠宰率 54%。成都麻羊性成熟早，一般 3~4 个月出现初情期，母羊初配年龄 8~10 个月，全年发情。产羔率 210%。产奶性能也较高，一个泌乳期 5~8 个月，可产奶 150~250kg，含脂率达 6%以上。

4. 黄淮山羊

原产于黄淮平原的广大地区。如河南省周口、商丘市，安徽省及江苏省徐州市也有分布。具有性成熟早、生长发育快、板皮品质优良、四季发情及繁殖率高等特性。

外貌特征：该品种羊鼻梁平直，面部微凹，颌下有髯。分有角和无角两个型，有角者公羊角粗大，母羊角细小，向上向后伸展呈镰刀状。胸较深，肋骨开张，背腰平直，体躯呈桶形。母羊乳房发育良好，呈半圆形。被毛白色，毛短有丝光，绒毛很少。

生产性能：成年公羊平均体重 34kg，成年母羊为 26kg。肉汁鲜嫩，膻味小，产区习惯于 7~10 月龄屠宰，此时胴体重平均为 10.9kg，屠宰率 49.29%，而成年羯羊屠宰率为 45.9%。板皮呈蜡黄色，细致柔软，油润光泽，弹性好，是优良的制革原料。黄淮山羊性成熟早，初配年龄一般为 4~5 月龄，能一年产两胎或两年产 3 胎，产羔率平均为 238.66%。

5. 雷州山羊

雷州山羊主要分布于广东省湛江地区的雷州半岛，该品种耐粗饲、耐热、耐潮湿、抗病力强，适于炎热地区饲养。

外貌特征：雷州山羊体格大，体质结实，公、母羊均有角、有髯、颈细长，耳向两侧竖立开张，髻甲稍高起，背腰平直，胸稍窄，腹大而下垂。被毛多为黑色，少数羊被毛为麻色或褐色，雷州山羊从体形上看可分为高腿和短腿两种类型。前者体形高，骨骼较粗，乳房不发达；后者体形矮，骨骼较细，乳房发育良好。

生产性能：3 岁以上公、母羊平均体重为 54.0kg 和 47.7kg；2 岁公、母羊为 50.0kg 和 43.0kg；周岁公、母羊为 31.7kg 和 28.6kg。屠宰率平均为 46% 左右。雷州山羊繁殖率高，3~6 月龄达到性成熟，5~8 月龄初次配种，一般一年两产，产羔率 203%。

6. 贵州黑山羊

贵州黑山羊主产于威宁、赫章、水城、盘县等县，分布在贵州西部的毕节、六盘水、黔西南、黔南和安顺 5 个地、州（直辖市）所属的 30 余个县（直辖市）。贵州黑山羊成年公羊平均体高 59.08cm、体长 61.94cm、胸围 72.81cm、管围 8.24cm、体重 43.30kg；成年母羊相应指标为 56.11cm、59.70cm、69.86cm、6.97cm、35.13kg。周岁公羊胴体重 8.51kg、屠宰率 43.88%、净肉率 30.80%。公羊 4.5 月龄性成熟，7 月龄初配；母羊相应指标为 6.5 月龄、9 月龄。

二、我国培育的主要肉用山羊品种

1. 南江黄羊

南江黄羊是以努比亚山羊、成都麻羊、金堂黑山羊为父本，南江县本地山羊为母本，采用复杂育成杂交方法培育而成的，其间曾导入吐根堡奶山羊血统。主产于巴中市南江县、通江县。1998 年，农业部批准该品种羊为肉羊新品种。南江黄羊周岁平均体重公羊 37.72kg、母羊 30.75kg；成年羊体重公羊 67.07kg、母羊 45.60kg；周岁羊胴体重公羊 14.32kg、母羊 13.46kg；屠宰率公羊 47.62%、母羊 48.26%；净肉率公羊 37.65%、母羊 37.40%。南江黄羊性成熟较早，在放牧条件下母羊可常年发情。初配年龄公羊 12 月龄、母羊 8 月龄。产羔率初产羊 154.17%、经产羊 205.35%，平均产羔率 194.67%。南江黄羊产肉性能好，肉质细嫩，适口性好，体格高大，生长发育快，繁殖力高，耐寒、耐粗饲，采食力与抗逆力强，适应范围广。不仅能适应我国南方亚热带农区，也适应亚热带向北温带过渡的暖温带湿润、半湿润北方生态类型区。

2. 简阳大耳羊

简阳大耳羊是努比山羊与简阳本地麻羊经过 50 余年，在海拔 300~1 050m 的亚热带湿润气候环境下通过杂交、横交固定和系统选育形成的。主产区位于四川盆地西部、龙泉山东麓、沱江中游。简阳大耳羊成年公羊平均体重 73.92kg、体高 79.31cm；成年母羊相应指标 47.53kg、67.03cm，呈大型群体。6~8 月龄胴体重 14.10kg，屠宰率 49.62%；周岁羊胴体重 16.01kg，屠宰率 48.09%。简阳大耳羊初配期公羊 8~9 月龄、母羊6~7月龄；产羔率200%左右。简阳大耳羊是四川省优良地方品种之一，被推广到海拔260~3 200m、气温-8~42℃的自然区域后，仍生长良好，繁殖正常。

三、我国具有特色性状的山羊品种

1. 湖北乌羊

我国特有的地方品种，因皮肤、肉色、骨色为乌色而闻名于世。湖北乌羊又称乌骨山羊，是一种食性广、耐粗饲、中等体型、有角、黑头白身的珍稀地方羊种资源，具有一定的药用价值，市场潜力巨大。湖北乌羊初生平均体重公羔1.83kg、母羔1.60kg；3月龄断奶重公羔9.50kg、母羔8.75kg；哺乳至3月龄平均日增重公羔85.78g、母羔79.44g。成年湖北乌羊屠宰活重27.3kg、体重14.1kg、屠宰率51.65%、净肉重8.7kg、胴体净肉率61.7%。湖北乌羊性成熟比较早，适配年龄公羊7月龄、母羊8月龄。通常一年产两胎，初产母羊多产单羔，经产母羊多产双羔。

2. 济宁青山羊

经鲁西南人民长期培育而成的优良的羔皮用山羊品种，所产羔皮叫猾子皮，原产于山东省西南部的菏泽和济宁两市的20多个县。济宁青山羊有"四青一黑"的外形特征。济宁青山羊体格较小，体高公羊55~60cm、母羊50cm左右。体重公羊30kg、母羊26kg。繁殖力高是该品种的重要特征，4月龄即可配种、母羊常年发情，一年产两胎或两年产三胎，平均产羔率293.65%。屠宰率为42.5%。济宁青山羊是我国优异的种质资源，全年发情、多胎高产、羔皮品质好、肉羊早期生长快、遗传性稳定、耐粗抗病。近几十年来，青猾子皮市场的下滑和肉羊产业的兴起，以及各地盲目引入其他品种进行改良，致使该品种的纯种数量急剧下降。

3. 长江三角洲白山羊

是国内外唯一以生产优质笔料毛为特征的肉、皮、毛兼用山羊品种。原产于我国长江三角洲，主要分布在江苏省的南通、苏州、扬州、镇江，浙江省的嘉兴、杭州、宁波、绍兴和上海市郊区县。长江三角洲白山羊成年羊体重公羊28.58kg、母羊18.43kg。屠宰率（带皮）周岁羊49%以上、2岁羊51.7%。该品种繁殖能力强，性成熟早。两年产三胎，年产羔率达228.5%。长江三角洲白山羊所产羊肉膻味少，肉质肥嫩鲜美，适口性好；繁殖力强，产羔多；耐高温高湿，耐粗饲，适应性强。

4. 弥勒红骨山羊

是肉用型地方品种，主要分布于云南省弥物县东山镇，在主山山脉一带均有零星分布。弥勒红骨山羊成年羊体重公羊37.51kg、母羊30.81kg；成年公羊胴体重13.34kg、净肉重9.65kg、屠宰率51.25%、净肉率36.03%，成年母羊相应指标为14.1kg、10.5kg、49.4%、35.5%。公羊6月龄性成熟，8月龄开始配种，利用年限一般为4年。母羊8月龄性成熟，12月初配，常年发情，秋季较为集中。一年产一胎，初产母羊产羔率为90%，经产母羊产羔率为160%。弥勒红骨山羊以牙齿、牙龈呈粉红，全身骨骼呈现红色为特征，性情温驯，耐寒，耐粗饲，适应性和抗病力均强。

第三章　羊的生物学特性

从动物分类学上讲，绵羊属于动物界（Animalia）、脊椎动物门（Vertebrata）、哺乳纲（Mammalia）、偶蹄目（Artiodactyla）、反刍亚目（Ruminatia）、牛科（Bovidae）、羊亚科（Caprinae）、绵羊属（Ovis）。绵羊有 26 对常染色体。绵羊有三个腺体，即位于两眼内角下方的内窝腺，前后蹄蹄叉间的趾间腺，腹部与两大腿内侧交界处的鼠蹊腺。山羊属于动物界（Animalia）、脊椎动物门（Vertebrata）、哺乳纲（Mammalia）、偶蹄目（Artiodactyla）、反刍亚目（Ruminatia）、牛科（Bovidae）、羊亚科（Caprinae）、山羊属（Ovis）。山羊有 29 对常染色体，母羊的性染色体为 XX，公羊的性染色体为 XY。山羊没有绵羊所具有的 3 个腺体。

羊的生物学特性，是指羊的内部结构、外部形态以及正常的生物学行为在一定生态条件下的表现。探讨羊的生物学特性，科学地了解绵山羊，对于正确组织养羊业生产，发挥养羊业的经济效益具有十分重要的意义。

第一节　羊的生活习性

一、合群性强

绵羊的合群性比其他家畜强。绵羊胆小，缺乏自卫能力，遇敌不抵抗，只是窜逃或不动。在牧场放牧时，绵羊喜欢与其他羊只一起采食，即便是饲草密度较低的草地，也要保持小群一起牧食。不论是出圈、入圈、过桥、饮水和转移草场，只要有"头羊"先行，其他羊就会跟着行动。但绵羊的群居性有品种间的差异，如地方羊品种比培育品种的合群性强；粗毛羊品种合群性最强，毛用羊比肉、毛兼用品种强。

山羊亦喜欢群居。山羊放牧时，只要一羊前进，其他羊就跟随"头羊"走，因而便于放牧管理。对于大群放牧的羊群只要有一只训练有素的"头羊"带领，就较容易放牧与管理。"头羊"可以根据饲养员的口令，带领羊群向指定地点移动。一旦掉队失群时，则鸣叫不断，寻找同伴，此时只要饲养员适当叫唤，便可立即归队，很快跟群。"头羊"一般由羊群中年龄大，后代多，身体强壮的母羊担任，羊群中掉队的多是病、老、弱的羊只。绵、山羊合群性不好的地方在于容易混群，当少数羊只混群后，其他羊只也随之而来，造成大规模混群现象的发生。

二、喜欢干燥、清洁

绵羊适宜干燥的生活环境，常常喜欢在地势较高的干燥地方站立或休息，若长期生活在潮湿低洼的环境里，往往易感染肺炎、蹄炎及寄生虫病。从不同品种看，粗毛羊能耐寒，细毛羊喜欢温暖、干旱、半干旱的气候条件，而肉用和肉、毛兼用绵羊则喜欢温暖、湿润、全年温差不大的气候。在南方广大的养羊地区，羊舍应建在地势高、排水畅通、背风向阳的地方，有条件的养羊户可以在羊舍内建羊床（羊床距地面 10~30cm），供羊只休息，以防潮湿。相对而言，山羊对湿润的耐受能力要强于绵羊。

羊喜欢洁净，一般在采食前，总要先用鼻子嗅一嗅，往往宁可忍饥挨饿也不愿吃被污染、践踏、霉烂变质、有异味、怪味的草料或饮水。因此，对于舍饲的羊群要在羊舍内设置水槽、食槽和草料架，便于羊只采食洁净的饲草料和饮水，也可以减少浪费；对于放牧羊群，要根据草场面积、羊群数量，有计划地按照一定顺序轮流放牧。

三、采食能力强、饲料范围广

羊有长、尖而灵活的薄唇，下切齿稍向外弓而锐利，上腭平整坚强，上唇中央有一纵沟，故能采食低矮牧草和灌木枝叶，捡食落叶枝条，利用草场比较充分。在马、牛放牧过的牧场上，只要不过牧，还可用来放羊；在马、牛不能放牧的短草草场上，羊也可生活自如。羊能利用多种植物性饲料，对粗纤维的利用率可达 50%~80%，适应在各种牧地上放牧。

与绵羊相比，山羊的采食更广、更杂，具有根据其身体需要采食不同种类牧草或同种牧草不同部位的能力。山羊可采食 600 余种植物，占供采食植物种类的 88%。山羊特别喜欢树叶、嫩枝，可用以代替粗饲料需要量的一半以上（表 3-1）。山羊尤其喜欢采食灌木枝叶，不适于绵羊放牧的灌木丛生的山区丘陵，可供山羊放牧。利用这一特点，能有效地防止灌木的过分生长，具有生物调节者的功能；有些林区，常通过饲养山羊，采食林间野草，利于森林防火。

表 3-1　几种家畜放牧时选吃的草地植物　　　　　　　　　　　（%）

植物种类	放牧家畜			
	马	牛	绵羊	山羊
禾草	90	70	60	20
杂草	4	20	30	20
树枝叶	6	10	10	60

（Bell，1978）

羊不是一直觅食，而是吃饱后即反刍、休息或游走，然后再吃草。日出前后及日落后最喜啃食，而以早晨采食的时间最长。

四、适应性强

羊对自然环境具有良好的适应能力，在极端恶劣的条件下，具有顽强的生命力，尤其是山羊。在我国从南到北，由沿海到内地甚至高海拔的山区都有山羊分布，在热带、亚热带和干旱的荒漠、半荒漠地区也有山羊的存在，在这种严酷的自然环境下，山羊依然可以生存、繁殖后代；山羊对蚊蝇的自然抵抗力也优于其他反刍家畜，说明山羊调节体温、适应生态环境的能力是相当强的。但是，就一些专门培育的肉用山羊品种羊来看，则适合在饲养条件比较丰富的农区和平川草场饲养，否则，还是饲养当地的土种山羊更合算。

五、耐寒怕热

绵羊耐热性不及山羊，汗腺不发达，散热机能差，炎热夏季放牧时常出现"扎窝子"现象，表现为多只绵羊相互借腹蔽阴，低头拥挤，驱赶不散。

六、羊嗅觉、听觉和触觉在实际生产中的应用

绵羊母子即使在大群的情况下也可以准确相识，其中主要是靠嗅觉相互辨认，听觉和视觉起一定的辅助作用。一般认为绵羊失群时，可根据黏在草木上的腺体分泌物的气味找群，腹股沟腺的分泌物也是羔羊识别母亲的主要依据。在生产中常根据这一生物学特点寄养羔羊，在被寄养的孤羔或多胎羔羊身上涂抹保姆羊的羊水，寄养多会获得成功。

七、其他特性

绵羊胆小懦弱，易受惊，受惊后就不易上膘。突然受到惊吓时常出现"炸群"现象，羊只漫无目标的四处乱跑。

与其他家畜相比，羊的抗病力强，在较好的饲养管理条件下很少发病，同时对疾病没有其他家畜敏感，具有较强的耐受力。山羊的寄生虫病较多且发病初期不易发现。因此，要随时留心观察，发现异常现象，及时查找原因，进行防治。

第二节　羊的行为特性

一、领域行为

在大羊群中混入其他羊群失散的少量羊，这些羊将会发出"咩"的叫声，显现出

不协调的表现。

在一个大牧场上，绵羊以个别的但又重复的形式进行分群及分割领土。一般来说，新来的羊及断奶后分出去的羔羊，是不允许加入到原来的羊群中去的，只有进入牧场上生产力低的羊群中去。在绵羊群中存在明显的位次关系。年龄较大的母羊在羊群中处于优势地位，这种特性似乎与体重关系不大。绵羊群的等级位次关系一般是通过羊控制饲喂场地而体现出来的，占优势地位的母羊常常将次等母羊挤开，但等级位次关系很少体现在羊群的外表争斗上。典型的母绵羊领头的顺序是：外祖母、女儿、外甥女。每只母羊总跟随有她的当年羔羊。作为公羊，将统治整个母羊群。

山羊群也有稳定的等级制，而且比绵羊群明显的多，山羊还比绵羊好斗。在决定山羊的等级位次方面，年龄和体重起着重要作用，但与性别无关。

警觉行为表现为：抬头查看，对着声音或动作方向竖耳、定睛，嗅闻物体或外来羊。

争斗、逃脱行为表现为：前肢刨地，头低肩推；后退前冲，用头顶撞（绵羊）；后肢起立，用头顶撞（山羊）；成群跑动；呆立；喷鼻、顿足。

二、繁殖行为

尽管绵羊和山羊的发情季节性很明显，但受自然环境的影响依然很大，如在热带的山羊和绵羊就非季节性发情而是全年发情。

母羊的发情在一定程度上需要公绵羊的出现，这对母绵羊来说是一种神经刺激，并能加快初情期的到来，这种作用称为公羊效应。在正常的发情期内，把公羊继续留在母羊群内有促进母羊发情的倾向。公羊的存在可缩短母羊的发情持续期，但这有赖于公、母羊之间直接的肉体接触，与其说是公羊爬跨了母羊，倒不如说是由于外激素的作用。混有公羊的母羊群比母羊单独组群的发情持续期短，而发情也比较一致。

发情的母羊在公羊出现时还表现出接纳性，排尿是一种典型的征状，原因是因为母羊的尿中含有性外激素，具有信号作用。

三、采食行为

采食动作：绵羊和山羊均无上切齿，其下切齿能压在上颌齿板上。羊在采食时，其头部的动作主要是向后拉，只有20%向前推。放牧采食时，绵羊和山羊把草料纳于切齿和齿板之间，然后把嘴向前一抬便将草切断。羊的口唇灵活，不用舌卷食，用嘴唇把草纳入口中，因此羊能够啃食接近地面的短草；又因羊的嘴较窄，吃草时较能选择。山羊比绵羊喜食树叶，时常攀登乔木或灌木采摘其嫩枝和叶子，采食时也常有向下撕扯的动作。绵羊牧食时嘴张开大约3cm并紧贴地面，这很有利于撕断牧草，也有利于选择喜欢的牧草。

采食时间模式：羊采食的开始与日出密切相关，显然采食多集中在白天。但羊一天中并不连续采食，采食的活动穿插反刍行为，采食与反刍的时间模式是相对固定的，在一定的时间内采食量很大，而在其他的时间内进行反刍和休闲，羊在每天清晨和黄昏前的一段时间内持续时间最长，采食行为最强烈。一昼夜中采食次数平均为4~7次，总的采食时间一般为10小时左右。

采食量：在草地上成年绵羊的鲜草消耗量及干物质消耗量分别为1.3~5kg和0.52~1.3kg。羊的个体采食量与羊群平均采食量存在着较大的差异，羊的采食行为受土壤肥力、是否使用肥料、牧场的地理位置和气候条件的影响。如果环境温度降低，羊的采食量相对增加，但温度过低，就会影响食欲，从而使采食量减少。

采食调节与选择：绵羊总是选择含蛋白质高、粗纤维低的牧草。某些患有营养缺乏病的羊，可通过有选择性地采食某些植物和谷物饲料来纠正它们的营养不平衡。因此，认为羊能选择它们所要吃的食物种类来防止任何营养缺乏或过剩。在正常情况下，绵羊不喜欢采食经常被尿污染的土地上所长的牧草，不吃被粪尿污染的植物，纵然被粪尿污染的牧草品质优良也是如此。只有在环境恶劣的情况下，才会被迫采食受污染的牧草。

食物选择的机制：羊在采食过程中，往往利用其发达的嗅觉、味觉和视觉来辨别食物，这是因为绵羊可以通过食物的外形和气味的刺激（而不是食物内容）进行食物选择。在生产中发现，羊在没有视觉的情况下采食，其采食量几乎不受影响。但如果抑制绵羊的嗅觉，则极其明显地影响食物的选择。

反刍行为：羊每昼夜的反刍次数大约为15次，总的反刍时间8~10小时，咀嚼次数（反刍时）39 000次，每一个反刍周期持续时间1~120分钟，逆呕的食团数500个，每个食团的咀嚼次数78次。反刍具有规律性的间隔发生，无论白天还是夜间均有反刍。清晨反刍频率较高，下午反刍很有规律，但此倾向并不是所有品种的羊都有，且这种倾向不太明显。每一食团咀嚼后再吞咽和逆呕的间隔很有规则，而进食时的咀嚼活动则没有规律。在步行时咀嚼食团的速率为83~99次/分，午夜到中午这段时间再咀嚼的速率较慢。一个反刍周期将要停止时食团逆呕的间隔较长，但每一食团再咀嚼的次数并无变化。导致反刍开始与停止的原因似乎与神经刺激有关。羊采食不同的饲料速率也不同，制成颗粒的干草比切短的干草或长干草吃得快，而且颗粒饲料的反刍时间也短得多。如喂给粉碎的粗料时反刍活动可明显减弱。羊有规律性地少量采食饲料与一次性吃大量饲料相比，反刍行为增加。

饮水：羊的饮水路线、饮水习惯往往是固定的，不管要花费多长时间，它们宁可沿着所认识的固定路线走，也不愿意直接穿过牧草地。它们通常也趋向于常去一个固定的水源。同采食一样，饮水行为在某种程度上也受到环境温度、谷物的品种、草场以及繁殖阶段等因素的影响。绵羊干渴时会发出鸣叫，越渴鸣叫的频率越高。成年羊的饮水量一般为3~6L。

第三节 羊的繁殖特性

一、羊生殖系统的解剖特点

(一)公羊

1. 睾丸

睾丸的主要功能产生精子和分泌雄性激素,以刺激公羊生长发育,促进第二性征及副性腺的发育。睾丸左右各1个,呈椭圆形,长轴垂直。睾丸在胎儿未出生时,位于腹膜的外面,当胎儿生长发育到一定时期,它就和附睾一起通过腹股沟管进入阴囊,分居在阴囊的两个腔内。出生后的公羊睾丸若未降入阴囊,即会成为"隐睾",不能留作种用。睾丸和附睾被白色的致密结缔组织膜包围。白膜向睾丸内部延伸,形成许多隔子,将睾丸分成许多睾丸小叶。每个睾丸小叶有3~4个弯曲的精细管,称曲细精管,这些曲细精管到睾丸纵隔处汇合成为直细精管,直细精管在纵隔内形成睾丸网。精细管是产生精子的地方,睾丸小叶的间质组织中有血管、神经和间质细胞,间质细胞产生雄性激素。成年公羊双侧睾丸重,绵羊400~500g、山羊约为150g。

2. 附睾

附睾是贮存精子和精子最后成熟的地方,也是排出精子的管道。附睾管的上皮细胞分泌物可供给精子营养和运动所需要的物质。公羊附睾内贮存的精子数在1 500亿以上;由于附睾内的pH值为弱酸性(6.2~6.8)、高渗透压及温度较低,使贮存的精子经60天后仍具有受精能力。此外,附睾管的上皮细胞分泌物可供给精子存活和运动所需的营养物质。附睾附着在睾丸的背后缘,分头、体、尾3部分。附睾头和尾部较大,体部较窄。附睾的头部由睾丸网分出的睾丸输出管构成,然后汇合成一条弯曲的附睾管,延续为细长的附睾体,在睾丸的下端,附睾体转换为附睾尾。其中附睾管弯曲减少,最后逐渐过渡为输精管。

3. 输精管

是精子由附睾排出的通道,是一厚壁坚实的束状管。分左、右两条,从附睾尾开始由腹股沟进入腹腔,再向后进入骨盆腔到尿生殖起始部背侧,开口于尿生殖道黏膜形成的精阜上。

4. 副性腺

包括精囊腺、前列腺和尿道球腺。副性腺体的分泌物构成精液的液体部分。

精囊腺位于膀胱背侧,输卵管壶腹部外侧,与输精管共同开口于精阜上。分泌物为淡乳白色黏稠状液体,含有高浓度的蛋白质、果糖、柠檬酸盐等成分,供给精子营养和刺激精子运动。

前列腺位于膀胱与尿道连接处的上方。公羊的前列腺不发达。其分泌物是不透明稍黏稠的液体,呈弱碱性,能刺激精子,使其活力增强,并能吸收精子排出的二氧化碳,有利于精子生存。

尿道球腺在坐骨弓背侧，位于尿生殖道骨盆部的外侧，分泌黏液性和蛋白样液体，在射精前排出，有清洗和润滑尿道的作用。

5. 阴茎

公羊的交配器官。主要由阴茎海绵体和尿生殖道的阴茎部组成，当阴茎勃起时，伸出的部分长 15~17cm。

（二）母羊

母羊的生殖器官由卵巢、输卵管、子宫、阴道以及外生殖道等部分组成。

1. 卵巢

母羊的主要生殖腺体，左右各有 1 个，位于腹腔肾脏的后下方，子宫角尖端外侧，由卵巢系膜悬在腹腔靠近体壁处，血管、神经即由此出入，卵巢呈椭圆形，长 1.5~2cm、厚 0.8~1cm，单个卵巢重量为 0.6~2g。卵巢组织结构分内、外两层，外层叫皮脂层，可产生滤泡生产卵子和形成黄体；内层是髓质层，分布有血管、淋巴管和神经。卵巢表面常不光滑，在卵巢的整个表面均可以发生排卵。卵巢的主要功能是生产卵子和分泌雌性激素。

2. 输卵管

位于卵巢和子宫之间，为弯曲的小管，管壁较薄。输卵管的前口呈漏斗状，开口于腹腔，称输卵管伞。接纳由卵巢排出的卵子。输卵管的子宫端与子宫角相连接，无明显分界，带有一明显的弯曲。输卵管靠近子宫角一段较细，称为峡部；输卵管的前段较粗，称壶腹部。输卵管是精子和卵子受精结合和开始卵裂的地方，并将受精卵输送到子宫。

3. 子宫

包括 2 个子宫角，1 个子宫体和 1 个子宫颈。位于骨盆腔前部，直肠下方，膀胱上方。子宫角左右各 1 个，其尖端分别与两条输卵管相连接，其外形很像绵羊角，由大小 2 个弯，小弯向下，有子宫阔韧带附着，血管、神经由此出入。子宫体很短，是两个子宫角汇合的一段，与子宫颈相连，子宫颈肌肉层较厚，后部突出于阴道，称为子宫颈阴道部，其开口为子宫颈外口。子宫口伸缩性极强，妊娠子宫由于其面积和厚度增加，重量可超过未妊娠子宫的 10 倍。子宫角和子宫体的内壁有许多盘状组织，称为子宫小叶。它是胎盘附着母体并取得营养的地方。子宫颈为子宫和阴道的通道，不发情和怀孕时子宫颈收缩的很紧，发情时稍微开张，便于精子进入。

子宫的生理功能：一是发情时，子宫借肌纤维有节律的、强而有力的收缩作用而运送精液；分娩时，子宫以其强有力的阵缩而排出胎儿。二是胎儿发育生长的地方。子宫内膜形成的母体胎盘与胎儿胎盘结合成为胎儿与母体交换营养和排泄物的器官。三是在发情期前，内膜分泌的前列腺素，对卵巢黄体有溶解作用，致使黄体机能减退，在促卵泡素的作用下引起母羊发情。

4. 阴道

是母羊的交配器官，也是分娩时的产道。阴道的前端有子宫颈阴道部，四周为阴道穹隆，只有下部不甚明显。阴道的后端和尿生殖前庭之间以尿道外口、处女膜为界。

5. 外生殖器官

包括有尿生殖前庭、阴唇和阴蒂。

尿生殖前庭前端以处女膜和阴道为界，后端为阴门。前高后低，稍微倾斜。两侧壁黏膜下层中央有前庭大腺及其开口，为分支的管状腺。底壁有前庭小腺开口，发情时分泌增多。尿道外口在处女膜的后下方，与膀胱相通。尿生殖前庭是交配、排尿和分娩的通道。

阴唇是构成阴门的两侧壁，其上、下两端分别为阴唇的上、下唇联合。上联合呈圆形，下联合突而尖。阴蒂位于下联合的阴蒂窝内，由弹力组织和海绵组织构成，富于神经，发情时阴蒂突出充血，若母羔阴蒂过大，长度超过 1.5cm 者，多为间性羊，应及时淘汰。

二、羊的繁殖特点

（一）繁殖周期

羊的繁殖存在明显的季节周期性，这种繁殖周期性是通过长期的自然选择逐渐演化而来的，主要是分娩时的环境条件，有利于初生羔羊的存活。绵、山羊的繁殖季节，因品种、地区而有差异。一般是在夏、秋、冬 3 个季节母羊有发情表现。母羊发情时，卵巢机能活跃，滤泡发育逐渐成熟，并接受公羊交配。平时，卵巢处于静止状态，滤泡不发育，也不接受公羊的交配。母羊发情之所以有一定的季节性，是因为在不同的季节中，光照、气温、饲草饲料条件发生变化，特别是母羊的发情要求由长变短的光照条件，所以发情主要在秋、冬两季。在天气温暖、牧草繁茂的地区，在春季母羊也可以发情配种。在有的地区，母羊一年四季都可以发情配种，公羊在任何季节都能配种，但在气温高的季节，性欲减弱或者完全消失，精液品质下降，精子数目减少，活力降低，畸形精子增多。

（二）发情与排卵

母羊能否正常繁殖，往往取决于能否正常发情。正常的发情，是指母羊发育到一定阶段所表现的一种周期性的性活动现象。母羊发情包括 3 个方面的变化：一是母羊的精神状态。母羊发情时，常常表现兴奋不安，对外界刺激反应敏感，食欲减退，有交配欲，主动接近公羊，在公羊追逐或爬跨时常站立不动。二是生殖道的变化，发情期中，在雌激素的作用下，生殖道发生了一系列有利于交配活动的生理变化，如发情母羊外阴部松弛、充血、肿胀，阴道充血、松弛，并分泌有利于交配的黏液，子宫颈口松弛，并有黏液分泌。三是卵巢的变化。母羊在发情期 2~3 天，卵巢的卵泡发育很快，卵泡内膜增厚，卵泡液增多，卵泡部分突出于卵巢表面。

母羊每次发情后持续的时间称为发情持续期，绵羊发情持续期平均为 30 小时，山羊为 24~48 小时。母羊的发情持续期与品种、个体、年龄和配种季节等有密切的关系，如中国美利奴羊 1~2 天，山东小尾寒羊为 25~35 小时，马头山羊为 2~3 天，青山羊 44~68 小时。育成羊初情期的发情持续期最短，1.5 岁后较长，成年母羊更长。繁殖季节初期发情持续期短，中期较长，末期缩短。混有公羊的母羊群比母羊单独组群的发情持续期短，而发情也比较一致。毛用品种和肉用品种相比较，毛用种品种有发情持续期较长的趋向。

母羊排卵一般多在发情后期，成熟卵排出后在输卵管中存活的时间为 4~8 小时，公羊精子在母羊生殖道内维持受精能力最旺盛的时间约为 24 小时，为了使精子和卵子得到充分的结合机会，最好在排卵前数小时配种。

（三）绵羊的静默发情现象

静默发情，也称安静排卵，即母羊无发情征状，但卵泡能发育成熟而排卵。发情季节刚开始时，绵羊的静默发情发生率较高。羔羊第一次发情以前，常有一次静默发情。有时带羔的母羊或体弱的母羊也会发生安静发情。当连续 2 次发情之间的间隔相当于正常间隔的 2 倍或 3 倍时，即可怀疑存在静默发情。

引起静默发情的原因可能是由于有关生殖激素分泌不平衡所致。例如，当雌激素分泌量不足时，发情表现就不明显；或者雌激素分泌量虽不少，但由于激发母羊发情所需的雌激素水平较高，致使这部分羊没有发情表现；因为孕酮分泌量不足，就会降低下丘脑的中枢对雌激素的敏感性，也会表现静默发情。在绵羊发情季节的第一个发情周期，安静发情发生率较高，可能与其孕酮分泌量不足有关，至于发情于发情季节末期者，可能与雌激素分泌量不足有关。

（四）山羊、绵羊的发情周期

由上次发情开始到下次发情开始的期间，称为发情周期。在一个发情周期内，未经配种或虽经配种未受孕的母羊，其生殖器官和机体发生一系列周期性的变化，到一定时间会再次发情。绵羊发情期平均为 17 天（14~21 天），山羊平均为 21 天。发情周期同样受品种、个体和饲养条件等因素的影响，如阿勒泰羊为 16~18 天，湖羊为 17.5 天，成都麻羊为 20 天，雷州山羊 18 天。

（五）山羊、绵羊妊娠时间

羊从开始怀孕到分娩，这一时期称为怀孕期或妊娠期。妊娠期的长短，因品种、多胎性、营养状况等不同而略有差异。早熟品种多半是在饲料比较丰富的条件下育成，怀孕期较短，平均为 145 天左右；晚熟品种多在放牧条件下育成，怀孕期较长，平均 149 天左右。

母羊妊娠后，为作好分娩前的准备工作，应准确推算产羔期，即预产期。羊的预产期可用公式推算，即配种月份加 5，配种日期数减 2。

例一：某羊于 2018 年 5 月 13 日配种，它的预产期为：

5+5=10（月） ……………………预产月份

13-2=11（日） ……………………预产日期

即该羊的预产日期是 2018 年 10 月 11 日。

例二：某羊于 2018 年 11 月 24 日配种，它的预产期为：

（11+5）-12=4（月）……………预产月份（超过 12 个月，可将分娩年份推迟一年，并将该年份减去 12 个月，余数就是下一年预产月数）。

24-2=22（日） ……………………预产日期

即该母羊的预产期是 2019 年 4 月 22 日。

第四章　羊消化生理及粗饲料利用特点

动物在生命活动过程中，要不断地从外界摄取饲料，对其进行物理、化学以及微生物的消化作用，吸收营养物质，最后将残渣排出体外，保证新陈代谢的正常进行。消化系统的功能是摄取食物、消化食物、吸收养分、排出粪便。饲料中的营养成分包括蛋白质、脂肪、糖类、水、无机盐和微量元素，后三者可被消化吸收，但前三者结构复杂，分子大，不能直接吸收，必须在消化管内消化分解成氨基酸、脂肪酸和单糖等结构简单的营养物质，通过消化管壁进入血液和淋巴，此过程称为吸收。消化系统包括道化管和消化腺两部分。消化管为食物通过的管道，包括口腔、咽、食管、胃、小肠、大肠和肛门。消化腺为分泌消化液的腺体，消化液中含有多种酶，在消化过程中起催化作用。

一、羊的消化系统解剖特点

1. 口、咽和食管

口腔由唇、硬腭、软腭、口腔底、舌、齿及唾液腺组成，是消化管的起始部，具有采食、吸吮、咀嚼、尝味、吞咽和泌涎等功能。羊无上切齿、犬齿，上、下颌各有前臼齿 3 对和后臼齿 3 对。羊唇薄而灵活，对采食有重要作用。

唾液腺是分泌唾液的腺体，分大、小两类。小唾液腺包括唇腺、颊腺、腭腺和舌腺等；大唾液腺有腮腺、下颌腺和舌下腺。唾液具有湿润食料，便于咀嚼、吞咽、清洁口腔和参与消化等作用。

食管是食物通过的肌膜性管道，起于咽喉部，连接咽和胃之间。食管可分为颈、胸和腹 3 段。颈段于颈前 1/3 处，位于气管背侧与颈长肌之间，到颈中部逐渐偏至气管左侧，直至胸腔前口。胸段位于纵隔内，又转至气管背侧与颈长肌的胸部之间继续向后伸延，越过主动脉右侧，然后在相当于第 8~9 肋间处穿过膈的食管裂孔进入腹腔。腹段很短，以贲门开口于瘤胃。食管壁由黏膜、黏膜下组织、肌层和外膜构成。黏膜平时形成若干纵褶，几乎将管腔闭塞，当食物通过时，管腔扩大，纵褶展平，其上皮为复层扁平上皮。黏膜下组织发达，在食管的起始端含食管腺，其他部缺腺体。肌层为横纹肌。管径大小不等，在颈中部和颈后部 1/3 交界处较狭窄，向后增大，在心基之后显著扩大呈纵卵圆形，便于逆呕和嗳气。外膜颈段为疏松结缔组织，在胸、腹段为浆膜。

2. 胃

羊的胃为多室胃，又称复胃或反刍胃。根据形态和构造不同，分为瘤胃、网胃、瓣胃和皱胃 4 个胃。前 3 个胃合称为前胃，黏膜无腺体，相当于其他家畜单室胃的无腺部。瘤胃以贲门接食管；皱胃以幽门连十二指肠。胃沟则顺次沿网胃、瓣胃和皱胃分为

3段。瘤胃和网胃肌层的外层由外斜纤维和内环纤维构成，内层由内斜纤维构成。瓣胃和皱胃的肌层，由外纵层和内环层构成。皱胃又称真胃，黏膜具有腺体（图4-1、图4-2）。成年绵山羊各胃容积比例见表4-1、表4-2。

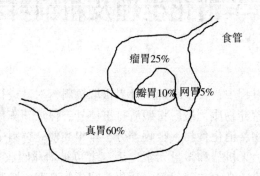

图 4-1　羔羊的复胃

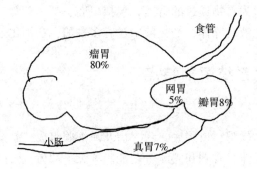

图 4-2　成年羊的复胃

表 4-1　成年绵山羊各胃容积比例

种类	瘤胃（%）	网胃（%）	瓣胃（%）	皱胃（%）
绵羊	78.7	8.6	1.7	11.0
山羊	86.7	3.5	1.2	8.6

表 4-2　羊与其他畜种消化道相对容积的比较

畜别	各消化道容积的比例				肠长为体长的倍数
	胃	小肠	盲肠	直肠与结肠	
绵羊	67	21	2	10	27
山羊	66	22	2	10	26
牛	71	18	3	8	20
马	9	30	16	45	12

引自：张英杰等，羊生产学。

（1）瘤胃　瘤胃最大，占胃总容积的 80%，呈前、后稍长，左、右略扁的椭圆形大囊，几乎占据整个腹腔左侧，其后腹侧部越过正中平面而突入腹腔右侧。瘤胃前端至膈，后端达盆腔前口。左侧面为壁面，与脾、膈及腹壁相接触；右侧面为脏面，与瓣胃、皱胃、肠、肝及胰相接触。

瘤胃壁由黏膜、黏膜下组织、肌层和浆膜构成，黏膜表面被覆复层扁平上皮，角化层发达，肉柱的颜色较淡外，其余均被饲草中的染料和鞣酸染成深褐色，初生羔羊则全部呈苍白色，上皮的角化层不发达。黏膜内无腺体。胃肌层很发达，由外纵层和内环层构成。外纵层在胃背囊为外斜纤维，内环层主要在瘤胃腹囊，胃肉柱由内斜纤维构成，在瘤胃蠕动中起着重要作用。浆膜无特殊结构，只有背囊顶部和脾附着处无浆膜。

（2）网胃　网胃在 4 个胃中最小，成年羊的网胃约占复胃总容积的 5%。网胃的外形呈梨形，前后稍扁，与第 6~8 肋间隙相对。网胃的面与瓣胃相通。由于网胃前面与膈紧贴，当羊吞食尖锐异物留于网胃时，常因网胃收缩而穿过胃壁和膈引起创伤性心包炎。

网胃黏膜上皮角化层发达，呈深褐色。黏膜形成一些隆起皱褶，称网胃，高约 1.3cm，内含肌组织，由黏膜肌层延伸而来。网胃嵴形成多边形的小室，形似蜂房状，称为网胃房。小室的底还有许多较低的次级嵴。网胃的肌层发达，与反刍时的逆呕有关，收缩时几乎将网胃完全闭合。最外层为浆膜。在网胃壁上的网胃沟，又称食管沟，网胃沟起于贲门，沿瘤胃前庭和网胃右侧壁向下伸延至网瓣胃口，与瓣胃相接。沟两侧是肌组织的左、右唇，两唇之间为网胃沟底。

（3）瓣胃　占胃总容积的 7%~8%，呈两侧稍扁的球形（卵圆形），位于右肋部下方、瘤胃和网胃的右侧，与第 9~10 肋骨相对。

瓣胃壁的构造与瘤胃、网胃的相似，而黏膜形成百余片互相平行的新月形皱褶，称瓣胃叶；从横切面上看，很像一叠"百叶"，故又称百叶胃；皱褶的凸缘附着于胃壁，凹缘游离。瓣胃叶按高低可分为 4 级，呈有规律的相间排列，最大的瓣胃叶有 12~16 片，在大叶之间有中叶、小叶和最小叶片，最小的叶几乎呈线状。

（4）皱胃　为有腺体的真胃，外形长而弯曲，呈前大后小的葫芦形，可分为胃底部、胃体部和幽门部三部分。胃底部在剑状软骨部稍偏右，邻接网胃并部分地与网胃相附着，胃体部沿瘤胃腹囊与瓣胃之间向右后方伸延，幽门部沿瓣胃后缘（大弯）斜向背后方延接十二指肠。皱胃腹缘称为大弯，背缘称为小弯，皱胃与十二指肠的通口称为幽门。

皱胃黏膜形成 12~14 条与皱胃长轴平行的黏膜褶，由此增加了黏膜的内表面积。黏膜内有大量胃腺存在，其中主要是胃底腺，而贲门腺（靠近瓣皱胃口附近）和幽门腺都很少，分泌的胃液（包括 HCl 和溶菌酶）可对食糜进行化学性消化。食物在胃液的作用下，进行化学性消化。皱胃功能与非反刍动物的胃相似，因此是反刍动物的真胃。

初生羔羊各胃室的大小与成年羊不同。羔羊在 8 周龄时，前胃约等于皱胃的一半，10~12 周龄后，瘤胃发育较快，约相当于皱胃容积的 2 倍。这时，瓣胃因无机能活动，仍然很小；16 月龄后，随着消化植物性饲料能力的出现，前胃迅速增大，瘤胃和网胃的总容积约为瓣胃和皱胃总容积的 4 倍；1 岁左右，瓣胃和皱胃的容积几乎相等，这时 4 个胃的容积已达到成年胃的比例。

3. 肠

（1）小肠 位于腹腔右侧，以总肠系膜连于腹腔顶壁。小肠为细长的管道，前端起于皱胃的幽门，后端止于盲肠，可分为十二指肠、空肠和回肠 3 部分。羊的小肠长约 25m，直径 2~3cm。

小肠壁的构造由黏膜、黏膜下层、肌层和浆膜构成。黏膜形成环形褶和绒毛，以增加与食物接触的面积。黏膜上皮为单层柱状上皮，在固有膜内分布有小肠腺。黏膜中的淋巴集结很丰富，淋巴集结大而明显。回肠壁有发达的淋巴集结，对防止大肠微生物进入小肠有重要作用。黏膜下层为疏松结缔组织，在十二指肠黏膜下层中有十二指肠腺，并可延伸到空肠的前部。肌层由较厚的内环和较薄的外纵两层平滑肌组成，回肠的肌层较空肠厚。浆膜被覆肠管表面，并延伸形成系膜等。

（2）大肠 羊大肠长 7.8~10m，管径大部分与小肠相似。位于腹腔右背侧，总肠系膜的两层浆膜之间，外侧隔大网膜与腹腔右壁相邻，内侧主要接瘤胃。除盲肠的游离部分外，其余均位于网膜隐窝中。大肠分为盲肠、结肠和直肠。

4. 肝脏和胰脏

肝是体内最大的腺体，具有分解、合成、储存营养物质和解毒以及分泌胆汁等作用。在胎儿时期，肝还是造血器官。羊肝扁而厚，略呈长方形，质坚实而脆，略有弹性。幼龄和营养良好的个体肝呈淡褐色，老龄或消瘦个体的肝呈深红褐色。肝的背侧缘厚，腹侧缘薄。羊肝因无叶间切迹，故分叶不明显。羊肝具有梨状的胆囊，较大，长 10~15cm，细长，贴附于肝的脏面。

胰分外分泌部和内分泌部。外分泌部占腺体的大部分，属于消化腺，含有多种酶，由胰管排入十二指肠，参与消化作用；内分泌部称胰岛，对糖代谢起重要调节作用。胰为不正的四边形，呈黄褐色，柔软而有小叶结构。绵羊的胰重 50~70g。

二、消化生理特点

1. 反刍

反刍是羊的正常消化生理机能。反刍是指反刍动物在食物消化前把食团吐出经过再咀嚼和再咽下的活动。其机制是饲草刺激网胃、瘤胃前庭和食管沟的黏膜，反射性引起逆呕。反刍多发生在吃草之后，稍有休息，一般在 30~60 分钟后便开始反刍。反刍中也可随时转入吃草。反刍时，羊先将食团逆呕到口腔内，与唾液充分混合后再咽入瘤胃中，有利于瘤胃微生物的活动和粗饲料的分解。

白天或夜间都有反刍，羊每日反刍时间约为 8 小时，一般白天 7~9 次，夜间 11~ 13 次，每次 50~70 分钟，午夜到中午期间反刍的再咀嚼速率较慢。反刍次数及持续时间与草料种类、品质、调制方法及羊的体况有关，采食的饲草粗纤维含量高，反刍时间延长，相反缩短；饲草含水量大，时间短；干草粉碎后的反刍活动快于长干草；同量饲料多次分批喂给时，反刍时逆呕食团的速率快于一次全量喂给。

羔羊在哺乳期，早期补饲容易消化的植物性饲料，能刺激前胃的发育，可提早出现反刍行为。此法可用于幼龄羔羊的培育。

当羊过度疲劳、患病或受到外界的应激刺激时，会造成反刍紊乱或停止，引起瘤胃臌气，对羊的健康不利。反刍停止的时间过长，由于瘤胃内食进的饲料滞留引起局部炎症，常使反刍难以恢复。疾病、突发性声响、饥饿、恐惧、外伤等均能影响反刍行为。在母羊发情、妊娠最后阶段，反刍活动减弱或暂停。为保证羊有正常的反刍，必须提供有安静的环境。羊反刍姿势多为侧卧式，少数为站立。

2. 瘤胃微生物的消化作用

瘤胃是反刍动物特有的消化器官，是食物的贮存库，有学者把瘤胃形容为"一个巨大的天然厌氧发酵罐"，瘤胃内除机械作用外，还有广泛的微生物区系活动。瘤胃不能分泌消化液，其消化机能主要是通过瘤胃微生物实现的。主要微生物有细菌、纤毛虫和真菌，其中，起主导作用的是细菌。据测定，每克羊瘤胃内容物中，细菌数量高达150亿个以上，纤毛虫为60万~180万个。瘤胃微生物的类别和数量不是固定不变的，随饲料的不同而异，不同饲料所含成分不同，需要不同种类的微生物才能分解消化，改变日粮时，微生物区系也发生变化。所以，变换饲料要逐渐进行，使微生物能够适应新的饲料组合，保证消化正常。突然变换饲料往往会发生消化道疾病。瘤胃内的微生物，对羊食入草料的消化和营养具有重要意义。

（1）消化碳水化合物（尤其是粗纤维）能力极强

羊采食饲料中55%~95%的可溶性碳水化合物、70%~95%的粗纤维是在瘤胃中被消化的。反刍家畜之所以区别于单胃动物，能够以含粗纤维较高、质量较差的饲草维持生命并进行生产，就是因为具有瘤胃微生物。在瘤胃的机械作用和微生物酶的综合作用下，碳水化合物（包括结构性和非结构性碳水化合物）被发酵分解，最终产生挥发性脂肪酸，主要由乙酸、丙酸和丁酸组成，也有少量的酸，同时释放能量，部分能量以三磷酸腺苷的形式供微生物活动。这些挥发性脂肪酸大部分被瘤胃壁吸收，随血液循环进入肝脏，合成糖原，提供能量供羊利用，也可与氨气在微生物酶的作用下合成氨基酸，还具有调节瘤胃正常 pH 值的作用。

（2）合成微生物蛋白，改善日粮品质

饲料蛋白质在瘤胃微生物的作用下，降解为多肽及氨基酸：其中的一些氨基酸进一步降解为有机酸、氨及二氧化碳。所生成的氨和一些小分子的多肽以及自由氨基酸通过瘤胃微生物再合成微生物蛋白质。当这些微生物到达真胃及十二指肠以后，它们的细胞蛋白质被消化和吸收。微生物蛋白质既含有非必需氨基酸，也含有必需氨基酸。因此寄主动物所获得的蛋白质与以前日粮中的蛋白质品质关系不大。在瘤胃液中氨的浓度对于蛋白质的降解和细菌蛋白质的合成起很重要的作用。如果饲粮中的蛋白质不足，或蛋白质不能很充分地被降解，那么瘤胃氨的浓度就会很低（低于 50mg/L），瘤胃细菌的生长就变慢，其结果碳水化合物的分解就会受到影响。反之，如果蛋白质的降解比合成快，氨将会在瘤胃液中积累，并超出适当的浓度范围。在这种情况下，多余的氨吸收入血液，进入肝脏并转化为尿素。其中一些尿素通过唾液再循环入瘤胃（亦可以直接进入瘤胃壁），大部分尿素进入尿作为废物排出体外。氨在瘤胃液中的适当浓度变化很大，从 30mg/L 到 85mg/L 以上。每千克可发酵有机物质，瘤胃细菌大约可以摄取 30g N 作为合成蛋白质和核酸的原料。如果饲料蛋白质的供给不足，氨的浓度很低，那么从血液中以尿素的形式返回到瘤胃中的 N 量就可能超过从瘤胃中以氨的形式所吸收的 N 量。由于这些"再循环" N 的增加而使微生物蛋白质的产量有所增加。这就是说，到达小肠中的蛋白质数量有超过饲料中蛋白质数量的可能。这时，动物就会把一部分本来要从尿中排出的 N 保存下来，并返回瘤胃。由此可见，瘤胃微生物对于宿主动物的蛋白质供应起了一个"平衡"作用。即在饲粮中的蛋白质供给不足时，它可以从数量及质量上给予补充；而对高蛋白质的精料却有"降效"作用。为了兴利除弊，实践上可以通过添加尿素等 NPN 来充分利用瘤胃微生物合成菌体蛋白质的能力，节约天然饲料蛋白质。

在胃液中的氨，不仅可以通过饲粮蛋白质的降解而加以供给，而且有 30% 以上的氨可以用氨基酸、酰胺和胺等有机物或铵盐等无机物的形式予以代替。这些简单的含氮物容易在瘤胃中被降解并作为瘤胃中的氨源。因此在实践中能够利用瘤胃微生物转化非蛋白含氮物成为蛋白质的能力，将这些成分加入到饲粮当中以缓解我国蛋白质饲料资源短缺的现状。

反刍动物利用 NPN 的原理如下：反刍动物的瘤胃中生活着大量细菌、原虫和真菌。瘤胃细菌可以产生脲酶，将尿素分解为 CO_2 和 NH_3，瘤胃细菌可将碳水化合物发酵产生挥发性脂肪酸和酮酸。瘤胃细菌利用 NH_3 和酮酸合成微生物氨基酸，进而合成微生物蛋白质，这些微生物蛋白质随着瘤胃食糜流入真胃和小肠，被消化和吸收。

在诸多的 NPN 饲料中，最常用是尿素。当尿素进入瘤胃以后容易在瘤胃微生物的作用下被水解为氨，使瘤胃氨的浓度大大提高。只要满足以下两个条件这些氨就会有效地结合成为微生物蛋白质。首先，氨的度必须低于"最适"水平；其次，微生物必须具有足够的可以利用的能量以便合成蛋白质。在生产实践中，为了满足这些条件必须使尿素与其他饲料很充分地混合，以便延长羊的采食和氨释放的时间。这些饲料必须含有较低的可降解氮和较高的易发酵碳水化合物。

但养羊生产中利用尿素时要特别注意：选用分解速度慢的 NPN，如缩二脲、三缩尿等；使用保护剂处理尿素，降低尿素分解速度；利用金属离子抑制脲酶活性；充分供应足够的可溶性碳水化合物；日粮中补充 S 和 Co，N∶S 以 15∶1 为宜，即每 100g 尿素加 3g 硫；控制尿素用量，不超过日粮 N 的 1/3，或精料量的 2%～3%，日粮总 N 量的20%～30%，每 100kg 活重 20～30g；不能溶于水中饮羊。

（3）氢化脂类

反刍动物饲料中的三酰基甘油脂含有大量的具有 18 个碳原子的不饱和脂肪酸：亚麻油酸（C18∶2）和次亚麻油酸（C18∶3）。这些脂肪酸在胃中通过细菌的脂肪水解酶在很大程度上被水解。同样，磷脂也被水解。当它们从脂肪中被释放出来之后，不饱和脂肪酸被细菌进行氢化，首先形成单烯酸，最后变为硬脂酸。亚麻油酸和次亚麻油酸都具有顺的双键。但是在它们氢化以前每一个脂肪酸分子都有一个双键转化为反式构形；因此这种反式构形的酸可以在瘤胃内容物中被发现。

瘤胃微生物同样可以合成大量的脂肪，这些脂肪含有一些特殊的支链脂肪酸最后将被结合到奶和体脂肪中。瘤胃微生物消化脂肪的能力很低。

与短链脂肪酸不同，长链脂肪酸不是直接由瘤胃中吸收的。当它们到达小肠时，主要进行饱和及非酯化反应。但含在细菌中的脂肪也进行酯化作用。在单胃动物的混合微细胞滴发酵中起着主要作用的单酰基甘油几乎在瘤胃中不存在。因此，在羊肠道中微细胞滴的形成和长链酸的吸收都是依赖于胆汁中磷脂的存在。

（4）合成维生素

瘤胃微生物可以合成 B 族维生素，包括维生素 B_1、维生素 B_2、维生素 B_6、维生素 B_{12}、遍多酸和尼克酸等。饲料中氮、碳水化合物和钴的含量是影响瘤胃微生物合成 B 族维生素的主要因素。饲料中氮含量高，则 B 族维生素合成量多，但氮来源的不同，B 族维生素的合成情况亦不同，如以尿素作为补充氮源，硫胺素和维生素 B_{12} 的合成量不变，但核黄素的合成量增加；碳水化合物中淀粉的比例增加，可提高 B 族维生素的合成量；补饲钴，可增加维生素 B_{12} 的合成量。瘤胃微生物还可以合成维生素 K，研究表明，瘤胃微生物可合成甲萘醌-10、甲萘醌-11、甲萘醌-12 和甲萘醌-13，它们都是维生素 K 的同类物。一般情况下，瘤胃微生物合成的 B 族维生素和维生素 K 足以满足各种生理状况下的需要，不需另外添加。

三、羊对粗饲料利用的特点

1. 瘤胃内的微生物可以分解粗纤维，羊可利用粗饲料作为主要的能量来源

粗纤维还可以起到促进反刍、胃肠蠕动和填充作用。由于瘤胃微生物具有分解粗纤维的功能，所以，成年羊可以有效地利用各种粗饲料，且羊的饲粮组成中也不能缺乏粗饲料。羊的日粮中必须有一定比例的粗纤维，否则瘤胃中会出现乳酸发酵抑制纤维、淀粉分解菌的活动，表现为食欲丧失、前胃迟缓、拉稀、生产性能下降，严重时可能造成死亡。

2. 养羊生产中可以利用尿素、铵盐等非蛋白氮作为饲料蛋白来源

虽然瘤胃微生物可利用非蛋白氮合成微生物蛋白质，但是，瘤胃微生物有优先利用蛋白氮的特点，所以，只有当饲料中蛋白质不能满足需要时，日粮中才添加非蛋白氮作为补充饲料代替部分植物性蛋白质，一般非蛋白氮用量不宜超过蛋白需要量的 30%。

3. 配制饲粮时一般不考虑添加必需氨基酸、B 族维生素和维生素 K

由于瘤胃微生物可将饲料蛋白和非蛋白氮合成为菌体蛋白质，菌体蛋白质富含必需氨基酸，所以，饲粮中一般不需要考虑添加必需氨基酸。但是对于早期断奶羔羊，瘤胃微生物功能尚未完善，配制日粮时要有所考虑。

4. 羊的饲料转化率低

瘤胃微生物发酵产生甲烷和氢，其所含的能量被浪费掉，微生物的生长繁殖也要消耗掉部分能量，所以，羊的饲料转化效率一般低于单胃家畜。

5. 瘤胃消化为反刍家畜提供重要的营养来源

必须满足瘤胃微生物生长繁殖的营养需要和维持瘤胃正常的环境，才能发挥羊的生产潜力，羊的日粮中必须富含蛋白质、能量的精饲料和富含胡萝卜素的鲜嫩多汁饲料。

6. 饲料营养物质的瘤胃降解造成了营养浪费

瘤胃微生物的发酵，将一些高品质的饲料，如高品质的蛋白质饲料、脂肪酸等，分解为挥发性脂肪酸和氨等，造成营养上的浪费。因此，一方面，应利用大量廉价饲草饲料以保证瘤胃微生物最大生长繁殖的营养需要；另一方面，应用过瘤胃保护技术，躲过瘤胃发酵而直接到真胃和小肠消化吸收，是提高饲草饲料利用率极为有效的方法。

第五章　肉羊营养需要量

绵羊的维持、生长、泌乳、繁殖、育肥、产毛都需要营养物质，这些营养物质包括能量、蛋白质、矿物质、维生素及水。肉羊的营养需要可分为维持需要和生产需要。维持需要是指羊为维持正常生理活动，体重不增不减，也不进行生产时所需的营养。这时羊虽不进行生产，亦必须有最低的营养物质代谢，羊得到的日粮，大部分是用来维持饲养，多余的部分才能用于生产。羊的身体状态和活动程度都会影响其基本的维持需要量。生产需要指羊在进行生长、繁殖、泌乳和产毛时对营养物质的需要量。

一、肉羊的干物质需要量

羊干物质采食量占羊体重的 3%~5%。其干物质采食量受绵羊个体特点（年龄、性别、品种、生理阶段）、饲料品质、饲喂方式、日粮精粗比例、日粮的能量浓度、粗饲料加工调制方法等因素影响。羊的生理阶段不同其干物质采食量不同，泌乳期母羊比干乳期母羊的采食量增加 20%，哺乳双羔的母羊采食量更大。日粮的精粗比例对羊的采食量影响很大，粗饲料本身能量浓度低，而且其具有抑制羊采食量的特性，就是让羊自由采食粗饲料，其采食营养也只可能满足其维持需要。而全饲喂精饲料，由于瘤胃发酵受到影响而使得其摄入的营养物质减少，因此，在养羊生产实践中，日粮要有一定的精粗比例，育肥期精饲料占 60%，粗饲料占 40% 为宜，若加工颗粒饲料，以 50∶50 最好。粗饲料的加工调制后可增加采食量。

1. 肉用绵羊干物质需要量

NRC（2007）营养需要量标准中早熟品种生长育肥羊、种公羊干物质需要量见表 5-1。

5-1　生长育肥期绵羊和种公羊的干物质需要量

种类	体重（kg）	日增重（g）	日粮能量浓度	干物质采食量（kg）	占体重比例（%）
生长育肥羊	20	100	9.90	0.63	3.16
	20	150	11.99	0.65	3.25
	20	200	11.99	0.83	4.17
	20	300	11.99	1.20	6.00

（续表）

种类	体重 （kg）	日增重 （g）	日粮能量 浓度	干物质采食量 （kg）	占体重比例 （%）
生长育肥羊	30	200	9.99	1.20	3.99
	30	250	11.99	1.06	3.54
	30	300	11.99	1.25	4.15
	30	400	11.99	1.62	5.38
	40	250	9.99	1.50	3.76
	40	300	11.99	1.29	3.22
	40	400	11.99	1.66	4.15
	50	250	9.99	1.55	3.10
	50	300	9.99	1.81	3.63
	50	400	11.99	1.70	3.40
种公羊	20	100	9.99	0.65	3.27
	20	150	11.99	0.67	3.34
	20	200	11.99	0.85	4.26
	20	300	11.99	1.22	6.10
	30	200	11.99	0.90	3.00
	30	250	11.99	1.09	3.62
	30	300	11.99	1.27	4.24
	30	400	11.99	1.64	5.48
	40	250	9.99	1.54	3.86
	40	300	11.99	1.32	3.30
	40	400	11.99	1.70	4.24
	50	250	9.99	1.60	3.20
	50	300	9.99	1.86	3.72
	50	400	11.99	1.74	3.49
	60	250	9.99	1.65	2.75
	60	300	9.99	1.92	3.19
	70	150	9.99	1.88	2.69
	70	300	11.99	1.97	2.81
	80	150	9.99	1.94	2.43
	80	300	11.99	2.02	2.52

注：日粮能量浓度以每千克日粮干物质的兆焦数表示。下表同。

NRC（2007）营养需要量标准中，将绵羊母羊按照年龄划分为成年母绵羊或周岁舍饲母绵羊，按照生理阶段将母羊划分为妊娠前期、妊娠后期（单羔、双羔、三羔以上）、泌乳前期（单羔、双羔、三羔以上）、泌乳中期和泌乳后期的母羊。周岁舍饲母绵羊妊娠期和泌乳期干物质需要量分别见表5-2和表5-3。

表5-2　周岁母绵羊妊娠期干物质需要量

生理阶段	体重（kg）	日增重（g）	日粮能量浓度	干物质采食量（kg）	占体重比例（%）
维持需要	40	0	8.02	0.82	2.05
	50	0	8.02	0.97	1.94
	60	0	8.02	1.11	1.86
妊娠前期（单羔）	40	51	9.99	1.33	3.33
	50	71	9.99	1.60	3.20
	60	84	9.99	1.86	3.11
妊娠前期（双羔）	40	70	11.99	1.15	2.88
	50	85	9.99	1.73	3.46
	60	100	9.99	2.01	3.35
	70	146	9.99	2.28	3.25
妊娠前期（三羔以上）	40	76	11.99	1.21	3.02
	50	96	11.99	1.44	2.87
	60	112	9.99	2.10	3.50
	70	129	9.99	2.38	3.40
妊娠后期（单羔）	40	111	11.99	1.20	3.01
	50	134	11.99	1.43	2.86
	60	157	9.99	2.09	3.48
妊娠后期（双羔）	40	159	11.99	1.42	3.55
	50	191	11.99	1.66	3.23
	60	221	11.99	1.91	3.19
	70	251	11.99	2.15	3.07
妊娠后期（三羔以上）	40	195	11.99	1.55	3.87
	50	233	11.99	1.81	3.63
	60	270	11.99	2.07	3.46
	70	305	11.99	2.33	3.33

表5-3 周岁母绵羊泌乳期干物质需要量

生理阶段	体重（kg）	乳产量（kg）	日增重（g）	日粮能量浓度	干物质采食量（kg）	占体重比例（%）
泌乳早期（单羔）	40	0.71	-14	8.02	1.41	3.53
	50	0.79	-16	8.02	1.63	3.25
	60	0.87	-17	8.02	1.84	3.06
泌乳早期（双羔）	40	1.18	-24	9.99	1.44	3.60
	50	1.32	-26	9.99	1.65	3.31
	60	1.45	-29	8.02	2.32	3.86
	70	1.56	-31	8.02	2.55	3.64
泌乳早期（三羔以上）	40	1.53	-31	11.99	1.39	3.48
	50	1.72	-34	9.99	1.92	3.84
	60	1.88	-38	9.99	2.14	3.56
	70	2.03	-41	9.99	2.35	3.35
泌乳中期（单羔）	40	0.47	0	8.02	1.25	3.12
	50	0.53	0	8.02	1.45	2.90
	60	0.58	0	8.02	1.64	2.73
泌乳中期（双羔）	40	0.79	0	8.02	1.54	3.85
	50	0.88	0	8.02	1.78	3.56
	60	0.97	0	8.02	1.99	3.32
	70	1.05	0	8.02	2.20	3.15
泌乳中期（三羔以上）	40	1.03	0	9.99	1.41	3.52
	50	1.15	0	9.99	1.61	3.23
	60	1.26	0	8.02	2.26	3.77
	70	1.36	0	8.02	2.49	3.55
泌乳后期（单羔）	40	0.23	60	8.02	1.55	3.86
	50	0.25	61	8.02	1.83	3.65
	60	0.28	72	8.02	2.11	3.52
泌乳后期（双羔）	40	0.38	65	9.99	1.47	3.68
	50	0.43	78	9.99	1.73	3.47
	60	0.47	91	9.99	1.92	3.31
	70	0.51	104	8.02	2.79	3.98

（续表）

生理阶段	体重 （kg）	乳产量 （kg）	日增重 （g）	日粮能量 浓度	干物质采食量 （kg）	占体重比例 （%）
泌乳后期 （三羔 以上）	50	0.55	90	9.99	1.92	3.84
	60	0.61	104	9.99	2.19	3.66
	70	0.67	118	9.99	2.46	3.52

成年母绵羊妊娠期和泌乳期干物质需要量分别见表5-4和表5-5。

表5-4 成年母绵羊妊娠期干物质需要量

生理阶段	体重 （kg）	日增重 （g）	日粮能量 浓度	干物质采食量 （kg）	占体重比例 （%）
维持需要	40	0	8.02	0.77	1.93
	50	0	8.02	0.91	1.83
	60	0	8.02	1.05	1.75
	70	0	8.02	1.18	1.68
妊娠早期 （单羔）	40	18	8.02	0.99	2.47
	50	21	8.02	1.16	2.32
	60	24	8.02	1.31	2.19
妊娠早期 （双羔）	40	30	8.02	1.15	2.87
	50	35	8.02	1.31	2.62
	60	40	8.02	1.51	2.52
	70	45	8.02	1.69	2.41
妊娠早期 （三羔 以上）	40	39	9.99	1.00	2.51
	50	46	8.02	1.46	2.92
	60	52	8.02	1.65	2.74
	70	59	8.02	1.82	2.61
妊娠后期 （单羔）	40	71	9.99	1.00	2.49
	50	84	8.02	1.45	2.89
	60	97	8.02	1.63	2.71
妊娠后期 （双羔）	40	119	11.99	1.06	2.66
	50	141	9.99	1.47	2.93
	60	161	9.99	1.83	2.61
	70	181	9.99	1.99	2.48

（续表）

生理阶段	体重（kg）	日增重（g）	日粮能量浓度	干物质采食量（kg）	占体重比例（%）
妊娠后期（三羔以上）	40	155	11.99	1.22	3.04
	50	183	11.99	1.41	2.81
	60	210	11.99	1.57	2.60
	70	235	9.99	2.07	2.96

表5-5　成年母绵羊泌乳期干物质需要量

生理阶段	体重（kg）	乳产量（kg）	日增重（g）	日粮能量浓度	干物质采食量（kg）	占体重比例（%）
泌乳早期（单羔）	40	0.71	−14	9.99	1.09	2.73
	50	0.79	−16	9.99	1.26	2.51
	60	0.87	−17	8.02	1.77	2.96
泌乳早期（双羔）	40	1.18	−24	9.99	1.40	3.51
	50	1.32	−26	9.99	1.61	3.22
	60	1.45	−29	9.99	1.80	3.01
	70	1.56	−31	9.99	1.98	2.83
泌乳早期（三羔以上）	40	1.53	−31	11.99	1.36	3.41
	50	1.72	−34	9.99	1.88	3.76
	60	1.88	−38	9.99	2.09	3.48
	70	2.03	−41	9.99	2.29	3.27
泌乳中期（单羔）	40	0.47	0	8.02	1.20	3.01
	50	0.53	0	8.02	1.40	2.80
	60	0.58	0	8.02	1.58	2.63
泌乳中期（双羔）	40	0.79	0	8.02	1.50	3.74
	50	0.88	0	8.02	1.72	3.44
	60	0.97	0	8.02	1.94	3.23
	70	1.05	0	8.02	2.14	3.05
泌乳中期（三羔以上）	40	1.03	0	9.99	1.37	3.43
	50	1.15	0	8.02	1.97	3.93
	60	1.26	0	8.02	2.20	3.67
	70	1.36	0	8.02	2.42	3.46

（续表）

生理阶段	体重（kg）	乳产量（kg）	日增重（g）	日粮能量浓度	干物质采食量（kg）	占体重比例（%）
泌乳后期（单羔）	40	0.23	60	8.02	1.09	1.72
	50	0.25	61	8.02	1.26	2.52
	60	0.28	72	8.02	1.43	2.38
泌乳后期（双羔）	40	0.38	65	8.02	1.38	3.45
	50	0.43	78	8.02	1.60	3.20
	60	0.47	91	8.02	1.80	3.00
	70	0.51	104	8.02	2.00	2.85
泌乳后期（三羔以上）	50	0.55	90	8.02	1.83	3.67
	60	0.61	104	8.02	2.06	3.44
	70	0.67	118	8.02	2.29	3.27

2. 肉用山羊干物质需要量

山羊干物质采食量占其体重的 2.5%~5%。其干物质采食量受山羊个体特点、饲料、饲喂方式以及外界环境因素影响。NRC（2007）营养需要量中波尔山羊生长期公羔和羯羊干物质需要量（表5-6）。

表5-6　生长期山羊公羔和羯羊干物质需要量

种类	体重（kg）	日增重（g）	日粮能量浓度	干物质采食量（kg）	占体重比例（%）
生长期羯羊	10	100	12.05	0.36	3.64
	10	150	12.05	0.44	4.42
	10	200	12.05	0.52	5.15
	20	100	10.04	0.65	3.26
	20	150	10.04	0.77	3.85
	20	200	12.05	0.66	3.31
	20	250	12.05	0.74	3.70
	30	100	8.02	1.11	3.69
	30	200	10.04	1.04	3.45
	30	250	10.04	1.15	3.84
	30	300	12.05	0.94	3.14
	40	100	8.02	1.29	3.23
	40	200	10.04	1.17	2.93
	40	300	10.04	1.41	3.51

（续表）

种类	体重 （kg）	日增重 （g）	日粮能量 浓度	干物质采食量 （kg）	占体重比例 （%）
生长期公羔	10	100	12.05	0.40	3.99
	10	150	12.05	0.48	4.77
	10	200	12.05	0.55	5.53
	20	100	10.04	0.72	3.61
	20	150	12.05	0.64	3.21
	20	200	12.05	0.72	3.60
	20	250	12.05	0.89	4.00
	30	100	10.04	0.90	2.99
	30	200	10.04	1.13	3.77
	30	250	12.05	0.94	3.15
	30	300	12.05	1.02	3.41
	40	100	8.02	1.45	3.63
	40	200	10.04	1.29	3.22
	40	250	10.04	1.41	3.52
	40	300	10.04	1.52	3.81

注：日粮能量浓度以每千克日粮干物质的兆焦（MJ）表示。下同。

NRC（2007）营养需要量中，将非乳用山羊的母羊按照生理阶段将母羊划分为妊娠前期、妊娠后期（单羔、双羔、三羔以上）、泌乳前期（单羔、双羔、三羔以上）泌乳中期和泌乳后期的母羊。舍饲母山羊妊娠期和泌乳期干物质需要量分别见表5-7和表5-8。

表 5-7　母山羊妊娠期干物质需要量

生理阶段	体重 （kg）	日增重 （g）	日粮能量 浓度	干物质采食量 （kg）	占体重比例 （%）
维持需要	30	0	8.02	0.68	2.26
	40	0	8.02	0.84	2.10
	50	0	8.02	0.99	1.99
妊娠前期 （单羔）	30	13	8.02	0.86	2.86
	40	16	8.02	1.05	2.36
	50	19	8.02	1.23	2.47

（续表）

生理阶段	体重 （kg）	日增重 （g）	日粮能量 浓度	干物质采食量 （kg）	占体重比例 （%）
妊娠前期 （双羔）	30	21	8.02	0.95	3.18
	40	26	8.02	1.16	2.91
	50	31	8.02	1.36	2.76
	60	36	8.02	1.56	2.59
妊娠前期 （三羔 以上）	30	28	8.02	1.02	3.39
	40	34	8.02	1.24	3.11
	50	41	8.02	1.45	2.90
	60	47	8.02	1.65	2.75
妊娠后期 （单羔）	30	51	10.04	0.99	3.30
	40	63	10.04	1.21	3.01
	50	75	8.02	1.75	3.51
妊娠后期 （双羔）	30	85	12.05	1.01	3.35
	40	106	10.04	1.46	3.65
	50	125	10.04	1.70	3.40
	60	143	10.04	1.93	3.22
妊娠后期 （三羔 以上）	30	109	12.05	1.12	3.72
	40	137	12.05	1.36	3.41
	50	163	12.05	1.58	3.16
	60	186	10.04	2.14	3.57

表 5-8　母山羊泌乳期干物质需要量

生理阶段	体重 （kg）	乳产量 （kg）	日增重 （g）	日粮能量 浓度	干物质采食量 （kg）	占体重比例 （%）
泌乳早期 （单羔）	30	0.68	−19	8.02	1.12	3.74
	40	0.80	−22	8.02	1.36	3.41
	50	0.90	−25	8.02	1.58	3.16
泌乳早期 （双羔）	30	1.14	−38	8.02	1.42	4.74
	40	1.33	−44	8.02	1.71	4.27
	50	1.51	−50	8.02	1.98	3.96
	60	1.67	−55	8.02	2.23	3.72

（续表）

生理阶段	体重（kg）	乳产量（kg）	日增重（g）	日粮能量浓度	干物质采食量（kg）	占体重比例（%）
泌乳早期（三羔以上）	30	1.48	−57	10.04	1.32	4.39
	40	1.73	−66	8.02	1.97	4.93
	50	1.96	−78	8.02	2.27	4.55
	60	2.17	−83	8.02	2.56	4.26
泌乳中期（单羔）	30	0.37	0	8.02	0.92	3.06
	40	0.54	0	8.02	1.19	2.98
	50	0.61	0	8.02	1.39	2.78
泌乳中期（双羔）	30	0.76	0	8.02	1.17	3.91
	40	0.89	0	8.02	1.42	3.56
	50	1.01	0	8.02	1.65	3.31
	60	1.12	0	8.02	1.87	3.12
泌乳中期（三羔以上）	30	0.99	0	8.02	1.32	4.42
	40	1.16	0	8.02	1.60	4.00
	50	1.31	0	8.02	1.85	3.70
	60	1.45	0	8.02	2.09	3.48
泌乳后期（单羔）	30	0.23	15	8.02	0.83	2.76
	40	0.26	18	8.02	1.01	2.53
	50	0.30	20	8.02	1.19	2.38
泌乳后期（双羔）	30	0.38	30	8.02	0.93	3.09
	40	0.44	35	8.02	1.13	2.82
	50	0.50	40	8.02	1.32	2.64
	60	0.55	44	8.02	1.50	2.50
泌乳后期（三羔以上）	30	0.49	45	8.02	1.00	3.33
	40	0.57	53	8.02	1.21	3.03
	50	0.65	60	8.02	1.42	2.84
	60	0.71	66	8.02	1.60	2.67

二、肉羊的能量需要量

（一）能量需要量的研究方法

关于肉羊营养需要的研究方法，目前普遍采用的有饲养试验、消化代谢试验、气体代谢试验、绝食代谢试验、比较屠宰试验、氮碳平衡试验等多种方法。这些试验方法各有优缺点，但是将饲养试验、消化代谢试验、比较屠宰试验、气体代谢试验和绝食代谢试验相结合，开展肉羊能量和蛋白质需要的研究，是集各种方法的优点进行综合系统分析的理想方法之一，也是目前应用最广泛的研究方法。

1. 饲养试验

饲养试验亦即生长试验，是用已知营养物质含量的饲粮饲喂试验动物，通过对其日增重、饲料转化效率等指标的测定，确定动物对养分的需要量。生长试验是动物营养需要量研究中应用最广泛、使用最多的研究方法，但由于影响试验结果的因素太多，试验条件难以控制，试验的准确性较差。例如，体重的变化不能准确地提供存留的估测值。首先，因为体重变化可能代表的只是肠道或膀胱内容物的变化；第二，随着骨骼、肌肉、脂肪之间比例的不同，而使组织真正获得的能量大小会在很大范围内变化。因此，单独的生长试验不能充分反映出动物对各种营养物质的需要量和全面评价饲料的营养价值，必须借助于其他试验。

2. 消化代谢试验

消化代谢试验是在消化实验的基础上来研究营养物质的代谢规律，也是动物营养需要量研究中比较常用的方法，通过消化代谢试验可以得出生长动物对消化能和代谢能的需要量，也可以测定出日粮中所含有的消化能和代谢能。有学者指出，饲料被动物采食后，经过消化吸收才能被动物机体利用，不同饲料的同一种营养物质的消化率不同，因此饲料被动物消化利用的程度能直接反映饲料的质量。

消化试验主要分为体内法和体外法。体内法是通过收集试验动物的粪便或食糜来测定养分经过动物消化道后的消化率，包括全收粪法和指示剂法。代谢试验是在消化试验的基础上收集尿样，测定尿中的营养物质。体外法最大的优点就是不需要饲养试验动物，节约了大量的人力和物力，操作方便简单。但由于忽略了大肠内微生物的消化作用，所以准确度低于体内法。

3. 比较屠宰试验

比较屠宰法是间接测热法的一种。比较屠宰试验是通过动物在适应期结束后抽样屠宰并测定机体营养物质含量，作为与处理组进行比照的基础，其余的动物经过一段时间的处理同样被屠宰，测定机体营养物质含量，与对照组进行比较，用以估测在整个饲养阶段机体营养成分的沉积量；在比较屠宰法中，将动物分为若干组，在试验开始时屠宰一组（屠宰样本组）。屠宰了的动物的能量用氧弹式测热仪测定，所用的样本取自整个机体，或切碎的机体，或剖分后的机体组织。

通过屠宰试验，可以得到特定饲养期内试验动物体内营养物质的沉积量。ARC（1980）提出，动物机体内不同组织（如骨骼、肌肉、脂肪）的重量或体内沉积的营养物质（能量、蛋白质、脂肪、水分、灰分）的量与动物的体重（或空体重、胴体重）之间存在异速生长关系，可用下式表示：$\text{Log}_{10} Y = a + b \times \text{Log}_{10} X$（其中 Y：组织重量或营养物质含量；X：整体的重量；b：生长系数；a：常数）。应用该方程，可以把体重作为预测因子确定营养物质在机体内的含量以及动物的生长代谢能需要量。

相较于其他方法，比较屠宰试验得到的结果为实测数据，代表了试验动物在试验期内的饲养水平、放牧活动以及所遭受自然环境变化的综合结果，代表了畜牧业生产的实际条件，其结果具有相当的可靠性。但是比较屠宰法也有其缺点，比如动物只能使用一次，而且成本较高，因此适用于中小畜禽和其他小动物或用于校准其他相对廉价的技术。

4. 呼吸测热试验

反刍动物瘤胃微生物在发酵饲料过程中会产生一些气体，主要是甲烷（CH_4），其能量可达饲料总能的 3%~10%。因此反刍动物甲烷的测定及其能量含量的确定是动物能量需要量确定及饲料营养价值评定的关键环节之一。从国内外目前报道的情况看，甲烷产生量的测定手段主要有呼吸代谢室、呼吸测热头箱、呼吸面罩和六氟化硫（SF_6）示踪法等。

呼吸测热室主要有闭路式、开闭式和开路循环式 3 种形式。呼吸代谢室技术成熟，测试结果准确，但是其内环境不能反映羊的自然生活环境，而且每次测定的羊数量有限，并且试验羊需要经历较长时间的训练期以克服应激反应。

呼吸测热头箱基本应用原理与开路式呼吸箱相似，主要区别在于只将羊的头部固定于头箱中，头箱与测热系统相连接，通过测定一定时间内进出头箱气体的体积与浓度计算出羊气体的排放量。

呼吸面罩也广泛用于测定羊气体排放量，其原理与呼吸测热头箱一致，区别在于呼吸面罩只密封了实验羊的面部。该法简单易行，可以对家畜不同时刻排出气体的浓度进行测定，缺点是限制了家畜的自由采食和饮水，也忽略了羊从直肠中排出的甲烷。

六氟化硫（SF_6）示踪法适用于舍饲条件下的试验动物，对放牧家畜同样适用。SF_6 物理性质与 CH_4 类似，可以随 CH_4 一起通过嗳气排出，通过测定 SF_6 的排放速度和 SF_6 与 CH_4 的浓度即可推算出 CH_4 的排放量。有报道认为，六氟化硫（SF_6）示踪技术测定的 CH_4 产量与呼吸代谢箱法的测定结果相关性很高，但也有学者认为 SF_6 示踪法的甲烷测定结果高于呼吸代谢箱法。SF_6 示踪技术适宜测定大群试验羊的 CH_4 排放量，但缺点是在有风的环境中无法应用。因此，SF_6 示踪法测定 CH_4 的准确性还存在一些争议。

5. 碳氮平衡试验

碳氮平衡法的基本原理是：生长期和育肥期的反刍动物体内贮存能量的最重要方式是蛋白质和脂肪，而以碳水化合物形式贮存的能量很少。应用碳氮平衡法测定反刍动物体脂肪和体蛋白质沉积量时，要进行消化代谢试验，以确定动物的碳氮采食量及粪尿中碳氮排泄量；同时要进行呼吸试验确定甲烷和二氧化碳的排放量。如果已知动物食入物质、吸收物质、失去的与存留的体组织和燃烧热，便可利用简单的方法计算出产热量。

（二）影响肉羊能量需要量的因素

1. 品种和基因型

在诸多影响肉羊能量需要的因素中，品种是最为关键的因素之一。NRC（1985）

通过对发表的文献资料进行分析后认为，代谢能用于维持（k_m）和生长（k_g）的利用效率相似，但 AFRC（1998）总结大量数据后发现，在维持的代谢能需要上，如果以单位代谢体重来考量，山羊高于绵羊而与牛相似。但是 SCA（1990）却给出了相反的结论，即绵羊和山羊间在维持代谢能需要上是相似的。NRC（2000）总结了大量关于肉牛的报告后认为在不同基因型的肉牛维持的代谢能需要量不同，并得出了代谢能维持需要一定与决定生产力的基因有关的结论。

2. 性别

通常存在这样的假设，即不同性别的牛、绵羊和山羊，其代谢能的维持需要（ME_m）是相似的。尽管这样的假设被很多学者所接受，但 Freetly 等（1995，2002）认为相同体重的绵羊在性别间依然存在着较小的差距，而这种差距主要是与成熟体重的比例不同所致。INRA（1989）认为未去势的公羊与母羊或母羯羊间在维持代谢能需要上存在着约 10% 的差别，推测存在这样差别的原因主要是由于未去势的公羊体内含有更多的体蛋白质，或者是在相同的体重时，公羊和母羊所处的成熟阶段不同，但 NRC（1985）和山羊的营养需要（NRC，1981；AFRC，1998）对此并无报道。性别对肉羊生长的能量需要之影响，其主要的、也是唯一的影响因素就是公羊和母羊在个体组成上的差异（NRC，2007）。换言之，如果评价相同成熟体重和相同体况评分（BCS）的公羊和母羊，生长的能量需要在性别之间的差异是微乎其微的。

3. 年龄

NRC（2007）认为绝食体产热和代谢能的维持需要随动物年龄的降低而减小，但 NRC（1985）和 INRA（1989）并未强调年龄对绵羊维持代谢能需要量的影响。Freetly 等（1995，2002）报道，随着肉羊年龄的增加，以单位代谢体重（$BW^{0.75}$）来表示绝食体产热呈现出曲线变化的关系，并建议采用以成熟体重的比例和指数关系去确定 4 个绵羊品种的绝食体产热。但是，该学者也认为这种方法对于限饲水平下的绵羊不适用，因为限饲的羊只其成熟体重的比例要小于正常采食的羊只。

4. 饲料及采食水平

饲料的种类和营养价值对能量的维持和生长利用效率均有很大的影响。不同的饲料在相同的动物体内或者相同的饲料在不同的动物体内因消化吸收时其热增耗不同而导致能量的利用效率出现差异。另外，从饲料的营养成分含量分析，碳水化合物、蛋白质和脂肪的含量及比例也会影响到热增耗，进而影响到能量的利用。采食水平对动物能量需要量具有较大的影响，这种观点已被广泛接受（NRC，2007）。在维持代谢能以下的采食水平会降低基础代谢率，进而使得绝食体产热减小，其中内脏器官的代谢减少了50%。相反地，高采食水平也会影响维持的代谢能需要量，但是，因为动物的日粮在性质上有很大的差异，要得到一个满意的维持代谢能需要量，饲料的消化率相较于干物质采食量具有更大的影响。使得代谢能的维持利用效率（k_m），尤其是生长利用效率（k_g）降低的一个重要因素就是不同饲料精粗比的日粮使反刍动物瘤胃液中乙酸和丙酸的比例发生改变。这一结果也可以应用于区分具有不同可溶性碳水化合物的饲草。

5. 其他因素

除了以上所述的品种、基因型、年龄、性别、采食水平等因素外，成熟度、机体组成、代谢器官的能量利用效率、肉羊的活动、季节等因素都会影响到肉羊的维持需要和生长需要量。

（三）绵羊能量需要量

1. 母绵羊能量需要量

NRC（2007）周岁和成年母绵羊妊娠期能量需要见表 5-9，周岁和成年母绵羊泌乳期能量需要量见表 5-10。

表 5-9　周岁和成年母绵羊妊娠期每日能量需要量

妊娠阶段	周岁母绵羊			成年母绵羊		
	体重（kg）	日增重（g）	代谢能（MJ）	体重（kg）	日增重（g）	代谢能（MJ）
维持需要	40	0	6.56	40	0	6.19
	50	0	7.77	50	0	7.31
	60	0	8.90	60	0	8.40
前期单羔	40	58	13.33	40	18	7.90
	50	71	16.01	50	21	9.24
	60	84	18.60	60	24	10.49
前期双羔	40	70	13.79	40	30	9.20
	50	85	17.26	50	35	10.49
	60	100	20.06	60	40	12.08
	70	146	22.74	70	45	13.46
前期三羔以上	40	76	14.50	40	39	10.03
	50	96	17.22	50	46	11.66
	60	112	20.94	60	52	13.17
	70	129	23.74	70	59	14.59
后期单羔	40	111	14.42	40	71	9.95
	50	134	17.14	50	84	11.54
	60	157	20.86	60	97	12.30
后期双羔	40	159	17.01	40	119	12.87
	50	191	19.90	50	141	14.63
	60	221	22.95	60	161	16.47
	70	251	25.75	70	181	18.27

（续表）

妊娠阶段	周岁母绵羊			成年母绵羊		
	体重（kg）	日增重（g）	代谢能（MJ）	体重（kg）	日增重（g）	代谢能（MJ）
后期 三羔 以上	40	195	18.56	40	155	14.59
	50	233	21.74	50	183	16.85
	60	270	24.87	60	210	18.81
	70	305	27.96	70	235	20.69

表 5-10 周岁和成年母绵羊泌乳期每日能量需要量

泌乳阶段	周岁母绵羊			成年母绵羊		
	体重（kg）	日增重（g）	代谢能（MJ）	体重（kg）	日增重（g）	代谢能（MJ）
早期 单羔	40	-14	11.29	40	-14	10.91
	50	-16	13.00	50	-16	12.54
	60	-17	14.67	60	-17	14.17
早期 双羔	40	-24	14.38	40	-24	14.00
	50	-26	16.55	50	-26	16.09
	60	-29	18.52	60	-29	18.02
	70	-31	20.36	70	-31	19.77
早期 三羔 以上	40	-31	16.72	40	-31	16.34
	50	-34	19.19	50	-34	18.77
	60	-38	21.36	60	-38	20.86
	70	-41	23.45	70	-41	22.91
中期 单羔	40	0	9.95	40	0	9.61
	50	0	11.58	50	0	11.20
	60	0	13.08	60	0	12.62
中期 双羔	40	0	12.29	40	0	11.95
	50	0	14.21	50	0	13.75
	60	0	15.93	60	0	15.47
	70	0	17.60	70	0	17.10

（续表）

泌乳阶段	周岁母绵羊			成年母绵羊		
	体重（kg）	日增重（g）	代谢能（MJ）	体重（kg）	日增重（g）	代谢能（MJ）
中期三羔以上	40	0	14.04	40	0	13.71
	50	0	16.13	50	0	15.72
	60	0	18.06	60	0	15.60
	70	0	19.90	70	0	19.35
后期单羔	40	60	12.33	40	60	8.70
	50	61	14.59	50	61	10.03
	60	72	16.85	60	72	11.41
后期双羔	40	65	14.67	40	65	11.04
	50	78	17.31	50	78	12.79
	60	91	19.81	60	91	14.38
	70	104	22.28	70	104	15.97
后期三羔以上	50	90	19.19	50	90	14.67
	60	104	21.95	60	104	16.51
	70	118	24.62	70	118	18.31

2. 杂交绵羊能量需要量

杂交绵羊 20~50kg 体重能量需要量参考许贵善等（2013）的研究结果，是以杜泊绵羊与小尾寒羊杂种一代为研究对象，采用完全随机实验设计，经比较屠宰试验、消化代谢试验和呼吸测热试验，测定收集试验数据，建立线性回归模型。其 20~35kg 体重杜寒杂交公羔羊维持代谢能需要量 250.61kJ/kg $SBW^{0.75}$，其生长净能和生长代谢能需要量见表 5-11。35~50kg 体重杜寒杂交公羔其生长净能和生长代谢能需要量见表 5-12。

表 5-11　20~30kg 体重杜寒杂交公羔羊生长净能和生长代谢能需要量

日增重（g）	宰前活重（kg）				体重（kg）			
	20	25	30	35	20	25	30	35
生长净能（MJ/d）								
100	1.13	1.27	1.39	1.51	1.10	1.22	1.33	1.44
200	2.26	2.54	2.78	3.02	2.19	2.44	2.67	2.88
300	3.39	3.81	4.17	4.53	3.29	3.66	4.00	4.32
350	3.96	4.45	4.87	5.29	3.84	4.27	4.67	5.04

（续表）

日增重	宰前活重（kg）				体重（kg）			
（g）	20	25	30	35	20	25	30	35
生长代谢能（MJ/d）								
100	2.70	3.03	3.32	3.60	2.63	2.91	3.17	3.44
200	5.39	6.06	6.63	7.21	5.23	5.82	6.37	6.87
300	8.09	9.09	9.95	10.81	7.85	8.74	9.55	10.31
350	9.45	10.62	11.62	12.63	9.16	10.19	11.15	12.03

表5-12 30~50kg体重杜寒杂交公羔羊生长净能和生长代谢能需要量

日增重	体重（kg）			
（g）	35	40	45	50
生长净能（MJ/d）				
100	1.12	1.19	1.26	1.33
200	2.24	2.39	2.53	2.65
300	3.37	3.59	3.79	3.98
400	4.49	4.78	5.06	5.31
代谢能（生长+维持）（MJ/d）				
100	7.98	8.69	9.38	10.0
200	10.4	11.3	12.1	12.9
300	12.9	13.9	14.9	15.8
350	15.3	16.5	17.6	18.7

（四）山羊能量需要量

1. 母山羊能量需要量

成年母山羊妊娠期和泌乳期能量需要量见表5-13。

表5-13 成年母山羊妊娠期和泌乳期每日能量需要量

阶段	体重（kg）	妊娠期		泌乳期		
		日增重（g）	代谢能（MJ）	乳产量（kg）	日增重（g）	代谢能（MJ）
前期羔羊	30	13	6.89	0.68	-19	8.99
	40	16	8.44	0.80	-22	10.96
	50	19	9.91	0.90	-25	12.68

（续表）

阶段	体重（kg）	妊娠期		泌乳期		
		日增重（g）	代谢能（MJ）	乳产量（kg）	日增重（g）	代谢能（MJ）
前期双羔	30	21	7.64	1.14	-38	11.42
	40	26	9.32	1.33	-44	13.73
	50	31	10.96	1.51	-50	15.91
	60	36	12.51	1.67	-55	17.93
前期三羔以上	30	28	8.15	1.48	-57	13.19
	40	34	9.99	1.73	-66	15.83
	50	41	11.68	1.96	-75	18.27
	60	47	13.27	2.17	-83	20.54
后期单羔	30	51	9.95	0.23	15	6.64
	40	63	12.10	0.26	18	8.11
	50	75	14.07	0.30	20	9.53
后期双羔	30	85	12.14	0.38	30	7.43
	40	106	14.66	0.44	35	9.07
	50	125	17.05	0.50	40	10.58
	60	143	19.40	0.55	44	12.05
后期三羔以上	30	109	13.44	0.49	45	8.02
	40	137	16.42	0.57	53	9.74
	50	163	19.03	0.65	60	11.38
	60	186	21.50	0.71	66	12.89

2. 山羊生长能量需要量

NCR（2007）公羔和羯羊生长能量需要量见表5-14。

表5-14　山羊生长能量需要量

体重（kg）	日增重（g）	代谢能（MJ/d）	
		羯羊	公羔
10	100	4.87	5.25
10	150	6.05	6.47
10	200	7.18	7.60
20	100	7.77	8.48

（续表）

体重 （kg）	日增重 （g）	代谢能（MJ/d）	
		羯羊	公羔
20	150	8.95	9.66
20	200	10.08	10.79
20	250	8.14	9.11
30	100	10.46	11.42
30	200	11.59	12.60
30	250	12.77	13.73
30	300	9.53	10.75
40	100	11.84	13.06
40	200	13.02	14.20
40	300	14.15	15.37

三、肉羊的蛋白质需要量

（一）蛋白质体系

1. 粗蛋白质（CP）

动物所需的氮大部分被用于合成蛋白质，大部分饲料氮也是以蛋白质形式存在，于是几乎动物所需的所有氮和饲料中的氮都是通过蛋白质来表述。化学上，饲料中含氮量通过经典的凯氏定氮法测定，然后根据 N×6.25 计算饲料中的 CP，这个数据包含了大部分形式的氮，而从氮中计算 CP 是基于"所有的饲料氮都以蛋白质形式存在"和"每千克饲料蛋白质含 160g 氮"两个假设。但实际上，这两个假设都不可靠，因为反刍动物的大多数饲料中含有较大比例的 NPN，且 16%的因数仅适合于"平均的"CP，大多数饲料 CP 的含氮量高于或低于该值。

2. 可消化粗蛋白质（DCP）

1979 年以前，英国的动物营养界曾认为 DCP 是表示反刍动物蛋白质需要量的最好指标，美国、苏联、日本等国都使用该指标，我国也不例外。但是，随着对反刍动物氮代谢研究的深入，已清楚地发现，无论是 CP 还是 DCP 评定饲料蛋白质营养价值是不精确的。不宜用 DCP 衡量蛋白质需要量的理由在于：该指标不承认蛋白质需要量同 GEI 或所喂饲粮的能量浓度有关；瘤胃微生物在合成蛋白质过程中，改变了饲料蛋白质的特性，其消化性也随之发生改变，变化的程度因饲粮 CP 降解率与瘤胃其他状况而有所不同；DCP 测定的模式视微生物氮对动物无价值，实际上微生物氮代表已被利用满足微生物群体所需要的氮，也是构成动物所需氮的一部分；未区分从消化道吸收的氨基酸和自肠道消失的无用形式的氮（如氨氮）。另外，采用 DCP 参数未考虑瘤胃内 MCP 的形成，也未体现瘤胃微生物在氨基酸、氨和其他氨基酸氮代谢中所起的作用和影响，无法将饲粮 UDP 和 MCP 区分开，因此用 DCP 来评价，不能反映降解产物合成 MCP 的效率及产量，也不能反映进入小肠的 UDP 和 MCP 的数量及其消化率（李元晓和赵广永，2006）。

3. 可代谢蛋白质（MP）

饲料中的蛋白质经过瘤胃微生物的作用后，到达真胃及小肠的部分称为小肠蛋白质，主要包括 MCP、UDP 和极少量的内源蛋白质。MCP 是瘤胃微生物利用饲粮蛋白降解产生的氨、肽、氨基酸作为氮源，利用碳水化合物发酵产生的 VFA、CO_2、糖以及 ATP 作为碳链和能量合成的蛋白质，可以满足动物机体 40% ~ 80% 的氨基酸需要，是反刍动物蛋白质的主要来源之一。UDP 是指在瘤胃中未能被降解，通过瓣胃和皱胃到达真胃及小肠的饲料蛋白质，也称为过瘤胃蛋白质。内源蛋白质主要来源于唾液、脱落上皮细胞和瘤胃微生物裂解残物，其数量很少，可以忽略不计。因此，一般将 MCP 和 UDP 认为是小肠蛋白质，然后再将其乘以小肠蛋白质的消化率即为 MP。

与传统的 CP 和 DCP 体系比较，MP 体系更能反映肉用羊蛋白质消化代谢的特殊性，采用 MP 体系能较好地评价饲料的潜在蛋白质价值、预测饲料间的配合效果、易于计算非蛋白氮的用量和估价饲料加工调制造成的影响，从而提高蛋白质利用率，充分发挥肉羊的生长潜力。目前我国肉羊的饲料营养成分表里大多采用 CP 或 DCP 来表示，MP 的数据还很缺乏，影响了肉用羊生产性能的发挥和饲料利用率的提高，所以我国肉羊饲料中的 MP 和动物对于 MP 的需要都有必要深入研究，从而更好地指导生产实践。自 1977 年以来，世界上已有 9 个国家和地区先后提出并应用以 MP 为核心的反刍动物蛋白质新体系。其中比较有代表性的包括以下几种。

（1）英国的可降解蛋白质/非降解蛋白质体系（RDP/UDP）

英国 ARC 总结了大量反刍动物利用蛋白质的研究结果，于 1980 年提出了瘤胃可降解蛋白质（rumen degradable protein，RDP）与非降解蛋白质（undegradable dietary protein，UDP）体系，并在 1984 年进行了修订。该体系认为反刍动物能量的采食量对蛋白质的利用起决定性作用，进入十二指肠的蛋白质由 MCP 和 UDP 两部分组成，是动物真正可以利用的、能满足动物需要的部分。AFRC（1993）在对 ARC（1980）和 ARC（1984）进行分析基础上，提出了修改意见，并提出了可代谢蛋白质（metabolizable protein，MP）体系，修改的内容主要包括：按可发酵代谢能预测 MCP 的合成量；考虑到每单位可发酵物质的 MCP 产量与饲养水平有密切的关系，提出在维持、生长的牛与绵羊（2 倍维持）、泌乳的牛与绵羊（3 倍维持）分别采用 9g、10g 和 11g MCP/MJ；否定了 ARC（1980）和 ARC（1984）关于氮限制微生物生长的一切情况下，瘤胃微生物捕获饲料 RDP 的净效率都是 1.0 与尿素及其他 NPN 作氮源时的净效率均为 0.8 的设定，并建议 MTP（微生物真蛋白质）/MCP 为 0.75。新的蛋白质体系应用之后，能确保瘤胃内能量与蛋白质平衡，提高了饲料的利用效率。

（2）美国的可代谢蛋白质体系（MP）

Burroughs 等（1975）提出了 MP 体系（或可代谢氨基酸体系），NRC（1978）正式公布了这个体系。该体系包括了对反刍动物的 MP 和可代谢氨基酸需要量的测定，饲料中 MP、可代谢氨基酸含量的评定和饲料尿素发酵潜力的计算。MP 是指饲料的 UDP 和 MCP 在小肠中被吸收的数量，它与小肠可消化蛋白质概念基本相同，只是考虑了蛋白质在小肠中的吸收率。

（3）法国的小肠内可消化蛋白质体系（PDI）

该体系于 1978 年由法国农业科学院（INRA）公布，随后进行了修订（INRA，1989），PDI 是指小肠内可消化的蛋白质，显然该体系估算的是小肠中真正吸收的 α - 氨基氮（氮 × 6.25）的数量（内源分泌部分除外），并同时考虑了通过瘤胃的饲粮蛋白质和发酵产生的细菌蛋白质的作用。该体系的要点为：到达反刍动物小肠的 PDI 包括两部分，一是瘤胃中饲粮 UDP 在小肠中可被消化的部分；二是 MCP 在小肠中被消化的部分。

这些新蛋白质体系及本章内未提及的其他新体系，克服了可消化粗蛋白质体系固有的缺点，比较理想地体现出反刍动物消化和代谢的特点，在某种程度上克服了传统的粗蛋白质或可消化粗蛋白质指标的表观性，具有其共同的基本原理在于：即都考虑了瘤胃微生物在反刍动物蛋白质消化代谢中的贡献，均认识到必须分别评价微生物和宿主动物对蛋白质的需要量；认为饲粮中 RDP 的数量和能量浓度是制约瘤胃 MCP 合成的基本因素，并根据这两个因素计算瘤胃微生物产量；均认为进入小肠段的蛋白质和氨基酸是实际可供牛羊消化和利用的；各体系均把合理、充分发挥反刍动物利用 NPN 的能力作为一个重要的内容，认为只有采用新体系才能预测 NPN 的利用及其反应。

但最近的研究结果也表明，饲料来源的过瘤胃肽和吸收肽数量较大，不可忽视。现行新蛋白质体系未考虑过瘤胃肽和瘤胃吸收肽的贡献，反映出它们在理论上存在的不完善性和指标上某种程度的表观性。可见，通过肽的营养研究带动反刍动物蛋白质体系的创新和完善，是今后将肽营养研究成果深化和实用化的一项急迫任务（冯仰廉，2004）。

我国现行羊的饲养标准中蛋白质需要量采用的是 CP 或 DCP 指标，这种体系自身存在缺点和弊端：一是该体系没有区分饲粮蛋白质在瘤胃中降解和非降解部分；二是未能反映出饲粮 RDP 转化为 MCP 的效率以及 MCP 的合成量；三是没有反映进入小肠的饲粮 UDP 和 MCP 的量、氨基酸的量及其真消化率。

NRC（2007）蛋白质营养需要量根据日粮中非降解采食蛋白质（UIP）含量不同，分别给出了粗蛋白质（CP）的需要量，同时还列出了可代谢蛋白质（MP）和可降解采食蛋白质（DIP）的量。

（二）绵羊蛋白质需要量

1. 母绵羊蛋白质需要量

NRC（2007）周岁和成年母绵羊妊娠期每日蛋白质需要量分别见表 5-15 和表 5-

16。周岁和成年母绵羊泌乳期蛋白质需要量分别见表5-17和表5-18。

表5-15　周岁母绵羊妊娠期每日蛋白质需要量

妊娠阶段	WT	ADG	CP			MP	DIP
			20%UIP	40%UIP	60%UIP		
维持需要	40	0	60	58	55	41	57
	50	0	71	68	65	48	67
	60	0	81	77	74	54	77
前期单羔	40	58	116	111	106	78	115
	50	71	138	132	126	93	138
	60	84	160	153	146	108	161
前期双羔	40	70	120	114	109	81	119
	50	85	155	148	141	104	149
	60	100	179	171	163	120	173
	70	146	202	192	184	135	196
前期三羔以上	40	76	128	123	117	86	125
	50	96	151	144	138	101	148
	60	112	190	181	174	128	181
	70	129	215	205	196	144	205
后期单羔	40	111	128	122	117	86	124
	50	134	150	143	137	101	148
	60	157	189	181	173	127	180
后期双羔	40	159	159	151	145	107	147
	50	191	183	175	168	123	172
	60	221	210	201	192	141	198
	70	251	235	224	214	158	222
后期三羔以上	40	195	177	169	162	119	160
	50	233	205	196	188	138	188
	60	270	233	223	213	157	215
	70	305	261	249	238	175	241

注：WT，体重（kg）；ADG，日增重（g）；CP，含20%UIP（g）；DIP，可降解采食蛋白质量（g）；MP，可代谢蛋白质（g）。下同。

表 5-16　成年母绵羊妊娠期每日蛋白质需要量

妊娠阶段	WT	ADG	CP			MP	DIP
			20%UIP	40%UIP	60%UIP		
维持需要	40	0	59	56	54	40	53
	50	0	69	66	63	47	63
	60	0	79	76	72	53	72
前期单羔	40	58	82	79	75	55	68
	50	71	96	91	87	64	80
	60	84	108	103	99	73	91
前期双羔	40	70	100	95	91	67	79
	50	85	112	107	103	76	90
	60	100	129	124	118	87	104
	70	146	144	137	131	97	116
前期三羔以上	40	76	103	98	94	69	86
	50	96	129	123	117	86	101
	60	112	144	137	131	97	113
	70	129	159	152	145	107	126
后期单羔	40	111	101	96	92	68	86
	50	134	126	120	115	85	100
	60	157	141	134	129	95	112
后期双羔	40	159	128	123	117	86	110
	50	191	155	148	141	104	126
	60	221	173	165	158	116	142
	70	251	192	183	175	129	158
后期三羔以上	40	195	150	144	137	101	126
	50	233	173	165	158	116	145
	60	270	192	183	175	129	162
	70	305	222	212	203	149	178

表 5-17 周岁母绵羊泌乳期每日蛋白质需要量

泌乳阶段	WT	ADG	CP			MP	DIP
			20%UIP	40%UIP	60%UIP		
早期单羔	40	−14	167	159	152	112	97
	50	−16	189	180	172	127	112
	60	−17	211	202	193	142	127
早期双羔	40	−24	224	214	205	151	124
	50	−26	255	243	232	171	143
	60	−29	298	284	272	200	160
	70	−31	324	310	296	218	175
早期三羔以上	40	−31	265	253	242	178	144
	50	−34	312	298	285	210	166
	60	−38	344	328	314	231	184
	70	−41	374	357	342	252	202
中期单羔	40	0	135	129	124	91	86
	50	0	156	148	142	105	100
	60	0	174	166	159	117	113
中期双羔	40	0	187	178	171	125	106
	50	0	213	204	195	143	123
	60	0	236	225	216	159	137
	70	0	259	247	236	174	152
中期三羔以上	40	0	213	204	195	143	121
	50	0	241	230	220	162	139
	60	0	283	270	258	190	156
	70	0	309	295	282	207	171
后期单羔	40	60	142	135	129	95	107
	50	61	165	158	151	111	126
	60	72	190	181	173	128	145
后期双羔	40	65	167	159	152	112	127
	50	78	195	186	178	131	149
	60	91	221	211	201	148	171
	70	104	265	253	242	178	192

（续表）

泌乳阶段	WT	ADG	CP			MP	DIP
			20%UIP	40%UIP	60%UIP		
后期三羔以上	40	90	223	213	203	150	166
	50	104	253	241	231	170	189
	60	118	282	270	258	190	212

表 5-18　成年母绵羊泌乳期每日蛋白质需要量

泌乳阶段	WT	ADG	CP			MP	DIP
			20%UIP	40%UIP	60%UIP		
早期单羔	40	−14	156	149	143	105	94
	50	−16	177	169	161	119	108
	60	−17	210	200	191	141	122
早期双羔	40	−24	224	213	204	150	121
	50	−26	254	242	231	170	139
	60	−29	281	268	257	189	155
	70	−31	306	292	279	205	171
早期三羔以上	40	−31	265	253	242	178	141
	50	−34	311	297	284	209	162
	60	−38	343	327	313	230	180
	70	−41	373	356	341	251	197
中期单羔	40	0	134	128	123	90	83
	50	0	154	147	141	104	96
	60	0	172	164	157	116	109
中期双羔	40	0	186	177	170	125	103
	50	0	210	201	192	141	119
	60	0	235	224	214	158	133
	70	0	257	245	235	173	147
中期三羔以上	40	0	213	203	194	143	118
	50	0	254	242	232	170	136
	60	0	281	268	257	189	152
	70	0	307	293	280	206	167

（续表）

泌乳阶段	WT	ADG	CP			MP	DIP
			20%UIP	40%UIP	60%UIP		
后期单羔	40	60	105	100	96	70	75
	50	61	119	114	109	80	87
	60	72	135	129	123	91	99
后期双羔	40	65	142	136	130	96	95
	50	78	163	156	149	110	110
	60	91	182	174	167	123	124
	70	104	201	192	184	135	138
后期三羔以上	40	90	193	185	177	130	126
	50	104	217	207	198	146	142
	60	118	239	229	219	161	158

2. 生长育肥羊蛋白质需要量

NRC（2007）早熟绵羊生长期蛋白质需要量见表5-19。

表5-19　早熟绵羊生长期每日蛋白质需要量

WT	ADG	CP			MP	DIP
		20%UIP	40%UIP	60%UIP		
20	100	71	67	65	47	56
20	150	85	81	78	57	69
20	200	107	102	98	72	88
20	300	150	143	137	101	126
30	200	113	108	103	76	93
30	250	135	128	123	90	112
30	300	156	149	143	105	132
30	400	200	191	182	134	170
40	250	157	150	144	106	133
40	300	162	155	148	109	137
40	400	206	196	188	138	175
50	250	164	156	149	110	138
50	300	189	180	172	127	160
50	400	212	202	193	142	180

（三）山羊蛋白质需要量

1. 母山羊蛋白质需要量

NRC（2007）成年母山羊妊娠期蛋白质需要量见表 5-20，成年母山羊泌乳期蛋白质需要量见表 5-21。

表 5-20　成年母山羊妊娠期蛋白质需要量

妊娠阶段	WT	ADG	CP			MP	DIP
			20%UIP	40%UIP	60%UIP		
维持需要	30	0	49	47	45	33	32
	40	0	61	58	55	41	40
	50	0	71	68	65	48	47
前期单羔	30	13	78	74	71	52	41
	40	16	94	90	86	63	50
	50	19	109	104	100	73	59
前期双羔	30	21	92	88	84	62	45
	40	26	110	105	101	74	56
	50	31	128	122	117	86	65
	60	36	145	138	132	97	74
前期三羔以上	30	28	100	96	92	67	49
	40	34	121	116	111	81	59
	50	41	139	133	127	94	69
	60	47	157	150	143	105	79
后期单羔	30	51	114	108	104	76	59
	40	63	136	130	124	91	72
	50	75	169	162	155	114	84
后期双羔	30	85	137	131	125	92	72
	40	106	172	164	157	115	87
	50	125	197	189	180	133	101
	60	143	223	212	203	150	115
后期三羔以上	30	109	154	147	141	104	80
	40	137	185	177	169	124	98
	50	163	210	201	192	141	113
	60	186	249	238	227	167	128

表 5-21　成年母山羊泌乳期每日蛋白质需要量

泌乳阶段	WT	ADG	CP			MP	DIP
			20%UIP	40%UIP	60%UIP		
早期单羔	30	−19	67	64	61	45	54
	40	−22	81	78	74	55	65
	50	−25	95	91	87	64	75
早期双羔	30	−38	78	75	72	53	68
	40	−44	95	91	87	64	82
	50	−50	111	106	101	74	95
	60	−55	125	119	114	84	106
早期三羔以上	30	−57	74	71	68	58	78
	40	−66	105	101	96	71	94
	50	−75	122	117	112	82	109
	60	−83	138	132	126	93	122
中期单羔	30	0	58	56	53	39	44
	40	0	75	71	68	50	57
	50	0	87	83	80	59	66
中期双羔	30	0	69	65	63	46	56
	40	0	84	80	76	56	68
	50	0	98	93	89	66	79
	60	0	111	106	101	75	89
中期三羔以上	30	0	75	71	68	50	63
	40	0	91	87	83	61	76
	50	0	105	101	96	71	88
	60	0	119	114	109	80	100
后期单羔	30	15	55	52	50	37	39
	40	18	67	64	61	45	48
	50	20	79	76	72	53	57
后期双羔	30	30	59	56	54	39	44
	40	35	72	69	66	48	54
	50	40	84	81	77	57	63
	60	44	96	92	88	65	72

（续表）

泌乳阶段	WT	ADG	CP			MP	DIP
			20%UIP	40%UIP	60%UIP		
后期三羔以上	30	45	62	59	56	41	48
	40	53	75	72	69	54	58
	50	60	88	84	81	59	68

2. 山羊公羔蛋白质需要量

NRC（2007）山羊公羔生长期蛋白质需要量见表5-22。

表5-22　山羊公羔生长期每日蛋白质需要量

WT	ADG	CP			MP	DIP
		20%UIP	40%UIP	60%UIP		
10	100	86	82	78	58	31
10	150	116	111	106	78	38
10	200	146	139	133	98	45
20	100	103	99	94	69	44
20	150	133	127	122	90	50
20	200	163	156	149	110	57
20	250	194	185	177	130	64
30	100	119	113	108	80	54
30	200	179	171	163	120	68
30	250	209	199	191	140	75
30	300	239	228	218	161	82
40	100	133	127	121	89	64
40	200	193	184	176	130	78
40	250	223	213	204	150	84
40	300	253	242	231	170	91

四、肉羊的矿物质需要量

矿物质是组成羊机体不可缺少的部分，是体内多种重要组成部分和酶的激活因子，参与羊的神经系统、肌肉系统、消化、运输及代谢、体内酸碱平衡等活动。矿物质营养缺乏或过量都会影响羊的生长发育、繁殖和生产性能，严重时导致死亡。现已证明，至少 15 种矿物质元素是羊体所必需的，其中常量元素 7 种，包括钾、钠、钙、磷、氯、镁和硫；微量元素 8 种，包括铁、铜、锰、锌、钼、钴、碘和硒。

（一）常量元素的需要量

1. 钠、钾、氯

钠、钾、氯是维持渗透压、调节酸碱平衡、控制水代谢的主要元素。氯还参与胃液盐酸形成，以活化胃蛋白酶。植物性饲料中钠的含量最少，其次是氯，钾一般不缺乏。绵羊的饲料以植物性饲料为主，所以钠和氯不能满足其正常的生理需要。补饲食盐是对绵羊补充钠和氯最普遍有效的方法。一般在日粮干物质中添加 0.5%～1%的食盐即可满足绵羊对钠和氯的需要。钾的主要功能是维持体内渗透压和酸碱平衡。绵羊对钾的需要量为饲料干物质的 0.5%～0.8%，植物饲料中钾含量足以满足绵羊需要，一般情况下，饲料中可不添加。

2. 钙和磷

钙和磷是形成骨骼和牙齿的主要成分，约有 99%的钙和 80%的磷存在于骨骼和牙齿中。其余少量钙存在于血清及软组织中，少量以核蛋白形式存在于细胞核中和以磷脂的形式存在于细胞膜中。钙和磷的消化与吸收关系极为密切，饲料中正常的钙磷比例应为（1～2）：1。大量研究表明，在放牧条件下，羊很少发生钙、磷缺乏，这可能与羊喜欢采食含钙、磷较多的植物有关。在舍饲条件下如以粗饲料为主，应注意补充磷；以精饲料为主则应注意补充钙。母羊泌乳期间，由于奶中的钙、磷含量较高，产奶量相对于体重的比例较大，所以应特别注意对母羊补充钙和磷，如长期供应不足，容易造成体内钙、磷贮存严重降低，最终导致溶骨症。黑羊缺乏钙、磷时生长缓慢，食欲减退，骨骼发育受阻，容易产生佝偻病。钙、磷过量会抑制干物质采食量，抑制瘤胃微生物的生长繁殖，影响羊的生长，并会影响锌、锰、铜等矿物质元素的吸收。

NRC（2007）推荐绵、山羊妊娠期和泌乳期钙和磷需要量分别见表 5-23 和表 5-24。

表 5-23　羊妊娠期每日钙和磷需要量　　　　　　　　　　　　　　（g）

妊娠阶段	体重（kg）	周岁绵羊		成年绵羊		体重（kg）	成年山羊	
		钙	磷	钙	磷		钙	磷
早期单羔	40	4.1	2.8	3.4	2.4	30	3.7	2.0
	50	5.1	3.3	3.8	2.8	40	3.9	2.3
	60	5.8	3.8	4.2	3.2	50	4.2	2.5
早期双羔	40	5.5	3.2	4.8	3.2	30	5.3	2.8
	50	6.7	4.1	5.4	3.7	40	5.6	3.0
	60	7.6	4.8	5.9	4.2	50	5.9	3.3
	70	8.9	5.7	6.5	4.6	60	6.2	3.6

（续表）

妊娠阶段	体重（kg）	周岁绵羊		成年绵羊		体重（kg）	成年山羊	
		钙	磷	钙	磷		钙	磷
早期三羔以上	40	6.4	3.6	5.4	3.3	30	6.8	3.4
	50	7.3	4.3	6.5	4.4	40	7.1	3.7
	60	8.8	5.4	7.1	4.9	50	7.4	3.9
	70	9.8	6.4	7.8	5.4	60	7.7	4.2
后期单羔	40	5.8	3.4	4.3	2.6	30	3.9	2.2
	50	6.7	4.0	5.1	3.5	40	4.1	2.5
	60	8.1	5.1	5.7	4.0	50	4.9	3.2
后期双羔	40	8.5	4.8	6.3	3.4	30	5.4	2.8
	50	9.7	5.6	7.3	4.3	40	6.0	3.4
	60	11.0	6.4	8.1	4.8	50	6.4	3.8
	70	12.1	7.1	8.8	5.3	60	6.7	4.1
后期三羔以上	40	10.3	5.7	7.7	4.1	30	6.9	3.5
	50	11.7	6.7	8.7	4.7	40	7.3	3.8
	60	13.2	7.6	9.5	5.2	50	7.6	4.1
	70	14.6	8.5	10.8	6.4	60	8.3	4.9

表5-24　羊泌乳期每日钙和磷需要量　　　　　　　　　　　　　（g）

泌乳阶段	体重（kg）	周岁绵羊		成年绵羊		体重（kg）	成年山羊	
		钙	磷	钙	磷		钙	磷
早期单羔	40	4.5	4.0	4.1	3.4	30	5.2	3.2
	50	5.0	4.6	4.6	3.9	40	5.5	3.5
	60	5.5	5.1	5.4	5.0	50	5.8	3.8
早期双羔	40	6.0	5.1	6.0	5.0	30	8.7	5.1
	50	6.7	5.8	6.7	5.7	40	9.1	5.5
	60	8.0	7.3	7.3	6.6	50	9.5	5.9
	70	8.6	7.9	7.9	6.9	60	9.8	6.2

（续表）

泌乳阶段	体重（kg）	周岁绵羊		成年绵羊		体重（kg）	成年山羊	
		钙	磷	钙	磷		钙	磷
早期三羔以上	40	7.1	7.1	7.1	5.7	30	11.7	6.5
	50	8.3	8.3	8.3	7.0	40	12.6	7.4
	60	9.1	9.1	9.1	7.8	50	13.0	7.8
	70	9.9	9.9	9.8	8.5	60	13.4	8.2
中期单羔	40	3.5	3.5	3.5	3.1	30	4.9	2.9
	50	4.0	4.0	3.9	3.6	40	5.3	3.3
	60	4.4	4.4	4.3	4.0	50	5.5	3.5
中期双羔	40	4.9	4.9	4.9	4.3	30	8.4	4.8
	50	5.5	5.5	5.4	4.9	40	8.7	5.1
	60	6.0	6.0	6.0	5.5	50	9.0	5.4
	70	6.6	6.6	6.5	6.1	60	9.3	5.7
中期三羔以上	40	5.5	5.5	5.5	4.6	30	11.7	6.5
	50	6.1	6.1	6.6	6.0	40	12.1	6.9
	60	7.3	7.3	7.2	6.6	50	12.4	7.2
	70	7.9	7.9	7.8	7.3	60	12.7	7.6
后期单羔	40	3.9	3.9	2.7	2.3	30	4.8	2.8
	50	4.4	4.4	3.0	2.7	40	5.0	3.0
	60	5.0	5.0	3.3	3.1	50	5.3	3.3
后期双羔	40	4.4	4.4	3.7	3.2	30	8.0	4.5
	50	5.0	5.0	4.2	3.7	40	8.3	4.7
	60	5.7	5.7	4.6	4.2	50	8.6	5.0
	70	7.0	7.0	5.0	4.6	60	8.8	5.2
后期三羔以上	40	5.8	5.8	5.0	4.4	30	11.2	6.1
	50	6.6	6.6	5.6	5.0	40	11.5	6.4
	60	7.2	7.2	6.1	5.5	50	11.8	6.7

3. 镁

镁是骨和牙齿的成分之一，有60%～70%的镁存在于骨和牙齿中。镁是体内磷酸酶、氧化酶、激酶、肽酶等多种酶的活化因子，参与蛋白质、脂肪和碳水化合物的代谢和遗传物质的合成等，调节神经肌肉兴奋性，维持神经肌肉的正常功能。反刍动物需镁量高，一般是非反刍动物的 4 倍左右，加之饲料中镁含量变化大，吸收率低，因此出现缺乏症的可能性大。

绵羊缺镁时出现生长受阻、兴奋、痉挛、厌食、肌肉抽搐等症状。缺镁是引起绵羊大量采食青草后患抽搐症的主要原因，常发生在产羔后第 1 个月泌乳高峰期或哺乳双羔的母羊，症状是走路蹒跚，伴随剧烈痉挛，几小时后死亡，但慢性症状不易察觉。在晚冬和初春放牧季节，因牧草含镁量少，羊只对嫩绿青草中镁的利用率较低，易发生镁缺乏。治疗羊缺镁病可皮下注射硫酸镁药剂，以放牧为主的绵羊可以对牧草施镁肥而预防缺镁。

镁过量可造成羊中毒，主要表现为昏睡，运动失调，腹泻，甚至死亡。NRC（2007）推荐 20~80kg 母绵羊每天镁食入量为 0.6~2.1g；20~50kg 绵羊育肥期每天采食镁 0.6~1.6g。推荐 20~60kg 母羊山每天镁食入量为 0.4~2.4g；10~40kg 山羊生长期每天采食镁 0.2~1.3g。

4. 硫

硫是合成含硫氨基酸（蛋氨酸、胱氨酸）不可缺少的原料，参与氨基酸、维生素和激素的代谢，并具有促进瘤胃微生物生长的作用。无论有机硫还是无机硫，被绵羊采食后均降解成硫化物，然后合成含硫氨基酸。绵羊补饲非蛋白氮时必需补饲硫，一般情况下，补喂 1g 尿素需同时补喂 0.07g 硫（0.13g 无水硫酸钠），否则瘤胃中氮与硫的比例不当，而不能被瘤胃微生物有效利用。研究表明，肉用绵羊日粮中氮硫比为 7∶5 时，饲草中粗蛋白质和中性洗涤纤维的降解率增加，日粮干物质、粗纤维、氮的表观消化率以及氮的沉积量增加，绵羊日增重显著增加，同时也降低了料重比，应用于生产可以提高经济效益。

常用的硫补充原料有无机硫和有机硫两种，无机硫补充料有硫酸钙、硫酸铵、硫酸钾等，有机硫补充料有蛋氨酸，有机硫的补充效果优于无机硫。NRC（2007）推荐 20~80kg 母绵羊每天硫食入量为 1.1~5.1g；20~50kg 绵羊育肥期每天采食硫 1.1~3.7g。推荐 20~60kg 母山羊每天硫食入量为 1.1~4.9g；10~40kg 山羊生长期每天采食硫 0.9~3.7g。舍饲绵羊日粮中注意补充硫，许多羊场因日粮缺硫引发绵羊食毛症，补充硫后，明显改善。

（二）微量元素的需要量

1. 铁

铁主要参与血红蛋白的形成，铁也是多种氧化酶和细胞色素酶的成分。缺铁的典型症状是贫血。一般情况下，植物性饲料含有足够的铁，因而放牧羊不易发生缺铁；新生羔羊的肝脏中有较多的铁贮备，羔羊 2~3 周后又可从植物性饲料中摄取铁，因此，羔羊不会发生贫血；铁过量易引起羔羊的曲腿综合征。舍饲的哺乳羔羊或饲养在漏缝地板的绵羊易发生缺铁症。NRC（2007）推荐 20~80kg 母绵羊每天铁食入量 17~100mg；20~50kg 绵羊育肥羊每天采食铁 32~150mg；推荐 20~60kg 母山羊每天铁食入量 32~91mg；10~40kg 山羊生长期每天采食铁 9~100mg。育肥羊生长发育期，对铁的需要量较高。

2. 锌

锌是体内多种酶和激素的组成成分，对羊的睾丸发育、精子形成有重要作用。锌缺乏时绵羊表现为精子畸形、公羊睾丸萎缩、母羊繁殖力下降，缺锌也使生长羔羊的采食量下降，降低机体对营养物质的利用率，增加氮和硫的尿排出量。一般情况下，羊可根据日粮含锌量的多少而调节锌的吸收。当日粮含锌量少时，吸收率迅速增加并减少体内锌的排出。绵羊对锌的耐受力较强，但锌过量可使羔羊饲料转化率降低。NRC（2007）推荐 20~80kg 绵羊每天锌食入量为 13~96mg；20~50kg 绵羊育肥期每天采食锌 13~67mg。推荐 20~60kg 母山羊每天锌食入量为 6~67mg；10~40kg 山羊生长期每天采食锌 2~31mg。

3. 锰

锰主要影响动物骨骼的发育和繁殖力。缺锰导致羊繁殖力下降。长期饲喂每千克干物质锰含量低于 8mg 的日粮，会导致青年母羊初情期推迟、受胎率降低、妊娠母羊流产率提高、羔羊性别比例不平衡等现象。饲料中钙和铁的含量影响羊对锰的需要量。NRC（2007）推荐 20~80kg 母绵羊每天锰食入量为 12~55mg；20~50kg 育肥羊每天采食锰 32~45mg。推荐 20~60kg 母山羊每天锰食入量为 5~50mg；10~40kg 山羊生长期每天采食锰 3~29mg。

4. 铜和钼

铜有催化红细胞和血红素形成的作用，是黄嘌呤氧化酶及硝酸还原酶的组成成分。铜和钼的吸收及代谢密切相关。铜是绵羊正常生长繁殖所必需的微量元素。羔羊缺铜后病症是肌肉不协调，后肢瘫痪，神经纤维髓鞘退化。大羊缺铜时，羊毛变粗，弯曲消失，羊毛强度降低，黑色毛变成白色。

我国以及世界许多地方均发生过羊的铜缺乏症，世界上估计每年有上千万个可见临床症状的铜缺乏病例，并且呈上升趋势，给养羊生产带来严重损失。铜缺乏的产生与否不但依赖于饲料中铜的总含量，而且与影响铜吸收和利用的其他因素有重要关系。在这些因素中，饲料中钼和硫的含量最为重要。饲料中铜、钼及硫的含量随植物种类、土壤条件和施肥的变化而变化。饲料中钼和硫含量的微小变化，反刍动物铜的吸收、分布和排泄就有可能发生巨大改变，结果出现铜缺乏或铜中毒的综合性临床症状。绵羊钼过量症状与铜缺乏表现一致。肉用绵羊适宜的饲料铜源有碱式氯化铜、赖氨酸铜和铜蛋白盐；在低钼（2mg/kg DM 钼）条件下，除氧化铜外，其他 4 种铜源的性能相似，并且都优于氧化铜，而在高钼（12.55mg/kg DM 钼）条件下，碱式氯化铜、赖氨酸铜和铜蛋白盐中铜的消化吸收不受瘤胃中硫钼拮抗作用的影响，综合效果显著优于硫酸铜和氧化铜。绵羊饲料中铜和钼的适宜比例应为（6~10）：1。

NRC（2007）推荐 20~80kg 绵羊每天铜食入量为 3.1~14.1mg；20~50kg 绵羊育肥期每天采食铜 3.1~10.4mg。推荐 20~60kg 母山羊每天铜食入量为 10~27mg；10~40kg 山羊生长期每天采食铜 9~35mg。如本地区土壤钼含量较高，日粮中铜浓度可增加到每千克日粮干物质 20~30mg。

5. 钴

钴对于绵羊等反刍动物还有特别意义，可以促进瘤胃微生物的生长，增强瘤胃微生物对纤维素的分解，参与维生素 B_{12} 的合成，对瘤胃蛋白质的合成及尿素的活性有较大影响。血液及肝脏中钴的含量可作为羊体是否缺钴的标志，血清中钴含量

0.25~0.30μg/L为缺钴的界限；若低于0.20μg/L为严重缺钴。正常情况下，羊每千克鲜肝中钴的含量为0.19mg。

绵羊缺钴时表现为食欲减退、生长受阻、饲料利用率低、成年羊体重下降，贫血，繁殖力、泌乳量降低。严重缺钴，会阻碍绵羊对饲料的正常消化，造成妊娠母羊流产，青年羊死亡。钴可通过口服或注射维生素 B_{12} 来补充，也可用氧化钴制成钴丸，使其在瘤胃中缓慢释放，达到补钴的目的。

绵羊对钴的耐受量比较高，日粮中含量可以高达10mg/kg。日粮钴的含量超过需要量的300倍时动物会产生中毒反应。一般来说，生产中羊钴中毒的可能性较小，且钴的毒性较低。过量时会出现厌食、体重下降、贫血等症状，与缺乏症相似。

不同钴源的生物学效应不同。王润莲等（2007）研究表明，硫酸钴、氯化钴和乙酸钴均为绵羊较好的钴源，而氧化钴不宜作为钴添加剂。绵羊日粮中钴的适宜添加水平为0.25~0.50mg/kg DM。钴和铜合用及其不同的配比对血液维生素 B_{12} 含量没有协同效应，但其适宜配比可促进脂肪和纤维的消化并明显改善机体的造血机能。高剂量锌干扰和抑制钴的利用，降低维生素 B_{12} 的营养状况，不利于改善机体的造血机能。

NRC（2007）推荐20~80kg绵羊每天钴食入量为0.13~0.63mg；20~50kg绵羊育肥期每天采食钴0.13~0.35mg。推荐20~60kg母山羊每天钴食入量为0.08~0.22mg；10~40kg山羊生长期每天采食钴0.04~0.16mg。

6. 硒

硒是谷胱甘肽过氧化酶及多种微生物发挥作用的必需元素。硒还是体内某些脱碘酶的重要组成部分，缺硒时脱碳失去活性或活性降低。脱碘酶的作用是使三碘甲状腺原氨酸转化为甲状腺素，而甲状腺素是动物体内一种很重要的激素，它调节许多酶的活性，影响动物的生长发育。研究还表明，硒也与绵羊冷应激状态下产热代谢有关，缺硒的动物在冷应激状态下产热能力降低，影响新生家畜抵御寒冷的能力，这对我国北方寒冷地区特别是牧区提高羔羊成活率有重要指导意义。

缺硒有明显的地域性，常和土壤中硒的含量有关，当每千克土壤含硒量在0.1mg以下时，绵羊即表现为硒缺乏。世界上很多地方都有缺晒的报道。正常情况下，缺硒与维生素E的缺乏有关。缺硒对羊生长有严重影响，主要表现是白肌病，羔羊生长缓慢。此病多发生在羔羊出生后2~8周龄，死亡率很高。缺硒也影响母羊的繁殖能力。在缺硒地区，给母羊注射1%亚硒酸钠1mL，羔羊出生后，注射0.5mg亚硒酸钠可预防此病发生。硒过量引起硒中毒大多数情况下是慢性积累的结果，有报道绵羊长期采食硒含量超过每千克牧草4mg，将严重危害绵羊的健康。一般情况下硒中毒会使羊出现脱毛、蹄溃烂、繁殖力下降等症状。但Juniper等给绵羔羊喂给欧盟（EU）允许日粮硒最大添加量10倍的酵母硒，羔羊每毫升全血硒浓度最高达724mg，整个试验期内，各酵母硒组试验羔羊的生理表现和健康无差异，这一结果说明日粮中添加10倍于EU最大允许剂量的酵母硒对羊只健康、生长发育和采食量没有不利影响；山西农业大学绵羊课题组最新研究结果表明，绵羊日粮纳米硒添加量达到9mg/kg DM时，胃发酵正常，生长发育正常，无任何中毒症状。

生产中常用的硒添加剂有亚硒酸钠和硒酸钠，前者的生物利用率较高。张春香等

（2008）研究表明，育肥绵羊日粮中亚硒酸钠添加量0.3mg/kg时，可以提高育肥羊的日增重，提高饲料利用率。目前生产中有机硒添加剂也有使用，主要是蛋氨酸硒和富硒酵母。Ward等比较了硒源（富硒小麦和亚硒酸钠）和硒水平（0、3mg/kg和15mg/kgDM），结果表明超营养剂量的硒通过促进腺窝细胞增殖而增加空肠黏膜细胞数量，促进胎儿发育。有机硒的添加效果优于无机硒，但是其价格较高。一种新型的硒源——纳米硒，它是以蛋白质为分散剂的一种纳米粒子硒，其毒性低、生物活性高，现已成为动物硒营养的研究热点。张春香等（2007）研究表明，绵羊育肥中日粮添加纳米硒0.3~1.0mg/kg DM，增强了绵羊机体的抗氧化能力，促进了生长激素和胰岛素的分泌，从而促进了羊的生长。

NRC（2007）推荐20~80kg母绵羊每天硒食入量为0.18~1.54mg；20~50kg绵羊育肥期每天采食硒0.18~0.88mg。推荐20~60kg母山羊每天食入量为0.16~0.36mg；10~40kg山羊生长期每天采食硒0.29~0.85mg。

7. 碘

碘是甲状腺素的成分，主要参与体内物质代谢过程。碘缺乏表现为明显的地域性，如我国新疆南部、陕西南部和山西东南部等部分地区缺碘，其土壤、牧草和饮水中的碘含量较低。同其他家畜一样，羊缺碘时甲状腺肿大、生长缓慢、繁殖性能降低、新生羔羊衰弱。成年羊每100mL血清中碘含量为3~4mg，低于此数值是缺碘的标志。在缺碘地区，给羊舔食含碘的食盐可有效预防缺碘。

NRC（2007）推荐20~80kg绵羊每天碘食入量为0.3~3.4mg；20~50kg育肥羊每天采食碘0.3~1.0mg。

矿物质营养的吸收、代谢以及在体内的作用很复杂，某些元素之间存在协同和拮抗作用，因此某些元素的缺乏或过量可导致另一些元素的缺乏或过量。此外，各种饲料原料中矿物质元素的有效性差别很大，目前大多数矿物质元素的确切需要量还不清楚，各种资料推荐的数据也很不一致，在实践中应结合当地饲料资源特点及羊的生产表现进行适当调整。

NRC（2007）绵羊育肥期（母羊、公羊和羯羊）微量元素需要量见表5-25。

表5-25　绵羊育肥期微量元素需要量　（g）

体重 （kg）	日增重 （g）	干物质采食量 （kg）	铜	铁	锰	锌	碘	硒	钴
20	100	0.63	3.1	32	12	13	0.3	0.09	0.13
20	150	0.74	4.0	46	15	17	0.4	0.13	0.15
20	200	0.82	4.9	61	18	21	0.4	0.18	0.16
20	300	1.09	6.6	90	24	29	0.5	0.26	0.22
30	200	1.10	5.5	62	21	24	0.5	0.18	0.22
30	250	1.05	6.4	77	24	28	0.5	0.22	0.21
30	300	1.22	7.3	91	27	32	0.6	0.26	0.24

（续表）

体重 （kg）	日增重 （g）	干物质采食量 （kg）	铜	铁	锰	锌	碘	硒	钴
30	400	1.55	9.1	120	33	40	0.8	0.35	0.31
40	250	1.44	7.1	78	26	45	0.7	0.23	0.29
40	300	1.54	8.0	92	29	51	0.8	0.27	0.31
40	400	1.62	9.7	121	36	63	0.8	0.35	0.32
40	500	1.96	11.5	150	42	75	1.0	0.43	0.39
50	250	1.51	7.8	79	29	49	0.8	0.23	0.30
50	300	1.73	8.6	94	32	55	0.9	0.27	0.35
50	400	1.75	10.4	123	38	67	0.9	0.35	0.35
50	500	2.03	12.2	152	45	79	1.0	0.35	0.35

注：表内需要量数值均为元素需要量，使用时折合为该元素化合物的量。

五、肉羊的维生素需要量

维生素是绵羊生长发育、繁殖后代和维持生命所必需的重要营养物质，主要以辅酶和催化剂的形式广泛参与体内生化反应。维生素缺乏可引起机体代谢紊乱，影响动物健康和生产性能。到目前为止，至少有 15 种维生素为羊所必需。按照溶解性将其分为脂溶性维生素和水溶性维生素两大类。脂溶性维生素是指不溶于水，可溶于脂及其他脂溶性溶剂中的维生素，包括维生素 A（视黄醇）、维生素 D（麦角固醇 D_2 和胆钙化醇 D_3）、维生素 E（生育酚）和维生素 K（甲萘醌），在消化道随脂肪一同被吸收，吸收的机制与脂肪相同，有利于脂肪吸收的条件，也利于脂溶性维生素的吸收。水溶性维生素包括 B 族维生素及维生素 C。

（一）维生素 A

1. 维生素 A 的生理功能和缺乏症

维生素 A 仅存在于动物体内。植物性饲料中的胡萝卜素作为维生素 A 原，可在动物体内转化为维生素 A。维生素 A 是构成视紫质的组分，对维持黏膜上皮细胞的正常结构有重要作用，是暗视觉所必需的物质。维生素 A 参与性激素的合成，与动物免疫、骨生长发育有关。

缺乏维生素 A 时，绵羊食欲减退，采食量下降，生长缓慢，出现夜盲症。严重缺乏时，上皮组织增生、角质化、抗病力降低，羔羊生长停滞、消瘦。公羊性机能减退，精液品质下降；母羊受胎率下降，性周期紊乱，流产，胎衣不下。胡萝卜素或苜蓿是绵羊获得维生素 A 的主要来源，也可补饲人工合成制品。

2. 维生素 A 的中毒和过多症

维生素 A 不易从机体内迅速排出，摄入过量可引起动物中毒，绵羊的中毒剂量一般为需要量的 30 倍。维生素 A 中毒症状一般是器官变性，生长缓慢，特异性症状为骨折、胚胎畸形、痉挛、麻痹甚至死亡等。

3. 维生素 A 的来源

维生素 A 在动物性产品特别是鱼肝油中含量较高。胡萝卜、甘薯、南瓜以及豆科牧草和青绿饲料中胡萝卜素含量较多。NRC（2007）推荐维生素 A 需要量见表 5-26。

表 5-26　羊妊娠期和泌乳期每日维生素 A 和维生素 E 需要量

阶段	体重 (kg)	周岁绵羊		成年绵羊		体重 (kg)	成年山羊	
		VA（μg）	VE（IU）	VA（μg）	VE（IU）		VA（μg）	VE（IU）
妊娠早期	40	1 256	212	1 256	202	30	942	159
	50	1 570	265	1 570	265	40	1 256	212
	60	1 884	318	1 884	318	50	1 570	265
	70	2 198	371	2 198	371	60	1 884	318
妊娠后期	40	1 820	224	1 820	224	30	1 356	112
	50	2 275	280	2 275	280	40	1 820	168
	60	2 730	336	2 730	336	50	2 275	224
	70	3 185	392	3 185	392	60	2 730	280
泌乳期	40	2 140	224	2 140	224	30	1 605	168
	50	2 675	280	2 675	280	40	2 140	224
	60	3 210	336	3 210	336	50	2 675	280
	70	3 745	392	3 745	392	60	3 210	336

（二）维生素 D

1. 维生素 D 的生理功能和缺乏症

维生素 D 可以促进小肠对钙和磷的吸收，维持血中钙、磷的正常水平，有利于钙、磷沉积于牙齿与骨骼中，增加肾小管对磷的重吸收，减少尿磷排出，保证骨的正常钙化过程。维生素 D 缺乏时，会造成羔羊的佝偻病和成年羊的软骨病。维生素 D 可影响动物的免疫功能，缺乏时，动物的免疫力下降。

2. 维生素 D 中毒和过多症

维生素 D 过多主要病理变化是软组织普遍钙化，长时间地摄入过量干扰软骨的生长，出现厌食、失重等症状。维生素 D 连续饲喂超过需要量 4～10 倍以上，60 天之后可出现中毒症状；短期使用时可耐受 100 倍的剂量。维生素 D_3 的毒性比维生素 D_2 大 10～20 倍。

3. 维生素 D 的来源

青干草中维生素 D_2 的含量主要决定于光照程度。牧草在收获季节通过太阳光照射，

维生素 D_2 含量大大增加。经日光照射，羊的皮肤可以合成维生素 D，工厂化封闭饲养和舍饲条件下应该补加维生素 D。

（三）维生素 E

1. 维生素 E 的生理功能和缺乏症

维生素 E 是一种抗氧化剂，能防止易氧化物质的氧化，保护富于脂质的细胞膜不受破坏，维持细胞膜完整。维生素 E 不仅能增强羊的免疫能力，而且具有抗应激作用。在饲料中补充维生素 E 能提高羊肉贮藏期间的稳定性，延缓颜色的变化，减少异味，并且维生素 E 在加工后的产品中仍有活性，使产品的稳定性提高。羔羊时期日粮中缺乏维生素 E，可引起肌肉营养不良或白肌病，缺硒时又能促使症状加重。维生素 E 缺乏同缺硒一样，都影响羊的繁殖机能，公羊表现为睾丸发育不全，精子活力降低，性欲减退，繁殖能力明显下降；母羊性周期紊乱，受胎率降低。

2. 维生素 E 的中毒及过多症

维生素 E 相对于维生素 A 和维生素 D 是无毒的。羊能耐受 100 倍于需要量的剂量。

3. 维生素 E 的来源

植物能合成维生素 E，因此维生素 E 广泛分布于饲料中。谷物饲料含有丰富的维生素 E，特别是种子的胚芽中。绿色饲料、叶和优质干草也是维生素 E 很好的来源，尤其是苜蓿含量很丰富。青绿饲料（以干物质计）维生素 E 含量一般较谷类籽实高出 10 倍之多。在饲料的加工和贮存中，维生素 E 损失较大，半年可损失 30%~50%。

NRC（2007）推荐维生素 E 需要量见表 5-26。

（四）维生素 K

维生素 K 最主要的生理功能就是催化肝脏中凝血酶原和凝血因子的形成，通过凝血因子的作用使血液凝固。当维生素 K 缺乏时，将显著降低血液凝固的正常速度，从而引起出血。羊的瘤胃能合成足够需要的维生素 K。

（五）B 族维生素

B 族维生素有维生素 B_1（硫胺素）、维生素 B_2（核黄素）、维生素 B_6（包括吡哆醇、吡哆胺）、维生素 B_{12}（钴胺素）、烟酸（尼可酸）、泛酸、叶酸、生物素和胆碱。B 族维生素主要作为辅酶，催化碳水化合物、脂肪和蛋白质代谢中的各种反应。长期缺乏和不足，可引起代谢紊乱和体内酶活力降低。

成年羊的瘤胃机能正常时，瘤胃微生物能合成足够其所需的 B 族维生素，一般不需日粮提供。但羔羊由于瘤胃发育不完善，机能不全，不能合成足够的 B 族维生素，硫胺素、核黄素、吡哆醇、泛酸、生物素、烟酸和胆碱等是羔羊易缺乏的维生素，因此，在羔羊料中应注意添加。

绵羊瘤胃微生物能合成烟酸。但饲喂高营养浓度日粮的绵羊，日粮中亮氨酸、精氨酸和甘氨酸过量，色氨酸不足，会增加羊对烟酸的需要。另外，如果饲料中含有腐败的脂肪或某些降低烟酸利用率的物质，也会增加绵羊对烟酸的需要，因此在这两种情况下，需在日粮中补充烟酸。

维生素 B_{12} 在绵羊体内丙酸代谢中特别重要。绵羊缺乏维生素 B_{12} 常由日粮中缺钴所致，瘤胃微生物没有足够的钴则不能合成最适量的维生素。

（六）维生素 C （抗坏血酸）

绵羊能在肝脏和肾中合成维生素 C，参与细胞间质中胶原的合成，维持结缔组织、细胞间质结构及功能的完整性，刺激肾上腺皮质激素的合成。维生素 C 具有抗氧化作用，保护其他物质免受氧化。缺乏维生素 C 时，全身出血，牙齿松动，贫血，生长停滞，关节变软等。

在妊娠、泌乳和甲状腺功能亢进的情况下，维生素 C 吸收减少和排泄增加，高温、寒冷、运输等逆境和应激状态下以及日粮能量、蛋白质、维生素 E、硒和铁等不足时，绵羊对维生素 C 的需要量可大大增加。

六、肉羊对水的需要量

绵羊对水的需要比对其他营养物质的需要更重要。一只饥饿羊，可以失掉几乎全部脂肪、半数以上蛋白质和体重的 40% 仍能生存，但失掉体重 1%~2% 的水，即出现渴感，食欲减退。继续失水达体重 8%~10%，则引起代谢紊乱。失水达体重 20%，可使羊致死。

绵羊对水的利用率很高，但是还应该提供充足饮水。一般情况下，成年羊的需水量为采食干物质的 2~3 倍，但受机体代谢水平、生理阶段、环境温度、体重、生产方向以及饲料组成等诸多因素的影响。绵羊的生产水平高时需水量大，环境温度升高需水量增加，采食量大时需水量也大。羊采食矿物质、蛋白质、粗纤维较多，需较多的饮水。一般气温高于 30℃，羊的需水量明显增加；当气温低于 10℃ 时，需水量明显减少。气温在 10℃，每采食 1kg 干物质需供给 2.1kg 的水；当气温升高到 30℃ 以上时，每采食 1kg 干物质需供给 2.8~5.1kg 水。

妊娠母羊随妊娠期的延长需水量增加，特别是在妊娠后期要保证充足干净的饮水，以保证顺利产羔和分娩后泌乳的需要。一般全天泌乳母羊需要 4.5~9.0kg 清洁饮水。绵羊饮水的水温不能超过 40℃，因为水温过高会造成瘤胃微生物的死亡，影响瘤胃的正常功能。在冬季，饮水温度不能低于 5℃，温度过低会抑制微生物活动，且为维持正常体温，动物必须消耗自身能量。

第六章　农作物副产品的种类与特点

第一节　我国农作物副产品总论

一、农作物副产品总量

1. 农作物副产品种类和产量

农副产品是指种植业、养殖业、林业、牧业、水产业等产业进行初级加工形成的产品，包括粮食作物副产品（稻草、麦秸、玉米秸、薯藤、豆类荚壳等）、经济作物副产品（棉花秆、葡萄渣、苹果渣等）、油料作物副产品（花生蔓藤、油菜秆荚壳、芝麻秆等）、糖料作物副产品（甘蔗秆、甜菜渣等）、麻类作物副产品和烟秆等。中国作为世界粮食、油料、棉花生产大国，农作物副产品资源十分丰富，各种农作物副产品来源广泛、数量巨大。

2. 秸秆的种类和产量

农作物秸秆是最主要的农作物副产品，是农作物茎、叶、穗等植物地上部分的总称，通常包括农作物在收获籽实后的剩余部分。农作物光合作用的产物有一半以上存在于秸秆中，秸秆中蕴藏着巨大的养分资源，秸秆富含氮、磷、钾、钙、镁和有机质等，是一种具有多用途的可再生生物资源，并可以作为反刍动物的饲料原料。

二、农作物副产品的利用现状

全世界每年产量约为 29 亿 t。其中小麦秸秆占 21%、稻草占 19%、大麦秸秆占 10%、玉米秸占 35%、黑麦秸占 2%、燕麦秸占 3%、谷草占 5%、高粱秸占 5%。全世界农作物秸秆有 66% 直接还田或作为生活能源而被烧掉，19% 作为房屋建筑材料或蔬菜生产覆盖材料等，仅 12% 作为草食家畜的粗饲料，另有 3% 左右作为手工艺品的原料。

我国每年生产的 6 亿多吨农作物秸秆，只有大约 20% 被用作草食家畜的饲料，其余大部分被作为能源燃料或就地焚烧还田。长期以来，秸秆中蕴藏的巨大养分资源没有得到充分利用，我国广大农村随意丢弃和无控焚烧的处理方式不仅造成了资源浪费、地力损伤、环境污染，还可导致火灾及交通事故的频发，并对人类健康和周围动植物的生态环境造成严重危害。对秸秆进行充分、高效的利用，是关系到资源、环境以及农业可持续发展的重大问题。

自 20 世纪 50 年代以来，我国加大了秸秆的利用率。尤其是改革开放以来，这项工作越来越受到各级政府和领导的重视，在广大农村得到了较好的推广和应用，秸秆总饲用率已由 20% 提高到 25% 左右，其中秸秆处理利用率由 4.2% 提高到 8.2%，为缓解我国粮食供需矛盾作出了较大的贡献。近年来，我国已经充分认识到充分开发应用农作物秸秆饲料养畜，实行过腹还田，对于缓解人畜争粮矛盾，发展节粮型、秸秆型的畜牧业的重要意义。在农作物秸秆饲料的开发应用方面又有了新的发展。在广大农村除大力推广秸秆的氨化、碱化、青贮等技术外，还研究和开发应用了许多新技术，如利用新型高效秸秆生物饲料转化剂能将玉米秸秆、小麦秸秆、稻草等秸秆所含的纤维素、半纤维素和木质素降解转化成家畜极喜欢吃的蛋白生物饲料，从而取代了部分粮食，有效地降低了饲料成本。用该种饲料饲养的家畜表现出生长快、疾病少、活泼健壮、适应性强等优势。

第二节　秸秆饲料的特性

一、秸秆饲料的形态

禾本科作物秸秆：禾本科作物的茎呈圆筒状，茎中有髓（如玉米秸）或中空（小麦秸秆或稻草）；茎上有节，节的数目因品种而不同。稻麦秸秆比较细软，地上部分有 5~6 节，节间中空，曲折力大，有弹性。玉米、高粱等的茎是实心的，茎高大，地上部分节数有 17~18 节，节间粗、坚硬，不易折断，折断后不能恢复。玉米株顶端有雄穗，植株中间有雌穗，穗外有包叶，待雌穗（棒子）成熟收获后，剩余的秸秆有的有包叶，有的同雌穗一块带走。

禾本科作物秸秆的叶分叶鞘和叶片两部分，叶鞘包在茎秆的四周，有支持茎和保护幼茎的作用。叶鞘基部膨大的部分叫叶节，植株倒伏时，叶节下侧细胞迅速分裂生长，使植株茎秆再次直立起来。

豆科作物秸秆：豆科作物成熟收获后的茎秆，叶子大部已凋落，茎秆比较坚硬，有的木质化，质地粗硬。茎上有节，如黄豆主茎一般由 12~20 节组成，花生主茎有 15~20 个节间，节间中空或全茎中空，其植株分为蔓生型、半直立茎型和直立型。分枝生长，黄豆一般只有基部几个节上长出 3~5 个分枝，花生则属多分枝作物，可分枝 5 次以上。青割茎叶柔嫩，品质好，是家畜的好饲料。

在雨水缺乏的年份或干旱的环境，呈典型的旱生状态，叶量较少；在雨水充裕的年份，植株生长旺盛，叶量较多。幼嫩时，含水较高，牛羊喜食；籽实成熟后，茎秆粗老、硬化，适口性降低。但与禾本科秸秆相比，蛋白质含量较高。

二、秸秆饲料的结构

作物秸秆由茎和叶组成。茎和叶均有 3 种组织组成：即表皮组织、基本组织和维管组织。茎的表皮只有初生结构，一般为一层细胞，常常角质化或硅质化，以防止水分的过度蒸发和病菌侵入，并对内部其他组织起着保护作用。各种器官中数量最多的组织是薄壁组织，也叫基本组织，是光合作用和呼吸作用、贮藏、分化等主要生命活动的场所，是作物组成的基础。维管组织（也称维管束）都埋藏在薄壁组织内，在韧皮部、木质部等复合组织中，薄壁组织起着联系的作用。

在维管组织中，主要有木质部和韧皮部，二者是相互结合的。在整个维管束中也是彼此结合的。禾本科作物维管束中木质部、韧皮部的排列多属于外韧维管束。在小麦、大麦、水稻、黑麦、燕麦茎中维管束的排列成二圈。较小的一圈靠近外围，较大的一圈插入茎中，玉米、高粱茎中的维管束则分散于整个茎中。木质部的功能是把根部吸收的水和无机盐，经茎输送到叶和植株的其他部分，韧皮部则把叶中合成的有机物质如碳水化合物和氨化物等输送到植株的其他部分。

在玉米茎表皮下有机械组织，由厚壁组织与原角组织组成，主要起着支持植株本身的重量，并防止风、雨的袭击作用。叶是进行光合作用的主要器官，叶的组织与茎的组织相同，分 3 个系统，表皮在叶的最外层，叶肉由表皮下团块状薄壁组织细胞组成，叶脉就是维管束，禾本科作物的叶脉有维管束鞘。维管束鞘有两种：一种为薄壁型，含有叶绿体；另一种为厚壁型，无叶绿体。小麦有内外两层维管束鞘，玉米、高粱维管束鞘中的叶绿体特别大，在光合作用时，叶内可形成较多的淀粉。

三、秸秆饲料的化学成分

秸秆饲料同其他植物性饲料一样，由无机物和有机物组成。

秸秆的无机成分：禾本科秸秆的矿物质成分在不同种类间差异较大，常用的秸秆中灰分（矿物质）含量为其他秸秆含量的 3 倍，主要是由于二氧化硅的含量高，植物根系以硅酸形式吸收，以二氧化硅的形式贮存于细胞壁中，有时也积累在细胞腔中。

秸秆的有机成分：作物秸秆饲料的有机成分主要是由碳、氢、氧和硫等构成的多种有机化合物。在碳水化合物中有粗纤维素、半纤维素和木质素；无氮浸出物有淀粉、低分子碳水化合物、粗蛋白质、粗脂肪等。在饲料分析中又有酸性洗涤纤维和中性洗涤纤维之分。后者包括脂类、糖、有机酸和水溶性物质、果胶、淀粉、非蛋白氮、可溶性蛋白质；酸性洗涤纤维包括纤维素、半纤维素、木质素、结合纤维蛋白、木质氮、二氧化硅等。纤维素是一种葡萄聚糖，在作物秸秆中含量丰富，它构成秸秆细胞壁的基本结构；半纤维素是一种高分子聚合物，其结构成分比较复杂，在植物体中一方面起到支架和骨干的作用，另一方面与淀粉一样可起着贮存碳水化合物作用；木质素是苯丙烷三种衍生物的一类化合物，与碳水化合物紧密地缔合在一起，给予细胞壁化学和生物学的抵抗力，并使植物体具有机械力，起着保护和支架作用。

粗蛋白在禾本科秸秆中的含量很低，且变异较大。一般玉米秸中粗蛋白含量为1.9%~8.8%，燕麦秸中为4.0%，大麦秸为5.0%，小麦秸为2.6%~5.9%，稻草为1.8%~5.1%。粗蛋白主要分布在秸秆组织细胞的细胞壁中，由于存在于不易消化的细胞壁中，所以消化率比较低。

秸秆中的无氮浸出物主要包括淀粉、可溶性单糖、双糖及少量果胶、有机酸、木质素和不含氮的配糖体等。其中淀粉和糖含量也很少，其总值为30%~50%。

四、影响秸秆饲料营养成分的因素

秸秆的化学组成受多种因素影响，如作物的品种、秸秆形态和部位、环境因素及管理因素等都影响秸秆饲料的化学成分。

1. 作物品种对秸科饲料化学成分的影响

不同品种的作物秸秆其化学成分不同，如不同品种的玉米秸及不同类型水稻秸秆的化学成分含量互有差异。如玉米，粗蛋白、中性洗涤纤维、木质素含量差异不大，而纤维素、半纤维素含量品种间差异显著。

2. 秸秆形态部位对秸秆饲料化学成分的影响

（1）作物秸秆全植株不同形态部分其化学成分不同　如茎秆部分含有较多的干物质和纤维素，粗蛋白较少，而叶片则相反。叶鞘除了含半纤维素较多以外，其他各化学成分均处于叶片和茎秆之间。从化学成分看，一般秸秆的营养价值是叶片高于鞘和茎秆，但是，小麦秸秆却不同，由于小麦秸秆的茎秆占全植株的50%以上，而叶片和叶鞘各占仅1/4左右，因此，小麦秸秆的营养决定于茎秆。而稻草其叶片和叶鞘占全植株的75%左右，故叶片和叶鞘的营养价值大小基本上决定着稻草营养价值的高低。

（2）作物秸秆不同节段各部分的化学成分也不同　小麦秸秆从上到下，茎秆、叶片、叶鞘的粗蛋白和可溶性物质（100%中性洗涤纤维）含量逐渐减少，酸性洗涤纤维和木质素却逐渐增加，而高纤维含量和高木质化程度正是秸秆饲料的营养限制性因素。因此从上到下小麦秸秆的营养价值逐渐降低，稻草也基本相同。但不同的是，由于稻草不同节段木质素的含量从上而下逐渐增加，且茎秆木质化的程度低于叶片和叶鞘，故收获期稻草秸秆从上到下其营养逐渐降低，但各节段茎秆的营养价值却明显高于相应的叶片和叶鞘。

3. 环境因素对秸秆化学成分的影响

环境因素如土壤营养状况、水分、周围环境温度变化范围、光照的长短与强弱，以及病虫害的发生率和危害程度等，都影响作物秸秆饲料的营养质量和产量。

（1）土壤营养状况

土壤营养状况（土壤肥力）能影响植株营养物质的积累和运输，从而影响秸秆化学成分和消化率。土壤肥力越高，植物生长越茂盛。土壤肥力不足，首先影响植株的主要形态部分（叶片、叶鞘和茎秆等）各自所占比例的多少，其次影响各自化学成分的含量。

（2）水分

缺水能加速作物叶片的衰老，导致植株早熟，从而促进植株细胞壁含量增加，而可溶性物质减少。

（3）温度

高温能加快作物生长速度，可溶性碳水化合物降低，细胞壁含水量相应降低，导致消化率降低。高温还能加速作物开花，缩短成熟期，致使籽实重量减轻，植株积累的营养物质加速从茎秆等部位输送到籽实中，从而降低了秸秆的营养质量。

（4）光照

光照的充足与否，直接影响到植株的光合强度和光合产物的积累。通常在光照强度低的条件下生长的植物，植株可溶性碳水化合物含量较低，细胞壁含量增加和叶肉上皮组织的比例减少，致使其消化率降低。长日照则可提高牧草的可消化率。

（5）病虫害

病虫害直接影响作物的生长，特别是侵害作物叶片的病虫害，能降低植株的光合作用，减少淀粉物质合成，破坏整个植株营养部分，导致产量下降和植株可溶性物质含量减少，消化率降低。

4. 管理因素对秸秆化学成分的影响

管理因素是一种能人为控制的另一类环境因素，是与作物籽实收获、脱粒方法和秸秆贮存等有关的管理措施，它们对秸秆的营养成分也有很大的影响。因此，在利用各种作物秸秆饲料饲喂家畜时，要制订合理的饲养方案；配制饲料时，要考虑、分析所用饲料的各种营养成分的含量，以达到科学饲养的目的。影响因素主要有以下几种。

（1）收割时间与留茬高度

由于植株细胞壁成分随时间的不同而有差异，故不同的收获期收获的秸秆营养质量不同。及时收获的秸秆，茎叶青绿、秸秆柔软；收获太晚，茎叶变黄、脱落，秸秆粗老、硬化。

人工收割与机械收割方法不同，苗茬高低也不同，对于玉米秸、麦秸，因植株的下部化学成分中可溶性化合物比上部低，留茬可相对高些。而稻草则相反，成熟期基部茎秆的消化率为49%，而上部茎秆为42%。另有报道，在水稻籽实成熟时，基部茎秆的有机物质体外消化率为70%以上，而上部只有50%。

（2）脱粒方法

不同的脱粒方法，也影响秸秆的营养质量。用碾压的脱粒方法，秸秆被压扁软化，可溶性物质较多，便于家畜采食，易于消化。用联合收割机与普通机械收割，由于前者收割、脱粒一次完成，秸秆的化学成分由于带有秕壳，比后者单纯有秸秆的可溶性物质多，营养成分高。

（3）贮藏方法

籽实收获后，使用不同的贮藏方法，秸秆化学成分不同。在良好的贮藏条件下，秸秆的营养成分损失少。堆垛较散贮损失少，垛上加覆盖物较不加者损失少，玉米秸收获后立即青贮较干晒者损失少。

五、制约秸秆利用的因素

1. 秸秆的纤维素类物质含量高

谷类作物秸秆的中性洗涤纤维（NDF）高于60%，酸性洗涤纤维（ADF）高于40%，且木质化程度高。木质素不但不能为家畜提供营养，还阻碍家畜对纤维素和半纤维素等营养物质的吸收，是影响反刍动物对秸秆类粗饲料利用的重要营养限制因子。

2. 粗蛋白含量较低

尤其是谷物秸秆，在谷物生长后期几乎全部营养都将供给种子，种子成熟后，茎叶等营养体的使命已经完成，营养物质消耗殆尽。此时秸秆的粗蛋白质含量一般为2%~5%，而优质干草的粗蛋白含量一般为10%~20%。与干草相比，秸秆饲料不仅粗蛋白含量极低，而且过瘤胃蛋白几乎为零，不能够满足家畜尤其是反刍动物对蛋白质的需求。生产上通过添加非蛋白氮（NPN）来克服和补充秸秆饲料蛋白质不足的问题。

3. 维生素缺乏

植物细胞死亡后，原生质的渗透性提高，维生素和可溶性营养物质外渗，植物体内开始有酶参与的生化过程，进入自体溶解阶段。这一过程会将秸秆中几乎全部维生素破坏，所以秸秆中几乎不含有维生素，胡萝卜素的含量仅为2~5mg/kg。

4. 钙磷含量低且比例不协调，硅酸盐含量高

钙磷比例不适宜将会严重影响家畜的生产性能和健康，在生产中常见繁殖母羊或育肥羊发生因尿道结石而引起的泌尿系统疾病。此外，秸秆存在大量硅酸盐类物质，不利于其他营养物质的消化吸收。

5. 消化率低

虽然总能与干草相近，但是秸秆的消化率却低于50%。不同畜禽之间还存在差异，牛、羊为40%~50%，马为20%~30%，猪为3%~25%，鸡几乎不能消化利用。

第三节　秸秆的种类与营养成分

我国的农作物秸秆种类繁多，主要作物秸秆就有近20种。农作物秸秆的种类主要包括粮食作物（包括水稻、小麦、玉米、谷子、高粱、大豆、豌豆、蚕豆、红薯、土豆等）、油料作物（包括花生、油菜、胡麻、芝麻、向日葵等）、棉花、麻类（包括黄红麻、苎麻、大麻、亚麻等）和糖料作物（主要包括甘蔗和甜菜）等五大类。

秸秆数量以水稻、小麦和玉米三大作物居多，占秸秆总量的77.2%，而其他秸秆资源数量只有1/3左右，其中以油料作物秸秆居多，比例在8.7%，其次是豆类、薯类、棉花和杂粮。由于秸秆产量未列入国家有关部门的统计范围，其产量通常是依据农作物产量计算得到。我国作物秸秆资源总量估算从秸秆还田、焚烧、畜牧业利用和农业有机废物利用等不同角度有不同的计算方法和结果。总体来说，我国每年的秸秆总产量为6亿~8亿t。

一、玉米秸秆

稻谷、玉米和小麦并称为我国三大主要粮食作物，据统计 2012 年我国玉米产量超过稻谷，成为我国第一大粮食作物品种。玉米在我国的分布很广，目前我国玉米种植面积和总产仅次于美国，并且主要集中在东北、华北和西南地区，东北是我国玉米的主要产区。

随着我国畜牧业的迅速发展，玉米已不仅是人类的口粮，玉米及其副产品已经成为重要的饲料原料和工业生产原料。作为玉米主要的副产物——玉米秸秆的产量十分巨大。我国常年种植玉米 3 384 万 hm^2，秸秆产量按 6~7.5t/hm^2 计算，每年可生产秸秆 2 亿~2.5 亿 t。据统计，2012 年玉米总产量约为 2.08 亿 t，若按照玉米秸秆与玉米籽粒的比值（草谷比）为 1.2~2 计算，玉米秸秆总产量可达 2.5 亿~4.16 亿 t。

玉米秸秆产量如此巨大，使其在养羊生产中作为饲料资源利用具有巨大的潜力。与小麦秸、稻秸等作物秸秆相比，玉米秸秆的粗蛋白和无氮浸出物的含量更高、粗纤维含量更低，因此，是发展养羊生产的良好饲料。

1. 玉米品种对玉米秸秆营养成分含量的影响

目前，玉米品种主要包括普通玉米、饲用玉米（高油玉米、高蛋白玉米、分蘖玉米）等。

高油玉米是指含油（粗脂肪）量超过 5% 的玉米。我国的高油玉米品种，如高油 115、高油 298、高油 647 等，其量已与大田推广的普通玉米持平，最高含油量已达 10% 以上，个别群体含油量有望超过 20%。高油玉米的含油量、总能量水平蛋白质含量均高于常规玉米，并且含有较高的维生素 A 和维生素 E。除此之外，该品种还具有秸秆优质的特征，在籽粒成熟时，其茎、叶、秸秆仍然保持碧绿多汁，有较高的粗蛋白含量和其他营养成分，可作青饲或青贮，是草食动物的优质饲料。

高蛋白玉米饲料约含 40% 极易消化的谷蛋白和均衡比例的亮氨酸、异亮氨酸、赖氨酸等必需氨基酸，其可食用氨基酸的含量接近普通玉米的 2 倍。其秸秆含粗蛋白 7.8%~10.54%，平均 9.2%，比普通玉米秸秆（3.0%~5.9%）高 3.3%~6.2%；秸秆含脂肪 1.49%，粗纤维 22.3%~31.9%，总糖 15% 左右。

饲用玉米主要包括青贮专用型、粮饲兼用型、粮饲通用型等，我国目前种植的此类玉米品种较少，主要包括北方春播玉米区、黄淮海夏播玉米区、西南山地丘陵玉米区、南方丘陵玉米区和西北灌溉玉米区的若干品种。

2. 秸秆组成对玉米秸秆营养成分含量的影响

玉米秸秆主要包括茎秆、叶、芯、苞叶等形态部位，各部位的营养物质组成和消化率差异很大。从化学成分来看，茎秆部分的粗蛋白含量较低，纤维素和灰分含量较高，因而消化率较低。叶片的灰分和纤维素含量较低，消化率较高，因而叶片的营养价值高于鞘和茎秆。经测定，玉米秸各部位的干物质消化率，茎为 53.8%，叶为 56.7%，芯为 55.8%，苞叶为 66.5%，全株为 56.6%。因此，含叶片较多的玉米秸秆营养价值较高，而含茎秆和玉米芯较多则营养价值较低。

3. 收获期对玉米秸秆营养成分含量的影响

玉米在不同成熟期刈割，其秸秆的营养成分差别很大。从乳熟期到完熟期，秸秆不断发生老化，表现为干物质和难以消化的粗纤维成分增加，而蛋白质成分减少，其他如糖、淀粉、维生素等可消化的成分也不断减少，尤其是收穗后的秸秆，适口性、消化率和营养价值更低。

玉米秸秆的总体利用价值体现在秸秆产量和质量同时达到最佳。玉米籽粒在乳熟期（2/4 乳线期）至蜡熟期（4/4 乳线期）时，玉米秸秆的含水量为 60%~69%，为制作青贮的最佳水分含量，并且此时干物质产量亦较高，可以作为饲用玉米秸秆的最佳刈割时间。

二、麦类秸秆

麦类秸秆是麦类收获后，脱去麦粒剩余的根、茎、叶、谷壳部分，也称麦秆，俗称麦根、麦草等。麦类收获时，其秸秆处于成熟阶段，细胞壁木质化程度很高，羊瘤胃难以消化的木质素含量高达 31%~45%，木质素与纤维素和半纤维素紧密结合，降低了麦类秸秆的消化率。因此，麦类秸秆越老，成熟度越高，消化率越低，一般羊的消化率均不超过 50%，饲料消化能为 7.7~10.5MJ/kg。与玉米秸秆相比，麦类秸秆的粗纤维含量更高，约为玉米秸秆的 1.5 倍，粗蛋白含量更低，约为玉米秸秆的 1/3，因此，其营养价值低于玉米秸秆，是质量较差的一类粗饲料。但在 6 月份以后，农户贮存的玉米秸秆逐渐吃完，粗饲料短缺。而夏季收获的大量麦类秆资源丰富，在进行适当的加工处理后，可以作为粗饲料进行利用。与玉米秸秆一样，麦类秸秆的处理方法也包括物理法、化学法和生物学法等。

1. 小麦秸秆

我国小麦秸秆的数量在麦类秸秆中数量最多，资源最丰富，利用潜力最大，收割后可打捆贮藏和运输。但麦类秸秆的营养价值普遍较低。小麦秸秆的营养物质含量约为干物质 95%、粗蛋白 3.6%、粗脂肪 1.8%、粗纤维 41.2%、无氮浸出物 40.9%、灰分 7.5%。其木质素含量为 5.3%~7.4%，纤维类物质含量为 73.2%~79.4%。

（1）品种对小麦秸秆营养成分含量的影响　小麦按播种季节可分为冬小麦和春小麦两种，我国以冬小麦为主，其播种面积占 90% 以上，而春小麦不到 10%。冬小麦主要分布在我国华北及其以南的温暖地区，一般是秋播春末收或冬种夏收；春小麦主要分布在我国北方地区，一般是春播秋收。春小麦比冬小麦秸秆粗纤维含量低，可利用营养物质稍高，因而营养价值优于冬小麦。

（2）不同部位对小麦秸秆营养成分含量的影响　小麦秸秆主要包括小麦的茎、叶、穗、节等形态部位。各部位的组成成分大不相同，小麦秸秆穗部的木质素和半纤维素含量高，木质素是秸秆中难以消化利用的成分，因此麦穗的营养价值低；而茎秆和麦节部分的纤维素含量高，其消化率相应低；小麦的叶片部分纤维类物质含量低，消化率和营养价值相对较高。经测定，小麦叶的消化率约为 70%，节为 53%，麦壳为 42%，茎为 40%。从化学成分来看，叶片的营养价值高于鞘和茎秆，但小麦秸秆的茎秆占全植株的

50%以上，而叶片和叶鞘各仅占 1/4 左右，因此，小麦秸秆的营养价值更多取决于茎秆的质量。

2. 大麦秸秆

大麦在我国的分布很广，栽培面积仅次于水稻、小麦和玉米，居谷类作物的第四位。大麦为禾本科一年生草本作物，一般分为春大麦和冬大麦两类，按种皮有无分为皮大麦和裸大麦（青稞）。我国大麦分布广泛，但主要产区相对集中，包括北方春大麦区、青藏高原裸大麦区和黄、淮以南秋播大麦区等。大麦秸秆是收获大麦籽粒的副产品，其营养价值虽低于大麦干草、大麦籽粒、大麦芽，但仍高于一般谷类作物的秸秆，大麦秸秆柔软且适口性好，是草食家畜的良好饲料，长期饲喂可提高乳脂，增加胴体中的硬脂肪含量。大麦秸秆未经处理时消化率一般低于 50%，经过碱化、氨化和微生物处理后，消化率可达 70%左右。

不同大麦品种的秸秆营养成分有所不同。一般春大麦的消化率高于冬大麦。裸大麦（青稞）是我国西藏地区的主要作物之一，产量较大，青稞秸秆是良好的饲草，其茎秆质地柔软、富含营养、适口性好，是高原地区牲畜冬季的主要饲草。青稞秸秆约含水分 5.87%、粗蛋白 4%、粗纤维 72.12%、纤维素 40.11%、木质素 14.12%、粗灰分 10.34%。

3. 燕麦秸秆

燕麦属禾本科、燕麦族、燕麦属，是世界各地广泛栽培种植的一种重要粮食兼饲草、饲料作物。具有抗旱、耐冷、耐贫瘠等优良性状和很高的营养及保健价值，主要栽培种分为有稃和裸粒两大类型。世界各国以有稃型为主，其中最主要的是普通栽培燕麦，又称饲用燕麦。长期以来由于受传统种植方式的影响，燕麦生产中存在着生产水平较低、品种混杂退化、种植技术落后等诸多问题。燕麦秸秆的营养价值亦较其他作物秸秆为优，总可消化物质含量为 50%，粗蛋白含量为 4.4%，高于大麦秸（49%、4.3%）、稻草（41%、4.2%）和小麦秸秆（44%、3.6%）。

（1）品种对燕麦秸秆营养成分含量的影响　不同的品种间营养物质含量有一定的差异。

（2）生长期对燕麦秸秆消化率的影响　收割时期应在燕麦乳熟期至蜡熟期收割，其营养价值最高，如果收割时间过晚，纤维素含量增加，此时产量虽高，但质量变差。

4. 其他麦类秸秆

（1）黑麦草　已成为中国南方农区种植最广、播种面积最大的牧草之一，是羊的粗饲料来源之一。饲用小黑麦秸秆营养丰富，适口性好，叶量大，质地柔软，草质优良，羊喜食。秸秆中粗蛋白含量约为 4.61%，粗脂肪为 2.24%，粗纤维为 33.46%，无氮浸出物 42.5%，钙为 0.37%，磷为 0.1%，营养价值高于小麦和燕麦，蛋白质和糖分含量高于小麦和燕麦。

小黑麦草季节性强，一般需要进行青贮等处理进行保存。做青贮时，收割期以乳熟期或灌浆期为宜。黑麦秸秆经 40 天活杆菌微贮后，营养成分含量为：粗蛋白 4.5%，粗脂肪 3.38%，粗纤维 35.09%，无氮浸出物 43.33%，钙 0.41%，磷 0.09%。微贮秸秆色泽金黄，果香气味，手感松散，质地柔软湿润，pH 值为 4.5，适口性较好。小黑麦一般比玉米、高粱青贮提前 2 个月左右，可以缓解冬季青贮的不足。

（2）荞麦　分为甜荞和苦荞。苦荞麦秸秆含有 0.09% 的淀粉，且主茎秆淀粉含量大于分支茎秆，粗脂肪含量约 1.14%，粗蛋白含量 3.14%，稍高于一般谷物秸秆，其适口性和营养价值比其他麦秸好。

三、水稻秸秆

水稻是我国三大粮食作物之一，水稻秸秆资源丰富，但目前仅有 15% 作为饲料利用。水稻按播种收获期通常分为早、中、晚稻。据统计，我国稻谷年产量约 2 亿 t，按稻谷的草谷比为 1 计算，我国的水稻秸秆总产量约为 2 亿 t。鲜稻秸秆约含水 69%、粗蛋白 4.58%、中性洗涤纤维 64.70%、酸性洗涤纤维 33.66%、可溶性碳水化合物 3.95%，不同部位间营养成分有所不同，其中不易消化的木质素在水稻穗中含量最高。

四、棉花秸秆

我国是世界重要的棉花产区，其中新疆的棉花种植面积约占全国的 1/3。棉花收获后的棉花秸秆全株含粗蛋白 9.96%、粗脂肪 3.65%、粗纤维 32.15%、无氮浸出物 45.31%、灰分 8.06%、钙 2.18%、磷 0.12%、总能 1.74MJ，具有一定的饲用价值。同样，棉花秸秆不同部位的营养成分含量也有差异。棉花秸秆木质素和粗纤维含量高，干物质降解率和代谢能较低，并且含有游离棉酚等抗营养因子，需要加工处理后饲喂。

五、豆类秸秆

豆科秸秆的种类较多，主要有黄豆秸、蚕豆秧、豌豆秧、花生秧等。豆科作物成熟收获后的秸秆，叶子大部分已凋落，维生素已分解，蛋白质减少，茎多木质化，质地坚硬，营养价值较低。但与禾本科秸秆相比，蛋白质含量较高。豆科秸秆中以蚕豆秧为最好，粗蛋白含量为 14.6%，其次依次为花生秧、豌豆秧、黄豆秸等。豆科秸秆共同的营养特点是粗蛋白和粗脂肪含量高，粗纤维含量少，钙、磷等矿物质含量较高。在用蚕豆秧和花生秧作饲料时，应注意将秸秆上带有的地膜和泥沙清除干净，否则被羊食入后易引起消化道疾病。黄豆秸由于质地粗硬，适口性差，在饲喂之前应进行适当加工处理，如铡短、压碎等，否则利用率很低。

六、藤蔓类秸秆

藤蔓类秸秆主要包括甘薯藤、冬瓜藤、南瓜藤、西瓜藤、黄瓜藤等藤蔓类植物的茎叶。其营养特点是质地较柔软，水分含量高，一般为 80% 以上，干物质含量较少；干物质中蛋白质含量在 20% 左右，其中大部分为非蛋白氮化合物。其中甘薯藤是常用的藤蔓饲料，具有相对较高的营养价值。

七、其他粮食和经济作物秸秆

如高粱、谷子、糜子、油菜、大蒜秸秆等。油菜秸秆约含水分 9.76%、灰分 7.53%、纤维素 52.99%、木质素 19.07%、半纤维素 17.13%。大蒜秸秆约含粗灰分 6.81%、粗纤维 8.82%、粗脂肪 0.54%、钙 0.25%、磷 0.31%。

第四节　秕壳的种类与成分

秕壳是农作物籽实脱壳的副产品，包括包被籽实的颖壳、荚皮与外皮、瘪谷和碎落的叶片等。秕壳一般含粗纤维 30%~45%，其中木质素比例为 6%~12%。秕壳体积大，质地坚硬，适口性差，消化率低，有效能值低。一般含蛋白质 2%~8%，品质差，缺乏限制性氨基酸；粗灰分 6% 以上，大部分是硅酸盐，而钙、磷较少，利用率低；维生素含量极低。秕壳的种类主要包括谷壳、高粱壳、花生壳、豆荚、棉籽壳、秕谷及其他脱壳副产品，除稻壳、花生壳外，秕壳的营养价值略高于其秸秆，常作为草食家畜冬季饲料的补充。

一、豆类秕壳

又称荚壳，荚壳类饲料是指豆科作物种籽的外皮、荚皮，主要有大豆荚皮、蚕豆荚皮、豌豆荚皮和绿豆皮等。与禾本科粮食秕壳类饲料相比，豆类秕壳的粗蛋白含量和营养价值相对较高，对牛羊的适口性也较好，营养价值高于禾本科秕壳。豆类秕壳，尤以大豆荚最具代表性，是较好的粗饲料。豆荚的营养物质含量一般为无氮浸出物 40%~50%，粗纤维 40%~53%，粗蛋白 5%~10%，适合草食动物利用。

二、禾本科粮食秕壳

禾本科粮食秕壳是粮食作物种子脱粒或清理种子时的残余副产品，包括种子的外壳和颖片等，如稻谷壳、麦壳，也包括二类糠麸，如统糠、清糠、三七糠和糠饼等。与其同种作物的秸秆相比，秕壳的蛋白质和矿物质含量较高，而粗纤维含量较低。禾谷类荚壳中，谷壳含蛋白质和无氮浸出物较多，粗纤维较低，营养价值仅次于豆荚。但秕壳的质地坚硬、粗糙，且含有较多泥沙，甚至有的秕壳还含有芒刺。因此，秕壳的适口性很差，大量饲喂很容易引起动物消化道功能障碍，应该严格限制喂量或加工处理后使用。

糠麸谷物加工的副产品，制米的副产品称为糠，制粉的副产品称作麸，如米糠、高粱糠、玉米糠、小麦麸和大麦麸等。饲料中最常用的有米糠和小麦麸，是畜禽重要的能量饲料原料。米糠是稻谷脱去外壳后的糙米再加工成白米时的副产品，包括种皮、糊粉层和胚的混合物；小麦麸是小麦籽实加工面粉的副产品，由种皮、糊层粉与少量的胚和胚乳所组成。营养价值因谷物的种类、品质以及加工要求的不同而有很大差异。糠麸同原粮相比, 粗蛋白、粗脂肪和粗纤维含量都很高, 而无氮浸出物、消化率和有效能值含量低。糠麸的钙、磷含量比籽实高, 但是钙少磷多, 且磷大多以植酸磷形式存在。糠麸类是 B 族维生素的良好来源, 但缺乏维生素 D 和胡萝卜素。此外, 这类饲料质地疏松、容积大, 与籽实类搭配可改善日粮的物理性状。

三、其他秕壳及糠麸

其他秕壳还包括油料作物和经济作物籽实加工的副产物, 如油菜籽壳、芝麻壳、棉籽壳等。棉籽壳含少量棉酚, 饲喂时可搭配青绿饲料和其他饲料等, 饲喂价值也较高, 但为了防止棉酚中毒, 不宜连续饲喂。

第五节　抗营养因子

一、木质素

木质素是植物细胞壁成分之一, 与纤维素和半纤维素不同, 木质素属于非碳水化合物。木质素结构复杂、多样, 并可以与半纤维素形成结构稳定的化学键而降低了植物细胞壁成分的溶解性和降解率, 难以被动物消化利用, 是粗饲料中的主要抗营养因子。在高粱、玉米和小麦秸秆中分别占 17%、14.9% 和 20.5% 左右。从 20 世纪开始, 国内外学者一直在寻找降解木质素的有效方法, 目前主要包括物理法、化学法、物理化学法和生物降解法等。物理法和化学法, 可在一定程度上降解秸秆中的木质纤维素, 但都存在条件苛刻、设备要求高的特点, 并且污染严重。生物降解法利用某些微生物在培养过程中产生分解木质素的酶类, 从而降解木质素。此法具有作用条件温和、专一性强、无环境污染、处理成本低等优点。研究较多的菌种是白腐真菌, 其菌丝可以穿入木质素, 侵入木质细胞腔内, 释放降解木质素的酶, 分解木质素。

二、单宁

单宁又称单宁酸或鞣酸, 是一类水溶性酚类化合物。单宁在植物界中广泛分布, 是一种重要的次级代谢产物, 也是除木质素以外含量最多的一类植物酚类物质。单宁主要存在于植物界的高等植物, 特别是双子叶植物, 如豆科、桃金娘科等的树皮、叶子、木质部、果实以及种子等几乎各个组织器官中。单宁是多酚中高度聚合的化合物, 能与蛋白质和消化酶形成难溶于水的复合物, 影响饲料的消化吸收。可分为水解单宁和缩合单宁, 两者常共存, 后者也称原花青素, 全谷、豆类中的单宁含量较多。

单宁因具有苦涩味道, 并能和蛋白质、糖类、金属离子等结合而成为难以消化吸收的复合物, 故而会降低动物的采食量以及饲料中某些营养元素的生物利用率。加上单宁本身和其代谢产物往往能对动物产生毒害作用，因此被认为是抗营养因子。单宁可以降低饲料的采食量、消化率，甚至直接对动物产生毒害，具有较强的抗营养作用，因此，在动物饲料中应慎重添加富含单宁的植物性饲料原料或进行脱毒处理。

降解单宁的方法主要包括溶液浸提、干燥方式、脱壳、挤压、碱、聚乙二醇以及射线处理、微生物降解等。其中微生物不仅可以显著降解植物性饲料原料中的单宁，还可以同时降解其他多种抗营养因子，并提高其营养物质含量，改善消化率。

三、棉酚

棉酚又称棉毒素，通常存在于棉葵科棉属植物的根、茎、叶和籽实中，是一种由色素腺体分泌生成的多酚二萘衍生物，主要以游离棉酚和结合棉酚两种形式存在。结合棉酚是指与蛋白质、氨基酸或其他物质结合的棉酚，而游离棉酚则指具有活性羟基和活性醛基的棉酚。全棉籽中棉酚的含量因棉花品种不同，存在很大差异（0.02%~6.64%），并主要以游离棉酚形式存在。除一些高棉酚棉花品种的花蕾和叶片中的棉酚含量较高外，通常情况下棉籽仁和棉花根皮中棉酚含量最高，且不同棉花品种或同一品种在不同生长时期植株各部位的棉酚含量都存在很大差异。

活性羟基和活性醛基是游离棉酚造成动物中毒的主要原因。棉酚可与膜蛋白和膜基质结合进而破坏细胞膜结构，并通过负离子自由基方式影响细胞内电子传递系统，影响细胞内诸如 Ca^{2+} 依赖性蛋白激酶参与的相关代谢活动，继而对细胞、血管、神经系统产生危害性。棉籽经过加热发生美拉德反应，动物摄入棉籽后，游离棉酚分子结构中的活性基团与饲料蛋白质分子中的赖氨酸、精氨酸等氨基酸胺基残基结合，形成大分子的结合棉酚，从而减少赖氨酸的吸收量，继而对动物机体健康产生危害。游离棉酚与日粮中的铁和钙离子结合，通过对蛋白质和膜基质的结合，破坏矿物质离子的转运机制，进而降低动物的矿物质吸收量，影响其生产性能和血红蛋白的形成。

微生物消化是反刍动物最主要的消化方式，因此反刍动物对棉酚的脱毒主要依靠瘤胃微生物，其原理可能是通过游离棉酚与微生物所分泌的酶、氨基酸或活性蛋白中的游离氨基结合，从而将游离棉酚转化为结合棉酚，或者利用微生物生长繁殖和新陈代谢活动所产生的一些酶，对棉酚结构进行降解或转化，从而达到脱毒效果。

四、其他抗营养物质

秸秆中还含有其他抗营养因子包括植酸盐和非淀粉多糖等，淀粉多糖主要包括纤维素、果胶、β葡萄糖、阿拉伯木聚糖等。

1. 植酸盐

植物性饲料中的磷大部分以植酸磷的形式存在，而且植酸盐的磷通过螯合作用，降低动物对锌、锰、钙、铜、铁、镁等微量元素的利用，以及通过与蛋白质结合，形成复合体而降低对蛋白质消化吸收。

2. 非淀粉多糖

植物性原料的细胞壁通常含有纤维素、果胶、木聚糖等物质，蛋白质等营养物质包裹在纤维素和果胶等成分中，而纤维素和果胶在动物消化道中较难被动物消化，因而阻碍了秸秆类物质的消化。

第七章 青贮饲料的调制技术及在肉羊养殖中的应用

青贮饲料是指将新鲜的青饲料切短装入密封容器里，经过微生物的发酵作用，制成一种具有特殊芳香气味、营养丰富的多汁饲料。它能够长期保存青绿多汁饲料的特性，扩大饲料资源，保证均衡供应青绿多汁饲料。青贮饲料具有气味酸香、柔软多汁、颜色黄绿、适口性好等优点。

青贮饲料已在世界各国畜牧生产中普遍推广应用，是饲喂草食家畜的重要饲料来源。目前，青贮调制技术同以往相比有较大改进，在青贮方法上推广采用低水分青贮添加剂、糖蜜、谷物青贮，以及拉伸膜裹包青贮等特种青贮法，提高了青贮效果，改进了青饲料的品质。青贮设备向大型密闭式的青贮塔发展，目前普遍使用地上青贮窖，装料与取用实行机械化。

用于青贮饲料的原料很多，如各种青绿状态的饲草、作物秸秆、作物茎蔓等。在农区主要是收获作物后的秸秆和其他无毒的杂草等。最常用的青贮原料是玉米秸秆和专用于青贮的玉米全株。对青贮原料的要求主要是原料要青绿或处于半干的状态，含水量为 65%~75%，不低于 59%。原料要清洁、无污染。含水量少的作物秸秆不宜作为青贮的原料。我国青贮饲料的原料主要是收获玉米后的玉米秸秆，秸秆收割得越早越好。青贮过晚，玉米秸秆过干，粗纤维含量增加，维生素和饲料的营养价值降低。

生产实践证明，饲料青贮具有很多优点。第一，青贮过程养分的损失低于用同样原料调制干草的损失；第二，饲草经青贮后，可以很好地保持饲料青绿时期的鲜嫩汁液，质地柔软，并且具有酸甜清香味，提高了适口性；第三，青贮饲料能刺激牛羊的食欲，促进消化液的分泌和肠道蠕动，可增强消化功能。用同类原料分别调制成青贮饲料和干草进行比较，青贮饲料不仅含有较高的可消化粗蛋白、可消化总养分和可消化总能量，而且消化率也高于干草。此外，当它和精料、粗饲料搭配饲喂时，还可提高这些饲料的消化率和适口性；第四，一些粗硬原料和带有异味的原料在未经青贮之前牛羊不喜食，经青贮发酵后，可成为良好的牛羊饲料，从而可有效地利用饲料资源；第五，青贮饲料可以长期贮存，可以在牧草生长旺季，通过青贮把多余的青绿饲料保存来，留作淡季供应，做到常年供青，使牛羊终年保持高水平的营养状态和生产水平。

第一节　青贮原理与过程

一、青贮的原理

青贮发酵是一个复杂的微生物活动和生物化学变化过程。当青贮原料铡碎、切短、填装、入窖并压实密封后，植物细胞继续呼吸，有机物进行氧化分解，产生二氧化碳、水和热量。由于在密闭的环境内空气逐渐减少，因此一些好气性微生物逐渐死亡，而乳酸菌在厌氧环境下迅速繁殖扩大。青贮过程为青贮原料中乳酸菌的生长繁殖创造了有利条件，使乳酸菌大量繁殖，并将青贮原料中可溶性糖类变成乳酸，当达到一定浓度和无氧状态时，pH 值下降至 3.8~4.2，抑制了有害微生物的生长，达到了保存饲料的目的。因此，青贮的成败，主要取决于乳酸发酵的程度。

二、青贮的过程

青贮饲料的发酵过程大致可分成好气性菌活动、乳酸发酵、青贮稳定 3 个主要阶段。

1. 好气性菌活动阶段

从青贮原料放入窖中开始，原料空隙中存在大量的氧气，而植物细胞尚在继续呼吸，呼吸的结果就是消耗氧气，产生二氧化碳和释放大量的热；二氧化碳逐渐占据了青贮料中的空隙，使青贮料逐渐变为厌氧环境，再加上产热，为乳酸菌的繁殖提供了条件。好气发酵期在青贮后 3~5 天，这一阶段青贮原料在青贮窖中的下沉幅度最大，如水分含量高时，第 4、5 天的渗漏最为严重。

2. 乳酸发酵阶段

这一阶段是乳酸菌增殖，乳酸形成的阶段，在正常情况下窖内温度由 33℃ 降到 25℃，pH 值由 6.0 下降到 3.4~4.0，这个阶段持续 15~20 天。由于产生的乳酸已达到高的水平，乳酸菌本身也受到抑制。

3. 青贮稳定阶段

由于青贮饲料中产生大量乳酸，在乳酸菌被抑制的同时，其他杂菌的繁殖也被抑制，如果青贮原料压得严实，封顶严密，空气排出净，青贮饲料稳定不变就得以长期保存。如果乳酸量少，有害杂菌、丁酸菌就会繁殖，产生丁酸，并作用于青贮原料引起蛋白质、氨基酸分解生成氨与胺，这时青贮料发出臭味，降低了适口性。如果青贮窖封盖破损，空气进入，霉菌繁殖，乳酸分解，酸度下降后杂菌增殖，这样就会使青贮能量减少，品质受到不良影响。

三、青贮时微生物学和生物化学变化

(一) 微生物学变化

为了促使青贮过程中有益乳酸菌的正常繁殖活动，必须了解各种微生物的活动规律和对环境的要求，以便采取措施，抑制各种不利于青贮的微生物活动，消除一切妨碍乳酸形成的条件，创造有益于青贮乳酸菌活动的最适宜环境。

(1) 乳酸菌 指利用可发酵碳水化合物产生大量乳酸的一类无芽孢、革兰氏染色阳性细菌的通称。这类细菌在自然界分布极为广泛，具有丰富的多样性。这是一群相当庞杂的细菌，目前至少可分为 18 个属，共有 200 多种，其中对青贮有益的主要是乳酸链球菌和德氏乳酸杆菌。它们均为同型发酵的乳酸菌，发酵后只产生乳酸。在青贮过程中，同型发酵乳酸菌是最有益的，因为它可以快速地产生乳酸，使青贮的 pH 值下降。此外，还有许多异型发酵的乳酸菌，除产生乳酸外，还产生大量的乙醇、醋酸、甘油和二氧化碳等。乳酸菌的发酵类型取决于底物的组成，己糖、葡萄糖、果糖和多糖是乳酸菌利用的主要底物，它们在青贮作物中的比例和可利用程度经常会影响到乳酸菌的发酵类型。在良好的青贮饲料中，乳酸含量一般占青饲料重的 1%~2%。在制作青贮饲料时，要使乳酸菌快速生长繁殖，青贮原料应该具有一定的含糖量、适宜的含水量以及厌氧环境。

(2) 丁酸菌 又叫酪酸菌，细菌学分类归属于梭菌属，为革兰氏阳性厌氧杆菌。菌体中常有圆形或椭圆形芽孢，使菌体中部膨大呈梭形。该菌在 37℃、pH 值 7 时为生长发育的最适条件，它能利用多种糖类，如葡萄糖、乳糖、麦芽糖、蔗糖和果糖等，并能利用淀粉。本菌的主要代谢产物为丁酸、乙酸；能将饲料中蛋白质分解，导致营养损失。所以，丁酸含量越多，青贮饲料品质越差。

(3) 腐败菌 凡是在青贮中能强烈分解饲料蛋白质的细菌都属于腐败菌。如枯草杆菌、马铃薯杆菌、腐败梭菌、普通变形杆菌等，在正常青贮饲料中，腐败菌的活动被抑制，只有在青贮操作不规范、密封不良时才大量繁殖，继而导致青贮失败。

(二) 生物化学变化

(1) 碳水化合物 在青贮过程中，只要有氧气存在，且 pH 值不发生急剧变化，植物呼吸酶就有活性。当产生的热足以引起青贮作物的温度达到相当高时，青贮作物中的水溶性碳水化合物就会氧化为二氧化碳和水。如果在填充过程中和填充后，青贮作物未被压实，空气就有可能透入，温度也会继续升高。若未能及时发现，会导致青贮料过热，不仅造成营养成分损失，而且青贮品质低劣。正常的青贮调制情况下，可迅速形成厌氧环境，乳酸菌将利用水溶性碳水化合物，发酵成乳酸和其他产物。发酵中也有半纤维的水解作用，生成的戊糖也可发酵成乳酸。

(2) 含氮化合物 处于生长期的饲料作物，总氮中约有 75%~90% 的氮以蛋白氮的形式存在。收获后，植物蛋白酶会迅速将蛋白质水解为氨基酸，在 12~24 小时内，20%~25% 的总氮可被转化为非蛋白氮。多数非蛋白氮以氨基酸的形式存在，但由于植物脱羧酶的作用，有些氨基酸可进一步降解为胺，特别是谷氨酸和天冬氨酸。乳酸菌分解氨基酸的能力有限，它仅能将丝氨酸和精氨酸分别转化为3-羟基丁酮和鸟氨酸。然而，在梭菌占主导地位时氨基酸改变甚多，主要包括3类反应，即脱氨基作用、脱羧基作用和氧化还原偶联反应，其结果是生成胺、二氧化碳、酮酸和脂肪酸。

（3）有机酸和缓冲能　植物的缓冲能，即抗御pH值改变的能力，是影响青贮饲料调制的重要因素。在pH值4~6的范围内，青绿饲料缓冲能的70%~80%靠有机酸盐、磷酸盐、硫酸盐、硝酸盐和氯化物维持，植物蛋白的缓冲作用占10%~20%。禾本科植物含有柠檬酸和苹果酸等有机酸，青贮期间这些酸经乳酸菌发酵可生成乳酸、乙酸、甲酸、乙醇、丁醇和3-羟基丁酮等产物；豆科牧草粗蛋白含量高于禾本科牧草，因此豆科牧草的缓冲能高于禾本科牧草，如黑麦草的缓冲能为250~400mg/kg，三叶草和紫花苜蓿的缓冲能为500~600mg/kg，这一特性使得豆科牧草比禾本科牧草难以青贮。青贮过程中，乳酸盐、乙酸盐和其他产物的形成可使缓冲能升高。pH值较低的青贮饲料，缓冲能可能比原值增大3~4倍，限制发酵可减少缓冲物质的生成。

（4）色素和维生素　由于有机酸对叶绿素的作用，使其成为脱镁叶绿素，导致青贮饲料变为浅棕色。维生素A的前体物β-胡萝卜素的破坏与温度和氧化程度有关，二者都高时，β-胡萝卜素损失较多。但贮存较好的青贮料，胡萝卜素的损失可低于30%。

四、青贮设备

（一）青贮容器

青贮饲料的方式分为青贮塔青贮、青贮窖青贮和塑料袋青贮等。在大型的奶牛场和国外的养殖场有使用青贮塔青贮饲料的，在一般的养殖场多采用青贮窖青贮，在农户青贮量较少的情况下可使用塑料袋青贮。在国外机械化程度较高的牧场也有使用大型塑料袋进行青贮的，每袋的青贮料为800~1 000kg。

1. 青贮窖

（1）青贮窖的要求　青贮窖分地下式和半地下式两种。地下式窖装填青贮料方便，容易踩实压紧，在生产中最常见；半地下式（壕）多在地下水位高或沙石较多、土层较薄的地区采用。

（2）窖址选择　要求地势高燥，易排水，离羊舍较近。不要在低洼处或树荫下建窖。

（3）窖形及规格　青贮窖多为长方形。一般小型长方形窖，宽1.5~2m（上口宽2m，下底宽1.5~1.6m），深2.5~3m，长6~10m。大型长方形窖，宽4.5~6m，深3.5~7m，长10~30m。

（4）窖壁　窖的窖壁修建要光滑，长方形的窖壕四角应做成圆形，便于青贮料下沉，排出空气。半地下式窖先把地下部分挖好，内壁上下垂直，再用湿黏土或砖、石等向上垒砌1m高的壁，窖底挖成锅底形。

（5）青贮窖容积计算及青贮料重量　圆形青贮窖容积（m³）= 3.14 ×青贮窖直径²

（m²）× 青贮窖高度（m）÷4

　　长方形青贮窖容积（m³）=（窖上口宽 + 窖下口宽）÷ 2 × 窖深或高 × 窖长

　　2. 青贮塔

　　青贮塔是地上的圆筒形建筑，一般用砖和混凝土修建而成，不透水，壁面平直，长久耐用，青贮效果好，便于机械化装料与卸料。青贮塔的高度应不小于其直径的 2 倍，不大于直径的 3.5 倍，一般塔高 12～14m，直径 3.5～6.0m。地上式青贮塔，在塔身一侧每隔 2m 高开一个窗口，装时关闭，取空时敞开，在冬天要采用塔身外防冻措施，以防塔内青贮料结冰。

　　近年来，国外采用气密（限氧）的青贮塔，由镀锌钢板乃至钢筋混凝土构成，内边有玻璃层，密封性能好。提取青贮饲料可以从塔顶或塔底用旋转机械进行。可用于制作低水分青贮、湿玉米青贮或一般青贮，青贮饲料品质优良，但成本较高，只能依赖机械装填。

　　3. 袋装青贮

　　利用塑料袋形成密闭环境，进行饲料青贮。袋贮的优点是方法简单，贮存地点灵活，饲喂方便，袋的大小可根据需要调节。小型塑料青贮袋依靠人工装袋，压实也需要人工踩实，效率很低。这种方法适合于农村家庭小规模青贮调制。塑料袋可以用土埋住或者放在畜舍内，要注意防鼠防冻。

　　20 世纪以来，国外利用一种大塑料袋进行青贮饲料制作，每袋可贮存 10t 至上百吨青贮饲料。为此，设计制造了专用的大袋装袋机，可以高效地进行装料和压实作业，取料也使用机械，劳动强度大为降低。大袋青贮的优点是节省投资、贮存损失小、贮存地点灵活。

（二）青贮机械

　　1. 收获机

　　青贮收获机主要用于玉米秸秆和全株玉米的收获，但一般都可以更换割台后收获牧草。青贮玉米收获机的类型按与拖拉机的挂接方式可分为悬挂式青饲玉米收获机、带有玉米割台的牵引式青饲收获机和带有玉米割台的自走式青饲收获机；按收割方法又分对行和不对行；按切割器型式分往复式割刀和立筒式旋转割刀。悬挂式青贮收获机械作业灵活，可以在拖拉机的前方、后方和侧面悬挂作业，适用于小地块，性价比较高，但割幅较小（1～3m），生产效率低（15～30t/小时）。自走式青贮饲料收获机具有生产效率高、机动性能好和适应性广等特点，适合大型奶牛场及大面积种植青贮作物的农牧场使用，但是价格也比较昂贵。带有玉米割台的牵引式青饲收获机介于二者之间，由于割台可以拆卸，提高了拖拉机的利用效率，非收获季节可以作它用，但其采用的往复式割刀不能收割高于 3m 的秸秆。选择何种收获机，要根据购买者的使用目的来确定，既要满足青贮玉米和青饲料在最佳收割期时收割，又要考虑使现有的拖拉机动力充分利用，更要考虑投资效益和回报率的问题。

　　2. 切碎机

　　切碎机也称铡草机，主要用于切碎粗饲料，如谷草、稻草、麦秸、玉米秸等。按机型大小可分为大型、中型和小型。小型铡草机适用于广大农户和小规模饲养户，用于铡碎干草、秸秆或青饲料。大型和中型铡草机也可以切碎干秸秆和青贮饲料，故又称秸秆青贮饲料切碎机。很多青贮原料不能使用青贮收获机从田间收获，需运回养殖场后用铡草机铡碎后装入青贮窖。因此铡草机是中小养殖场必备的青贮机具。一台15kW的铡草机每小时可铡碎青玉米秸秆（含水率78%）9t。

3. 压窖设备

斗式装载机（铲车）、履带式拖垃机与专用的青贮压实机都可用于青贮饲料的压实。压实所需车辆的重量可通过公式计算，即收获速度（t/h）÷3，根据收获青贮的速度和重量、窖宽决定压实车辆大小和数量。

拖拉机和地面之间接触面积越小对相同重量的拖拉机而言，压力会越大，压实车辆宜用橡胶轮胎的车辆，因此轮式铲车或拖拉机优于履带式拖拉机。

（三）辅助材料

1. 塑料薄膜

普通农用薄膜可用于覆盖青贮窖，但需一般要求厚度要达到10丝（1丝为0.01mm）以上，也可覆盖两层，内层可以略薄。

黑色两面农膜属于特种农膜，一面为乳白色，一面为黑色，使用时白面向上，有利于阳光反射，降低表面温度。黑色两面农膜效果优于普通农用薄膜，价格也较高。

2. 镇压物

以土镇压青贮效果最好，一般覆土15cm以上可保证上层极少霉变，但对于地上式青贮窖不易覆土，且风吹雨淋容易散落。地下式青贮窖容易覆土，但土层给取料造成极大不便，且易造成沙土污染。

沙土装袋镇压成本低，使用方便，但是袋子容易老化、破裂。

目前最实用的方式是使用旧轮胎，一次投入较大，但可重复利用数年，放和取都比较方便。需要注意轮胎数量要足已密布整个窖顶。

五、青贮的步骤和方法

饲料青贮是一项时效性很强的工作，事先要修检青贮窖、青贮切碎机或铡草机和运输车辆，并组织足够人力，以便尽可能高效有序、保质保量地完成青贮工作。

1. 刈割

适时刈割是调制优良青贮饲料的物质基础。青贮饲料的营养价值，不但与原料的种类和品种有关，而且与刈割时期有关。适时刈割不但可以在单位面积上获得最大生物量，而且水分和可溶性碳水化合物含量适当，有利于乳酸的发酵。一般早期刈割营养价值较高，但如果刈割过早，单位面积营养物质收获量较低，同时易于引起青贮饲料发酵品质的降低。一般随收随贮。

禾本科牧草的最适宜刈割期为抽穗期（出苗或返青后50~60天），而豆科牧草为初花期最好。整株玉米青贮应在蜡熟期，即在果穗中部剥下几粒，然后纵向切开切下尖部寻找靠近尖部的黑层，如果黑层存在，就可刈割进行整株玉米青贮。兼用玉米即籽粒做粮食或精料，秸秆作青贮饲料，目前多选用在籽粒成熟时，茎秆和叶片大部分呈绿色的杂交品种，在蜡熟末期及时掰果穗后，抢收茎秆作青贮。

对于禾本科牧草和豆科牧草，对这些类型的青贮，随着生长时期的延长，饲喂价值降低。他们最适宜的收割季节应取决于最适宜的"产量/蛋白和产量/能量价值"的比率。豆科牧草适合在现蕾期至初花期进行刈割；禾本科牧草在孕穗至抽穗期刈割；甘薯藤、马铃薯茎叶在收薯前 1~2 天或霜前刈割。

2. 原料运输和切短

原料必须随割随运，必须在短时间内将原料收运到青贮地点，不要长时间在阳光下暴晒。

铡短、切碎的程度取决于原料的粗细、软硬程度、含水量、饲喂家畜的种类和铡切工具等情况。切割过长不宜压实，难以破碎；切割过短营养物质容易流失，有利于压实排空气和压窖密度，但是对奶牛的健康不利。对羊来说，一般把禾本科牧草和豆科牧草及叶菜类等原料，切成 2~3cm，玉米和向日葵等粗茎植物，切成 0.5~2cm 为宜。柔软幼嫩的原料可切的长一些。切碎的工具各种各样，有切碎机、甩刀式收割机和圆筒式收割机等。无论采取何种切碎措施均能提高装填密度，改善干物质回收率、发酵品质和消化率，提高采食量，尤其是圆筒式收割机的切碎效果更好。少量青贮原料可用人工铡草机切短，大规模青贮可用青贮切碎机。大型青贮料切碎机每小时可切 5~6t，最高可切割 8~12t；小型切草机每小时可切 250~800kg。若条件具备，可使用青贮玉米联合收获机，在田内通过机器一次完成刈割、切碎作业，然后送回装窖，功效大大提高。

3. 装填压紧

装填选晴好天气进行，一窖尽量当天装完，防变质与雨淋。装窖前，先将装填容器如青贮窖、青贮塔打扫干净。装填时可先在窖底铺一层 10cm 厚的干草，土窖或四壁密封不好的衬上塑料薄膜（永久性窖不铺衬），然后把铡短的原料逐层装入、铺平、压实，特别是容器的四壁与四角要压紧。有效地压实是使青贮料迅速达到厌氧状态以减少干物质损失的必要条件。干物质含量越高，切碎长度越长的青贮料，为了减少贮藏和使用时损失就必须压更长的时间。压实密度与青贮质量有密切关系，压实密度越低，其干物质损失越多。压实密度与青贮原料干物质含量、切割长度、压层厚度、压车重、压制时长都有关。入窖干物质含量 20% 的青贮作物，压实后密度应达到每立方米 160kg 干物质。干物质含量 40% 的青贮作物，应达到每立方米 240kg 干物质。由于密封数天后，青贮料会下沉，所以最后一层应高出窖口 0.5~0.7m，形成"馒头"状。

4. 密封

青贮窖装填完后应立即封窖。如果一直拖延了好几天才装完窖，在每天晚上最好将最上层的原料尽可能地压实，并将未装完的窖遮住。如果装填工作被迫停下一天或者更长时间（例如遇到阴雨天气），必须要仔细地压实和盖严青贮窖及剩下的原料。即使是临时性的盖布也必须有很好的防水效果。

严密封窖、防止漏水漏气是调制优良青贮料的一个重要环节。青贮容器密封性不好，会进入空气或水分，有利于腐败菌、霉菌等繁殖，导致青贮料变坏。填满窖后，先在上面盖一层切短的秸秆或软草（厚 20~30cm）或铺塑料薄膜，与青贮料接触的塑料薄膜必须是新的，且大小、规格合适，再使用足够厚度的黑白膜（0.1~0.3mm 厚）覆盖，以抵抗氧气的渗透和紫外线时间长对膜的破坏作用，也可降低外力引起的破损。然后再用土覆盖拍实，厚30~50cm，并做成馒头形，有利于排水。青贮窖密封后，为防止雨水渗入窖内，距离四周约1m处应挖排水沟。以后应经常检查，窖顶下沉有裂缝时，应及时覆土压实，防止雨水渗入。

六、特殊青贮

青贮原料因植物种类不同，本身含可溶性碳水化合物和水分不同，青贮难易程度有很大差异。采用普通青贮方法难以青贮的饲料，必须进行适当处理或添加某些添加物方可进行，这种青贮方法称为特种青贮法。

1. 低水分青贮

低水分青贮又称半干青贮，干物质含量比一般青贮饲料高1倍以上，无酸味或微酸，适口性好，色深绿，养分损失少。近些年来，很多地方都广泛采用半干青贮，将难青贮的一些蛋白质含量高、糖分低的豆科牧草和饲料作物进行半干青贮。制作时要使青饲料原料尽快风干，一般应在收割后24~30小时内，豆科牧草含水量达到50%左右，禾本科牧草达到45%。由于原料处于低水分状态，形成细胞的高渗透压，接近生理干燥状态，微生物的生命活动被抑制，使发酵过程缓慢。原料在这种低水分状态下装窖、压实、封严。

2. 添加尿素青贮

为了提高青贮饲料的粗蛋白质含量，满足羊对粗蛋白质的需求，可以在青贮原料中添加相当原料重0.5%左右的尿素，尿素在青贮过程中通过微生物作用合成菌体蛋白，提高青贮饲料的乳酸、乙酸、粗蛋白质等含量。添加方法是：原料装填时，将尿素制成水溶液均匀喷洒在原料上。

3. 添加有机酸青贮

加入适量酸类，青贮饲料的pH值迅速下降、蛋白水解酶活性受到抑制，使蛋白质分解明显减少，抑制了植物细胞的呼吸作用，能进一步抑制腐败菌和霉菌的生长。常用的添加物有甲酸（蚁酸）和丙酸。甲酸在装窖时均匀喷洒，禾本科牧草添加0.3%，豆科牧草添加0.5%，均可取得理想效果。但是，甲酸具有一定腐蚀性，操作时注意防止溅洒。丙酸，按青贮料的0.5%~1%添加，主要作用是抑制青贮饲料中的好气菌。

4. 添加乳酸菌青贮

接种乳酸菌促进乳酸发酵，增加乳酸含量，保证青贮质量。目前经常使用的是具有同型发酵能力的如德氏乳酸杆菌、植物乳杆菌、粪链球菌和片球菌等，它们可以有效地利用作物的可溶性碳水化合物，增加乳酸的产量、迅速降低pH值。很多微生物添加剂含有一种以上的乳酸菌，因为不同的乳酸菌可以在不同的pH值条件下生长良好，这样可以使青贮的不同阶段（pH值4~6）都能快速地发酵，能有效刺激乳酸菌的繁殖，从而抑制其他有害微生物的作用，且发酵后只产生乳酸。一般添加量为每吨青贮原料加乳酸菌培养物0.5L或乳酸菌剂450g。

5. 添加酶制剂青贮

在青贮时可以用淀粉分解酶和纤维素分解酶，把淀粉和纤维素分解成单糖，从而促进乳酸菌发酵。纤维素酶是一种发酵促进剂，它是由真菌或细菌产生的一种多酶复合体。青贮饲料中添加的纤维素酶制剂中包含多种降解细胞壁的酶组分，其中除含有纤维素酶外，还含有一定量的半纤维素酶、果胶酶、蛋白酶、淀粉酶及氧化还原酶类。添加这些酶的主要目的是提供更多的可溶性碳水化合物，并通过对植物细胞壁的降解，降低纤维成分，改善青贮料中有机物消化率。由于纤维素酶中含有氧化还原酶成分，可以消耗氧气，易创造厌氧环境，从而抑制腐败细菌的生长。但纤维酶的活性随着温度升高而提高，其活性范围在 20~50℃ 最佳；纤维素酶最适 pH 值 4.5，只能在发酵后期发挥作用。在青贮苜蓿时加入鸡尾酒酶，可使青贮料的 pH 值由 5.38 降到 4.10，每千克干物质中乳酸含量由 57g 提高到 151g。苜蓿、红三叶草添加 0.25% 黑曲酶制剂青贮，与普通青贮相比，纤维素减少 29.19%~36.40%，青贮料中含糖量保持在 0.47%，有效地保障了乳酸生成。

6. 添加糖蜜青贮

通过给青贮细菌提供可发酵的糖蜜，增加青贮饲料主导菌的数量，促进乳酸发酵，从而改善青贮的保存。糖蜜可以保证乳酸菌有足够的养分，促进乳酸发酵。糖蜜适用于水溶性碳水化合物含量少于 2.5% 的饲草发酵，如豆科、富含氮的牧草等，通过添加提高乳酸含量、降低青贮 pH 值，减少干物质的损失，降低不良发酵的风险。它改善青贮发酵，使得青贮的 pH 值和氨态氮含量下降更低，产生更多乳酸。由于它具有黏性，一般与水按比例混合使用；对于新鲜作物的使用量一般是 20~40kg/t，但使用时应考虑青贮原料干物质含量，低于 25% 使用糖蜜会增加 20% 流失物损失。

7. 添加无机酸青贮

无机酸主要是盐酸、硫酸、磷酸等，添加后通过停止或降低植株的呼吸作用，减少了发热和营养损失；使得青贮的 pH 值下降，从而抑制杂菌繁殖。最初使用的是无机酸如硫酸和盐酸，把 30% 盐酸和 40% 硫酸按 92:8 的比例配制，使用时加 4 倍水稀释，稀释液按 50~60g/kg 鲜草比例添加到青贮料中，可抑制有害微生物如大肠杆菌、酪酸菌的生长，刺激乳酸菌的生长，使 pH 值进一步下降。由于无机酸对青贮容器具有腐蚀性，而且大量使用会引起牛体内酸碱平衡失调，采食量降低，生产性能下降，目前使用不多。

8. 添加甲醛青贮

把含 40% 甲醛的水溶液称福尔马林，它可以抑制微生物繁殖，也可以阻止及减弱瘤胃微生物对植物蛋白质的分解。因为甲醛能与蛋白质结合形成复杂的络合物，很难被瘤胃微生物分解，却可以在真胃内胃蛋白酶的作用下分解，使蛋白质为动物吸收利用，但甲醛用量太多，则维持瘤胃微生物生长所需正常的蛋白质就会缺少，需补给可降解的蛋白质。一般可按青贮原料中蛋白质的含量来计算甲醛添加量，甲醛的安全和有效用量为 30~50g/kg 粗蛋白质。但是甲醛异味大，影响适口性。

9. 裹包青贮

裹包青贮技术是指将青贮原料刈割后，用打捆机进行高密度压实打捆，然后通过裹包机用拉伸膜包被起来，从而创造一个厌氧的发酵环境，最终完成乳酸发酵过程。它是一种利用机械设备完成秸秆或饲料青贮的方法，是在传统青贮的基础上研究开发的一种新型饲草料青贮技术。这种青贮方式已被欧洲各国、美国和日本等世界发达国家广泛认可和使用，在我国有些地区也已经开始尝试使用这种青贮方式。随着我国饲料企业和包装薄膜制造企业技术的不断提高，裹包青贮也将会在我国广泛应用。

裹包青贮的优点：① 具有干物质损失较少、可长期保存、质地柔软、具有酸甜清香味、适口性好、消化率高、营养成分损失少等特点；② 裹包青贮的制作不受时间和地点的限制；③ 机械化程度高，1~2 个人就可以完成裹包青贮的制作；④ 与常规青贮方式相比，裹包青贮过程的封闭性较好，液汁营养物质的损失少，而且也不存在二次发酵现象；⑤ 运输和使用都比较方便，有利于商品化；⑥ 特别有利于苜蓿的快速收获、加工和贮藏。

制作过程：① 原料的选择：有条件的可用专用青贮玉米、全株青贮玉米或饲用甜高粱；② 粉碎：将原料揉搓、粉碎，使秸秆呈丝状、片状，这样可以提高草捆的密度，减少空气含量；③ 原料处理：调节水分，使秸秆含水率在 75% 左右，根据秸秆质量状况，决定是否添加青贮伴侣；④ 打捆：利用专业机械打成圆柱体；⑤ 裹包：将打好的捆裹包；⑥堆放与管理：在自然环境下将裹包青贮堆放在平整的土地上或水泥地上。

10. 混合青贮

混合青贮是指 2 种或 2 种以上青贮原料混合后制作的青贮饲料。混合青贮的优点是营养成分含量丰富，有利于乳酸菌生长繁殖，可提高青贮质量。以玉米与苜蓿 7∶3 为原料混贮处理发酵品质最佳。将桑枝叶与玉米秸秆以 1∶1（鲜重）混合青贮，并添加 6% 植物乳杆菌制剂（占青贮原料鲜重比例），发酵品质最佳。以西藏地区油菜和三叶草以不同比例混合后可以提高青贮饲料中干物质含量，提高乳酸含量，降低 pH 值，提高粗蛋白含量，降低青贮料中的氨态氮/总氮值以及丁酸含量，改善青贮饲料发酵品质。燕麦和构树以 1∶5、燕麦和饲料桑以 1∶1 的比例混合青贮，发酵品质好且可以最大化地利用木本饲料。

第二节　青贮饲料的质量评定和在肉羊养殖中的应用

一、青贮饲料的质量评定

青贮饲料在使用前，需要先进行感官鉴定，必要时再进行化学分析鉴定，以保证使用良好的青贮饲料饲喂家畜。青贮饲料品质的优劣与青贮原料种类、刈割时期以及青贮技术等密切相关。正常青贮条件下，含糖高的原料一般经 17~21 天的乳酸发酵，即可开窖取用。

采取青贮饲料典型样品时，采样方法很重要，在很大程度上影响检测的结果。取样要有代表性，能反映整批青贮饲料的平均组成。取样应注意以下几点。

① 用专门的取样器采集青贮饲料样品，通常其结构为不锈钢光滑的通心管。

② 青贮饲料的采集至少在青贮 6 周以后，最好 12 周，确保发酵完全。清除封盖物，并除去上层发霉的青贮料；再自上而下从不同层次中分点均匀取样。

③ 对于圆形窖和青贮塔，以物料表面中心为圆心，从圆心到距离窖塔壁 20~50cm 处为半径，划一个平行的圆圈，然后在互相垂直的两直径与圆周相交的四个点及圆心上采样，即每一层一共是 5 个采样点。用锐利刀具切取约 20cm 见方的青贮料样块，切忌随意取样。冬天取一层的深度不得少于 5~6cm，暖季深度不得少于 8~10cm。

④ 对于长型青贮窖青贮饲料，应选择一个切面，至少 9 个样品。

⑤ 打捆的青贮饲料应从整批中随机选择一定数量的捆（至少 10~12 捆），取样器从包裹中间贯通地取样。

⑥ 采样后应马上把青贮饲料填好，并密封，以免空气混入导致青贮饲料腐败。采集的样可立即进行质量评定，也可以置于塑料袋中密闭，4℃冰箱保存、待测。

1. 感官评定

开启青贮容器时，从青贮饲料的色泽、气味和质地等进行感官评定。

（1）pH 值 是评定青贮饲料质量最简便和快速的方法，在生产现场可用 pH 值试纸直接测定。不同 pH 值试纸的范围如下：溴酚绿 2.8~4.4，溴甲酚绿 4.2~5.6，甲基红 5.4~7.0。青贮饲料的 pH 值在 4.0 以下可以评定为优等，pH 值在 4.1~4.3 可以评为良好，劣等青贮饲料的 pH 值在 5.0 以上。

（2）色泽 优质的青贮饲料非常接近其原料的颜色。若青贮前作物为绿色，青贮后仍为绿色或黄绿色最佳。中等青贮料呈黄褐或暗绿色；有刺鼻醋酸味，酸香味淡；质地柔软、水分多，茎、叶、花能分清。低等青贮料呈黑色或褐色；有刺鼻的腐败味、霉味；腐烂、发黏、结块，分不清结构。劣质青贮饲料不要喂用，以防消化道疾病。

青贮容器内原料发酵的温度是影响青贮饲料色泽的主要因素，温度越低，青贮饲料就越接近于原来的颜色。对于禾本科牧草，温度高于 30℃，青贮料颜色变成深黄；当温度为 45~60℃时，颜色近于棕色；超过 60℃，由于糖分焦化而近乎黑色。

（3）气味 青贮饲料具有轻微、温和的酸味、酸奶味或水果香味，略有酒曲味，给人以舒适的感觉，这也是标准乳酸发酵期望得到的味道。腐烂腐败并有臭味的则为劣等，说明产生了丁酸，不宜喂家畜。霉味则说明压得不实，空气进入了青贮窖，引起饲料霉变。如果出现一种类似堆肥样的不愉快气味，则说明蛋白质已经分解，这标志着青贮失败。

（4）质地 优良的青贮饲料叶脉明显、结构完整，茎叶花保持原状，虽然在窖内压得非常紧实，但拿起时松散柔软，略湿润，不粘手，容易分离；中等青贮饲料茎叶部分保持原状，柔软，水分稍多；结构破坏及呈黏滑状态是青贮腐败的标志，黏度越大，表示腐败程度越高，所以劣等的青贮多黏结成团且分不清原有结构，手抓后手上长时间留有难闻气味，不易用水洗掉。

2. 化学分析鉴定

根据青贮饲料的水分、pH 值、氨态氮和有机酸（乙酸、丙酸、丁酸、乳酸的总量和构成），以此可以判断发酵情况。

（1）水分　水分含量是一个非常重要的测定指标，它决定了干物质含量。羊通过青贮饲料干物质成分来获取营养。如果青贮饲料水分很高，干物质则少，而且青贮饲料干物质若低于30%就会产生营养的流失。此时若果糖水平也很低，则青贮饲料将会面临发酵不良的威胁；如果水分含量较少，干物质则多，但当干物质大于50%~55%就会很难达到厌氧条件，青贮饲料对热就更敏感，进一步加剧霉菌萌生。为了减少青贮饲料中挥发性物质的逸失，导致水分含量偏高，干燥温度为100℃，干燥时间为48小时。

（2）pH值　pH值（酸度）高低是衡量青贮饲料品质好坏的重要指标。实验室测定pH值，一般采用精密酸度计测定。也可以在羊场用精密石蕊试纸测定。将均匀取样的适量青贮饲料，用3层医用纱布包裹后用力榨取，得粗提液，再经定量滤纸过滤后得滤液，作为测定液，用酸度计测定。它受到以下因素的影响。① 青贮原料中干物质的含量。一般细菌生长会随着干物质含量的增加而受到限制，凋萎青贮饲料有较高的pH值。② 青贮原料中糖的含量。在原料干物质一定的情况下，适宜的含糖量能有效促进青贮饲料细菌产生更多的酸。③ 青贮饲料原料类型。玉米青贮pH值一般在3.5~4.2，牧草青贮pH值在4.0~4.8。优良的玉米青贮饲料pH值在4.2以下，超过4.2（低水分青贮除外）说明青贮发酵过程中腐败菌、酪酸菌等活动较为强烈。劣质青贮饲料pH值在5.5~6.0，中等青贮饲料的pH值介于优良与劣等之间。

（3）氨态氮　氨态氮含量用氨态氮与总氮的百分比值表示，是衡量青贮饲料发酵品质最重要的指标。将均匀取样的青贮饲料切成2~3cm，混合后取Ag（相当于15g干物质的量），放入200mL的广口三角瓶、加塞；加蒸馏水BmL（一般140mL）后，冰箱内浸取24小时，期间摇晃三角瓶4次以上，以保证浸取完全。取出三角瓶，将提取物用80目涤纶筛过滤，并将残渣中的提取液挤尽，将通过定量滤纸的液体部分作为分析用提取液。取提取液1mL，相当于青贮饲料［A/（B+A×M/100）］，其中M为水分含量。不能立即分析的试样，应置于-20℃冰箱中保存。总氮的测定方法和氨态氮的测定方法按照GB 6432-86规定执行。氨态氮与总氮比值反映了青贮饲料中粗蛋白质及氨基酸分解的程度，比值越大，说明青贮饲料蛋白质降解越多，青贮质量不佳。储存良好的青贮饲料氨态氮含量小于等于总氮含量的5%，储存不良的青贮饲料氨态氮可能高达总氮含量的50%。

（4）有机酸　有机酸总量及其构成可以反映青贮发酵过程的好坏，其中最重要的是乳酸、乙酸和丁酸，乳酸所占比例越大越好。有机酸标准溶液用2℃蒸馏水配制不同浓度递增的有机酸标准溶液。分析试样的制备，准确称取剪碎的青贮饲料样品25g（W）于烧杯中，加入150mL 2℃去离子蒸馏水，置于2~3℃的冰箱中浸提48小时，然后过滤于150mL（V）容量瓶中，定容摇匀；移取液体5mL（V′）于10mL离心管并加入1mL 25%偏磷酸，静置30分钟，在3 400转/分钟下离心10分钟，然后将上清液移入具塞试管中，用于色谱仪上机分析，用标准曲线法进行定量分析，参考有机酸含量的判定标准进行判定。优良的青贮饲料，含有较多的乳酸和少量醋酸，而不含酪酸。品质差的青贮饲料，含酪酸多而乳酸少。

二、青贮饲料在肉羊养殖中的应用

1. 取用方法

（1）开窖　青贮饲料作为易发生有氧腐败的产品，在封窖 40~60 天后即可开窖饲喂，这意味着厌氧贮存的结束，也是好氧腐败的开始。而青贮饲料腐败的速度取决于青贮饲料的取料量和取料设备及操作人员的技术，故在开窖前要做好青贮饲喂计划及取料设备、工具的准备工作。同时开窖要掌握季节性，一般以气温较低且缺草季节较为适宜。在取料时首先应清除覆盖在窖顶的盖土，过程要小心谨慎，以防覆盖物与青贮料混杂，导致青贮饲料污染。同时将覆盖在青贮饲料顶部的塑料膜向后卷起，露出能满足 2~3 天青贮饲料的需要量即可。开窖要分段进行，勿全面打开，取用青贮料要避免泥土、杂物混入，同时防止暴晒、雨淋、结冻。开窖取用时，如发现表层呈黑褐色并有腐败臭味时，应把表层弃掉。并做品质鉴定，合格后方能使用，否则要限量使用或废弃。当青贮窖被打开，青贮被暴露在空气中时，氧气的存在会激活有害微生物的活性，这些微生物会利用剩余的发酵底物和发酵产物，从而引起营养物质的损失显著增加。有氧腐败的主要现象是产生大量的二氧化碳和释放出大量的热，导致乳酸浓度降低，pH 值增加。因此，为了降低这些损失和改善青贮料的好氧稳定性，必须加强青贮料的管理和科学利用。

（2）取料　对于直径较小的圆形窖，应由上到下逐层取用，保持表面平整。对于长方形窖，自一端开始分段取用，不要挖窖掏取，取后最好覆盖，以尽量减少与空气的接触面。每次用多少取多少，每天的取料量直接关系到青贮饲料开窖后质量的变化。对于管理良好的青贮饲料 15cm/天的取料厚度可使青贮饲料好氧腐败的损失降到最低，但对于不稳定的青贮饲料至少 30cm/天，在温度上升的条件下，取料厚度也应增加。青贮饲料只有在厌氧条件下，才能保持良好品质，如果堆放在畜舍里和空气接触，就会很快感染霉菌和杂菌，使青贮饲料发霉变质。尤其是夏季，正是各种细菌繁殖最旺盛的时候，青贮饲料也最易霉坏。

① 人工取料。

适合于机械化程度较低、青贮窖较小的农户。对于压实的青贮需要从切面自上而下取料，因此每天掘进距离应在 0.5m 以上，便于人员站立。若取料量少，会形成阶梯状截面，增加暴露面积和暴露时间。

② 机械取料。

用铲斗将青贮饲料铲松后取出，可直接放入饲料搅拌车，铲车取料快，行走灵活，所以对于用料量较大的羊场比较实用。但铲车取料后的截面十分蓬松，易产生二次发酵，只有每天掘进距离在 1m 以上，才能较好地防止二次发酵。在设计青贮窖宽度时应考虑铲车的转弯半径，以提高其工作效率；青贮取料机，依靠装有刀头的取料滚筒高速旋转切割青贮饲料。一般采用自走式设计，电力、液压驱动，适用于地上、半地上和地下青贮窖，但不便在大于 10° 的斜坡上取料。青贮取料机操作简便快捷；机械化作业、节省劳动力、降低成本、大幅提高工效；取料截面整齐严密，有效防止二次发酵，减少了不规则取料方式造成的青贮饲料浪费，并能进一步切碎青贮秸秆。青贮取料机取料高度4~7m，取料宽度1.5~2m，装料高度2.5~3m，可直接将取出的青贮饲料放入运输车或TMR搅拌车。目前很多型号的TMR搅拌车带取料装置，取料后青贮饲料直接进入TMR搅拌车，但价格一般比较昂贵，维修成本也较高；轮式伸缩臂叉装机，依靠坚硬锐利的耙将青贮饲料从青贮堆剥离，取料厚度可以任意调整，取料高度可达7.3~11.6m，适合较高的青贮窖和大规模堆贮，取料后截面平整，可有效防止二次发酵。但需要通过铲车或抓料机配合将取下的青贮饲料放入饲料搅拌车。

2. 饲喂方法

青贮饲料虽然是一种优质粗饲料，但不能作为肉羊的单一饲粮，否则不利于羊的生长发育。刚开始喂时家畜不喜食，喂量应由少到多，逐渐适应后即可习惯采食。驯食的方法是：在羊空腹时，第一次先用少量青贮饲料与少量精饲料混合、充分搅拌后饲喂，使羊只能挑食。经过1~2周不间断饲喂，多数羊都能很快习惯。然后再逐步增加饲喂量。饲喂青贮饲料最好不要间断，一方面防止窖内饲料腐烂变质，另一方面避免羊频繁更换饲料，容易引起消化不良或应激。饲喂时应根据肉羊的实际需要与精饲料、优质干草搭配使用，以提高瘤胃微生物对氮素和饲料的利用率，以及干物质采食量。在冬季饲喂青贮时，要随取随喂，防止青贮饲料挂霜或冰冻，还应该混拌一定数量的干草或铡碎的干玉米秸。由于青贮饲料具有轻泻作用，故患有胃肠炎的家畜要少喂或不喂，母畜妊娠后期不宜多喂，产前15天停喂，产后10~15天在饲粮中重新加入青贮饲料。劣质的青贮饲料有害畜体健康，易造成流产，不能饲喂。若青贮料酸味太大，可在日粮中加入碱性物质，如小苏打中和。

3. 饲喂量及效果

青贮饲料鲜嫩多汁，富含蛋白质和多种维生素，适口性好，易消化。其中粗纤维消化率在65%左右，无氮浸出物的消化率在60%左右，胡萝卜素含量较多。利用玉米青贮饲料喂羊可参考以下方法。① 玉米青贮+干草+精料。成年羊日饲喂量：精料0.4~0.5kg，玉米青贮1.5~2kg，优质干草0.7~0.9kg。其他年龄阶段的羊根据实际情况调整饲喂量。② 玉米青贮+精料。成年羊日饲喂量：精料0.3~0.4kg，玉米青贮3~4kg，小苏打0.3~0.5g，食盐8~10g，小苏打及食盐拌在青贮饲料中饲喂。其他年龄阶段的羊根据实际情况调整饲喂量。

绵羊能很有效地利用青贮饲料。饲喂青贮料后，幼羔可以发育得很好，成年绵羊可以加速育肥和毛的生长。青贮饲料饲喂量：大型品种绵羊每头每天4~5kg；羔羊可按照年龄每头每天喂400~600g。用青贮饲料饲喂绵羊，可以增加母羊受胎率29.82%，提高羔羊成活率11.36%，产毛量提高11.75%，日增重也有相应提高。苜蓿干草和裹包青贮甜高粱混合饲喂肉羊，可显著提高肉羊日增重和经济效益，两种饲草的最佳混合质量比为1：1。青贮燕麦与青贮苜蓿混合饲喂育肥羔羊，均有较好的育肥效果，羔羊的采食量显著增加。综合采食量、增重和经济效益等指标，认为3：7的质量比是青贮燕麦与青贮苜蓿的适宜组合，只均日增重184g，经济效益159.08元。

第八章 秸秆的氨化和碱化技术及在肉羊养殖中的应用

我国农作物秸秆数量巨大，每年有各类秸秆资源7亿t左右。然而近年来，因为抢农时倒茬播种以及农村能源结构逐渐改变等因素影响，秸秆废弃和违规焚烧现象比较普遍。焚烧秸秆不但污染环境，危害人体健康，而且破坏土壤结构，降低耕地质量，还易引发火灾和交通事故。

秸秆的利用方式主要有以下几种：肥料、饲料、食用菌基料或者作为燃料和工业原料。我国的秸秆气化、秸秆压块技术还不够成熟，秸秆直接还田的比例为10%，而秸秆饲料的利用比例只有1/3，因此利用秸秆发展草食畜牧业值得重视，也大有可为。羊等反刍动物能够很好地利用秸秆作为饲料，因此通过处理秸秆变废为宝是秸秆利用最好的出路。

第一节 秸秆类饲料

我国秸秆饲料主要有麦秸、玉米秸、稻草、豆秸、油菜秸、谷草、棉花秸等。

一、麦秸

麦秸的营养价值因品种、生长期的不同而有所不同。常用作饲料的有小麦秸、大麦秸和燕麦秸。

小麦是我国最主要的农作物之一，小麦秸是小麦成熟脱粒后剩余的茎叶部分，我国年产小麦秸秆数量约为1亿t。实际生产中因品种特性和天气等不同，小麦收获期有所差异。然而，同种植物在不同生育期，营养物质在籽实、茎叶之间的转移与分配均不断发生变化，从而导致植株饲用价值和利用率的巨大改变。小麦秸粗纤维含量高，并含有硅酸盐和蜡质，适口性差，营养价值低。

大麦秸为禾本科大麦属植物大麦成熟后枯黄的茎秆，产量比小麦秸要低得多，但适口性和粗蛋白质含量均高于小麦秸，可作为反刍动物的饲料。大麦秸秆干物质含量93.63%~97.27%，粗灰分含量4.21%~11.57%，粗蛋白质含量2.01%~7.83%，粗脂肪含量2.88%~8.34%，中性洗涤纤维含量58.74%~79.91%，酸性洗涤纤维含量29.85%~54.13%，酸性洗涤木质素含量1.44%~14.10%，中性洗涤剂不溶粗蛋白质含量0.61%~1.75%，钙0.57%~0.99%，磷0.04%~0.17%。

燕麦秸的干物质 89.2%，干物质基础下，灰分 4.4%，粗蛋白质 4.1%，粗纤维 41.0%。

二、玉米秸

长期以来，玉米秸秆是肉羊的主要粗饲料原料之一。玉米秸具有光滑外皮，质地坚硬。玉米秸秆各部位的营养成分、体外消化率和有效能差异明显，排列顺序为：苞叶>叶片>茎髓>整株>茎皮。生长期短的夏播玉米秸，比生长期长的春播玉米秸粗纤维少，易消化。为了提高玉米秸的饲用价值，一方面，在果穗收获前，在植株的果穗上方留下一片叶后削取上梢青饲用，或制成干草、青贮料，割取青梢由于改善了通风和光照条件，并不影响籽实产量；另一方面，收获后立即将全株分成上半株或上 2/3 株切碎直接饲喂或调制成青贮饲料。玉米秸粗蛋白质含量 6.5%，粗纤维含量 24%~28%，钙含量 0.43%，磷含量 0.25%。

三、稻草

稻草是水稻收获后剩下的茎叶，稻草的粗蛋白质含量为 3%~5%，粗脂肪为 1%左右，粗纤维为 35%；粗灰分含量较高，约为 17%，但硅酸盐所占比例大，钙 0.29%、磷 0.07%。稻草中干物质主要是木质素和纤维素，其营养价值很低。稻草在我国农业种植区广泛分布，据统计，我国稻草年产量为 1.88 亿 t，稻秸秆应用于动物生产实践中的潜力巨大。

四、豆秸

豆秸有大豆秸、豌豆秸和蚕豆秸等。由于豆科作物成熟后叶子大部分凋落，因此豆秸主要以茎秆为主，茎已木质化，质地坚硬，维生素与蛋白质也减少，但与禾本科秸秆相比较，其粗蛋白质含量和消化率都较高。在各类豆秸中豌豆秸营养价值最高，其粗蛋白质含量为 16.4%，产奶净能 4.1MJ/kg，增重净能为 1.0~1.2MJ/kg，消化能 8.2MJ/kg。但是要注意新豌豆秸水分较多，容易腐败变黑，要及时晒干后贮存。大豆秸产奶净能 2.9~3.0MJ/kg，消化能 8.2MJ/kg，粗蛋白质含量 5.1%~9.8%，粗纤维含量 48%~54%，钙和磷分别为 1.33%和 0.22%。东北三省年产大豆秸秆近 375 万 t，占全国大豆秸秆总量的 60%。而目前大豆秸秆利用率不到 3%，联合国粮农组织的统计资料表明：美国约有 27%，澳大利亚约有 18%，新西兰约有 21%的肉类是由大豆秸秆为主的秸秆饲料转化而来的。由此可见，我国的大豆秸秆资源高效利用还有很大的增长空间。在利用豆秸类饲料时，要很好地加工调制，搭配其他精粗饲料混合饲喂。

五、油菜秸

油菜是中国主要的油料作物之一，我国油菜面积和总产量占世界的 1/4，资源量巨大。油菜秸是油菜籽实收获后剩下的茎叶。油菜秸干物质含量 93.47%~97.06%、粗蛋白含量 2.72%~6.62%、粗脂肪含量 0.49%~3.69%、粗灰分含量 5.74%~9.83%、中性洗涤纤维含量 59.79%~69.33%、酸性洗涤纤维含量 40.68%~49.19%，但含有抗营养因子硫苷，含量 0~204.2μg/kg。

六、谷草

谷草即粟的秸秆，其质地柔软厚实，适口性好，营养价值高。在各类禾本科秸秆中，以谷草的品质最好，经过加工后饲喂，是羊、牛、马、骡的优良粗饲料，若与野干草混喂，效果更好。

七、棉花秸

棉秆具有作为动物粗饲料来源的良好开发潜力，但具有含氮量低、可溶性养分含量少，细胞壁成分含量高，消化性差等特性。棉花秸秆粗蛋白含量范围在 6.70%~10.60%、粗纤维含量 24.54%~30.31%、粗灰分含量 10.76%~15.06%、水分含量 6.96%~10.10%，但游离棉酚含量为 172.04~934.90mg/kg。

另外，近几年来，新疆（兵团）机采棉面积逐年增加，棉秆生长后期喷洒的落叶素在其中的残留问题应引起广大养殖户和畜牧工作者的重视。

八、向日葵秸

向日葵为菊科、向日葵属、一年生大型草本植物，原产地是北纬 30°~50°之间的北美洲。我国种植地区主要分布于黄河以北的省份，2010 年向日葵种植面积仅北方十个省区就已达 100 万 hm^2。相关资料显示，葵盘、向日葵秸秆、葵花籽脱皮残渣的饲用价值并不亚于中等质量的干草，向日葵盘制成的粉料，每百千克营养价值相当于 60~66kg 玉米或 70~80kg 大麦；向日葵秸秆还含有较多的粗蛋白质和粗纤维。

第二节　秸秆的加工

近一个世纪以来，用物理、化学处理法提高秸秆饲料的营养价值已取得了较大进展，有些化学处理方法已在生产中得到广泛应用。目前，生产中主要用氨、尿素、氢氧化钠、石灰等碱性化合物处理秸秆，旨在打开秸秆中纤维素、半纤维素、木质素之间酯键，使纤维素发生膨胀，改变秸秆中木质素、纤维素的膨胀力与渗透性，进而使酶与被分解的底物有更多的接触面积，易于使瘤胃液渗入，使底物更易被酶分解，形成乙酸、丙酸、丁酸等挥发性脂肪酸，吸收后便作为能源而被利用。同时释放出细胞内的粗蛋白质，从而达到改善适口性，增加采食量，提高对秸秆内营养物质的消化率和利用率的目的。

一、物理处理

1. 切短

切短是秸秆饲料加工最常用和最简单的加工方法，是用铡刀或切草机将秸秆饲料或其他粗饲料切成 1.5～2.5cm 的碎料。这种方法适用于青干草和茎秆较细的饲草。对粗的作物秸秆虽有一定的作用，但由于羊的挑食，致使粗的秸秆采食利用率仍很低。此外，切短的秸秆易于和其他饲料配合；因此，是生产实践上最常用的方法。

2. 粉碎

用粉碎机将秸秆饲料粉碎成 0.5～1cm 的草粉。但应注意的是，粉碎的粒度不能太小，不可过细，否则会影响羊的反刍，不利于消化。草粉应和精饲料混合拌湿饲喂，发酵、氨化后饲喂效果更佳。草粉还可以一定的比例和精饲料混合后，用颗粒机压制成一定形状和大小的颗粒饲料，以利于咀嚼和改善适口性，防止羊挑食，减少饲草的浪费。这种颗粒饲料具有体积小、运输方便、易于贮存等优点。

3. 浸泡

秸秆饲料浸泡后质地柔软，能提高其适口性。同时，浸泡处理可改善饲料采食量和消化率，并提高代谢能利用效率，增加体脂中不饱和脂肪酸比例。

4. 蒸煮和膨化

蒸煮处理的效果根据处理条件不同而异。据刘建新等报道，在压力 15～17kg/cm^2 下处理稻草 5 分钟，可获得最佳的体外消化率，而强度更高的处理将引起饲料干物质损失过大和消化率下降。膨化处理是高压水蒸气处理后突然降压以破坏纤维结构的方法，对秸秆甚至木材都有效果。膨化处理的原理是使木质素低分子化，分解结构性碳水化合从而增加可溶性成分。

5. 射线照射

γ 射线等照射低质粗饲料以提高其饲用价值的研究由来已久，被处理材料不同，处理效果也不尽相同，但一般能增加体外消化率和瘤胃挥发性脂肪酸产量，主要是由于照射处理增加了饲料的水溶性部分，后者被瘤胃微生物有效利用所致。有研究发现，将 γ 辐射与碱化结合复合处理秸秆，对秸秆营养价值的提高叠加效应。在 50% 含水量与 2×10°rad 辐射剂量条件下，将 1% 氨+5% 氢氧化钙处理与 γ 射线辐射结合处理秸秆，可使秸秆消化率在 1% 氨+5% 氢氧化钙处理的基础上再提高 16.6%。目前，辐射处理处于研究阶段，尚未进入实用化。

6. 其他方法

其他方法从广义来讲，粗饲料的干燥、颗粒化和补喂精饲料等也属于物理处理。干燥的目的是保存饲料，处理条件对养分影响大，发达国家用人工调制干草以尽量减少养分损失。人工干燥后，牧草的含氮化合物的溶解性以及表观消化率将下降，但流入小肠的氮量却有增加。颗粒化处理可使粉碎粗饲料通过消化道速度减慢，防止消化率下降。补喂精饲料可以改善粗饲料的利用效率，但补喂精饲料后瘤胃微生物将适应于淀粉的利用，并引起瘤胃 pH 值下降，因此过量补喂精饲料将导致纤维分解菌数量和活性下降，降低粗饲料转化率。

二、化学处理

（一）秸秆氨化

氨化处理的研究始于 20 世纪 30—40 年代，但是最初仅着眼于非蛋白氮的利用。到 20 世纪 60—70 年代之后才逐步转为处理各种粗饲料，以提高其饲用价值。秸秆含氮量低，与氨相遇时，其中的有机物就与氨发生氨解反应，破坏木质素与纤维素、半纤维素链间的酯键结合，并形成铵盐，铵盐可成为羊瘤胃内微生物的氮源。获得了氮源后，瘤胃微生物活性将大大提高，对饲料的消化作用也将增强。另外，氨溶于水形成氢氧化铵，对粗饲料有碱化作用。因此氨化处理通过碱化与氨化的双重作用提高秸秆的营养价值。麦秸氨化粗蛋白由 3.6% 增加到 11.6%，干物质体内消化率提高 24.14%，粗纤维体内消化率提高 43.77%，有机物体内消化率提高 29.4%，粗蛋白消化率提高 35.3%，作物秸秆经氨化处理后，干物质采食量可提高 25% 左右。

1. 原料的准备

饲喂秸秆首要的问题是要取用品质良好的秸秆，要尽量保持嫩软、干燥，防止粗老和受潮霉坏。不同原料的秸秆间成分与消化率有所差别，例如玉米秸与小麦秸相比，前者较好，后者较差。高粱秆与玉米秸成分接近，但高粱秆的粗蛋白含量、磷含量及干物质消化率都较高。燕麦秸和大麦秸的饲养价值介于玉米秸与小麦秸之间，而稻草与小麦秸的饲用价值不相上下。稻草消化率受硅酸盐含量影响大，大豆秸、收获后的苜蓿秸木质素含量高，因而饲用价值低。秸秆中各部位的成分与消化率是不同的，甚至差别很大。

原料选择应注意以下两项。一要禁用严重风化的秸秆制作。由于未及时收割，在野外暴露时间过长，叶片变薄、变白或灰色，用手触摸叶片脱落，更严重的仅剩叶脉和茎秆，营养物质损失贻尽，用此秸秆氨化费工费时，效果极差。二要禁用霉变秸秆氨化。玉米收完后及时将秸秆砍收、避雨堆放，砍收时应避免雨天进行，已砍收的秸秆应及时氨化，堆放时间过长容易引起霉变。秸秆最好切成 5～10cm 的小段，经揉搓机揉碎更好，以扩大氨的接触面，便于氨化作用，也有利于羊采食，减少浪费。长秸秆也可直接氨化，只是处理效果不如切短秸好，一定程度上可适当增加氨化时间加以弥补。

2. 氨源和用量

（1）液氨 又称为无水氨，是一种无色液体，分子式为 NH_3，有强烈刺激性气味。氨在一个大气压、-33.4℃时变成液体，称液氨，其含氮量为 82.4%。当温度高于液化点（-33.4℃）或遇空气后，立即化成气体氨。常用量为秸秆干物质重量的 3%，它是最为经济的一种氨源，易与有机酸化合成铵盐，所以氨化效果很好。

氨在常温、常压下为气体，需要在高压容器中才能使其保持液态。因此，液氨需要高压容器贮运（氨罐和氨槽车等），一次性投资大。此外，液氨属于有毒易爆物质，在贮存、运输、使用等过程中严格遵守技术操作规程，防止意外事故的发生。

由于氨有特殊的刺鼻气味，添加量过大会影响氨化饲料的适口性，一般氨的添加量为风干秸秆重的 3%~5%。在此范围内，增加氨的用量与提高秸秆消化率和粗蛋白含量成正相关；液氨用量如超过 5%，则增加的效果不明显，未与秸秆发生反应的多余氨以游离态存在于秸秆中。液氨易挥发，其扩散半径为 2~2.5m，一般用氨枪注入。氨枪插入位置距离秸秆底部 0.2m。若离底部再高，则底部秸秆不能与氨接触，难以起到氨化作用，这是由于液氨进入秸秆中向上扩散的缘故。

（2）氨水　是氨（NH_3）、水（H_2O）和氢氧化铵（NH_4OH）等物质的混合体，即一部分氨溶解于水中，与水结合生成氢氧化铵，同时氢氧化铵又会分解出游离的氨，呈现动态平衡。随着温度升高，游离氨会增加，这些氨就可氨化秸秆。农用氨水的含氨量一般为 18%~20%，含氮量 15%左右。

（3）尿素　又称碳酰胺，是由碳、氮、氧、氢组成的有机化合物，是一种白色晶体。尿素易溶于水，在 20℃时 100mL 水中可溶解 105g，水溶液呈中性。在适宜温度和脲酶作用下，尿素可以水解为氨和二氧化碳。尿素产品有两种，结晶尿素呈白色针状或棱柱状晶形，吸湿性强，吸湿后结块，吸湿速度比颗粒尿素快 12 倍。20℃时临界吸湿点为相对湿度 80%，但 30℃时，临界吸湿点降至 72.5%，故尿素要避免在盛夏潮湿气候下敞开存放，需用双层塑料袋贮运和放置在阴凉干燥处存放。尿素含氮量 46%左右，1kg 尿素水解生成 567g 氨，生成的氨就可氨化秸秆。某些秸秆脲酶含量极低，难以将尿素分解为氨，因而有时用尿素氨化时效果不佳。国外有些国家推荐加入含脲酶含量较高的大豆粉等以保证处理效果，这在我国现有饲料资源紧缺的条件下不大现实。

（4）碳酸氢铵　是一种白色化合物，呈粒状，板状或柱状结晶，有氨臭。水溶液呈碱性，性质不稳定，36℃以上分解为二氧化碳、氨和水，60℃可完全分解。1kg 碳酸氢铵完全分解，能产生 215g 铵。农用碳酸氢铵的含氮量为 15%~17%，与氨水相仿。碳酸氢铵比尿素更易分解，且使用比氨水安全，同时其来源广泛，一般小化肥厂都能生产，因而是成本低、使用方便、效果又好的氨源。

氨化处理的效果，受原料、氨源、含水量、处理温度和时间等多种因素影响。秸秆经氨化处理后，粗蛋白质含量可提高 100%~150%，纤维素含量降低 10%，有机物消化率提高 20%以上，因此氨化处理可以提高秸秆的营养价值，经氨化处理的秸秆是羊等反刍动物良好的粗饲料。氨化饲料的调制方法较多，而且成本低、效益高，方法简单易行，非常适合广大农村采用。目前，常用的有堆垛氨化法、窖氨化法、塑料袋氨化法、缸氨化法、抹泥氨化法和氨化炉法等。

3. 氨化处理方法

（1）堆垛氨化法　堆垛氨化法亦称堆垛法、垛贮法。堆垛氨化法是将秸秆堆成垛、用塑料薄膜密封进行秸秆氨化处理的方法，季节和天气的选择、原料和材料的准备等与窖氨化法基本相同，不同的是不需要水泥窖或土窖，可在平地上进行。

① 操作步骤。

在干燥平整的地上把0.1~0.2mm厚的无毒聚乙烯塑料薄膜铺开，再把铡短到2~3cm的玉米秸秆或粉碎处理的秸秆分层整齐堆放。用尿素或碳酸氢铵作为氨源处理秸秆。一般是边堆垛边施放氨源，可以将氨源溶解于水中浇洒，也可采用边撒尿素或碳酸氢铵，边浇水。若用氨水处理，可一次垛到顶后再浇泼，每100kg玉米秸秆加注50%浓度的氨水8~10kg，喷拌均匀，然后再盖上一层塑料薄膜，四边用土压实；用液氨氨化，是在堆垛、密封后用专门设备将氨气注入。

氨水用量如为25%浓度的氨水，则每吨秸秆用120L，22.5%浓度的每吨用134L，20%浓度的每吨用150L，17.5%浓度的每吨用170L。氨气用量每吨用30~35kg。待氨水或氨气导入完后，将管子抽出，并把塑料布上的孔洞扎紧或用胶布粘严，以防漏气，危及人畜安全。小垛适合于尿素或碳酸氢铵氨化，规格一般在长×宽×高为2m×2m×1.5m。如果采用液氨氨化，堆垛完成后注氨。将硬塑料管与液氨管或氨瓶接通，按秸秆干重的3%通入氨气即可。若用氨气进行氨化，通氨方式主要有两种：一种是用氨槽车从化肥厂灌氨后直接开到现场氨化，另一种是将氨槽车中的氨分装入氨瓶后，再向秸秆中施氨。氨化完毕后应先关闭氨瓶阀门，待4~5分钟后让管内和枪内余氨流尽，方可拔出氨枪。最后用胶纸把罩膜上的注氨口封好，或用绳子将注氨孔扎紧密封。

② 注意事项。

A. 塑料薄膜的选用。所用的塑料薄膜要求无毒、抗老化和气密性能好，通常用聚乙烯薄膜，膜的厚度和颜色视具体情况而定。较粗硬的秸秆，如玉米秸，应选择厚一点的薄膜（厚度0.12mm），若氨化麦秸则可选用薄一点的塑料膜。膜的宽度主要取决于垛的大小和市场供应情况。膜的颜色，一般以抗老化的黑色膜为好，便于吸收阳光和热量，有利于缩短氨化处理时间。

B. 液氨的安全操作。液氨为有毒易爆材料，操作时应注意安全。操作人员应配备防毒面具、风镜、防护靴、雨衣、雨裤、橡胶手套、湿毛巾，现场应备有大量清水、食醋。盛氨瓶禁止碰撞和敲击，防止阳光暴晒。

（2）窖（池）氨化法 是我国目前推广应用最为普遍的一种秸秆氨化方法。其优点为：一是可以一池多用，既可用来氨化秸秆，也可用来青贮，而且使用期限长；二是便于管理，避免老鼠啃坏薄膜等缺点；三是用水泥窖（池）还可以节省塑料膜的用量，降低了成本；四是容易测定秸秆重量，便于确定氨源（如尿素）的用量。

① 窖（池）的选址和设计同青贮窖。

一般窖（池）地址选在地势高燥、土质坚实，距离粪坑、水池、建筑物较远的村边或田间地头较为适宜，最好用砖砌好，用水泥勾缝或抹面建成永久窖。在田间地头挖窖，一是减轻了农忙收获时秸秆运输压力，缩短了氨化或青贮时间，保证了饲料质量；二是不影响村容、庭院、美化环境。

② 窖（池）的设计。

窖的形式多种多样，可建在地上，也可建在地下，还可一半地上一半地下。窖以长方形为好。窖的大小根据养羊场的种类和数量而定。首先，应该知道每立方米窖能装多少干秸秆，每只羊1年需要多少氨化秸秆以及氨化几次等。一般每立方米窖可装入切碎的风干秸秆（如麦秸、稻草秸、玉米秸）150kg。

③ 操作方法。

窖贮时先挖一长形、方形或圆形的窖，在窖底层铺上塑料布。把秸秆切至2cm左右，一般的原则是，粗硬的秸秆（如玉米秸）切得短些，较柔软的秸秆可稍长些。铡短的如玉米秸秆装入后，每100kg秸秆（干物质）用5kg尿素（或碳酸氢铵）、40~50kg水。把尿素（或碳酸氢铵）溶于水中搅拌，待完全融化后分数次均匀地洒在秸秆上，不断搅拌，使秸秆与尿素液混合均匀，尿素溶液喷洒的均匀度是保证秸秆氨化饲料质量的关键。秸秆入窖前后喷洒均可，如果在入窖前将秸秆摊开喷洒则更为均匀。边装窖边踩实，待装满踩实后用塑料薄膜覆盖密封，再用细土等压好即可。如同时加0.5%盐水（但不增加水的总量），可提高饲料的适口性。气温20℃贮7天，15℃时10天，5~10℃时20天，0~5℃时30天，秸秆即变成棕色。此时揭去顶层薄膜，1~2天放净氨味后即可饲喂家畜。放净氨气时一定要注意防止人畜中毒。尿素氨化所需要时间大体与液氨氨化相同或稍长一些。开窖取料要喂多少，取多少，取后即封严窖口。

目前国内已研制生产出专用秸秆氨化处理机械。这种机械通过搓揉与撞击将纤维物质纵向裂解，并通过同步化学处理剂的作用，使木质素溶解，半纤维素水解和降解，提高秸秆的可消化性。经处理后的秸秆含氮量增加1.4倍，干物质和粗纤维消化率分别达到70%和64.4%，采食量可提高48%。

4. 影响氨化效果的因素

（1）场址选择　可以利用现成的青贮水泥窖。如需新建，应选择地势高燥、排水良好、向阳背风的地方，也要注意便于交通和管理，同时不受人畜祸害。窖的大小可按每立方米装切短的干秸秆75kg左右设计，各地根据实情自行掌握。

（2）秸秆及含水量　秸秆经氨化后，其营养价值提高的幅度与秸秆原有的营养价值有较大关系。一般品质差的秸秆，氨化后营养价值提高幅度大；品质好的秸秆，提高幅度较小。因此，如果秸秆的消化率达55%~65%，一般不用氨化。

含水量是否适宜，是决定秸秆氨化饲料制作质量乃至成败的关键。氨化秸秆最佳含水量为25%~35%，而秸秆本身一般含水量为10%~15%，再加上氨水中的含水量，扣除上述两项，余下的比例即为再加水量。氨化时需要计算原料的含水量，比如，氨化100kg小麦秸，需用浓度为25%的氨水12kg（氨水浓度为25%，表明含水量为75%，则其中含水分12kg×75%＝9kg），小麦秸秆原始含水量13%（则其中干物质为87%，水分13%），氨化时的计划含水量为30%（指其中干物质占70%，水分占30%）。含水量过低（低于10%），水都吸附在秸秆中，没有足够的水充当氨的"载体"，氨化效果差；含水量过高，氨化本身无多大影响，但水分很高的氨化秸秆容易变质，开窖后取饲时需延长晾晒时间，难以晒干，也影响适口性，且由于氨浓度降低易引起秸秆发霉变质。虽然再增加含水量对消化率有所提高，但超过35%时，既不便于操作运输，也会增大发霉的危险。

（3）氨化剂用量　氨的用量以2.5%~3.5%为宜，无水氨的用量一般为秸秆的3%。其他氮源的用量则根据含氮量换算，一般液氨的含氮量为82.3%，尿素为46.67%，碳酸氢铵用15%~16%。建议氨化100kg秸秆（风干）所需氨化剂的量分别为：液氨3kg，尿素4~5kg，碳酸氢铵8~12kg，氨水（含氮15%）15~17kg。

（4）时间与温度　氨化时间长短与环境温度密切相关，气温越高，完成氨化的时间越短；相反，气温越低，氨化所需时间就越长。当环境温度为4~17℃时，氨化需要8周；17~25℃时需要4周。用尿素处理时，由于尿素首先需要在脲酶作用下，经水解释放出氨后才能真正起到氨化的作用，所以要比氨水处理延长5~7天。当然脲酶作用的时间也与温度的高低有关。温度越高，脲酶作用的时间就越短。周围的温度对氨化起重要作用，氨化应在秸秆收割后不久、气温相对高的时候进行。用尿素处理，其分解为氨的时间也受温度影响，当温度为12℃时，用90%的尿素水解需1周。但尿素处理秸秆的温度也不能太高，故夏天尿素处理秸秆应在荫蔽条件下进行。液氨处理时温度越高越好，但用尿素处理时，温度过高则会抑制甚至破坏脲酶。这种情况下，即使没有发生漏气漏水也不会氨化成功，有时还会有一股强烈的厕粪味。因此，夏天高温季节不宜用尿素氨化。

5. 氨化秸秆的品质检验

（1）感官评定　氨化处理的好坏，可从下面几方面感官指标来判断。① 质地：应柔软蓬松，用手紧握无明显的扎手感。② 气味：有糊香味和刺鼻的氨味。氨化的玉米秸气味略有不同，既具有青贮的酸香味，又有刺鼻的氨味。③ 颜色：经氨化的麦秸颜色为杏黄色、玉米秸为褐色。如变为黑色、棕黑色，黏结成块，则为霉变。④ 发霉情况：一般氨化秸秆不易发霉。有时氨化设备封口处的氨化秸秆有局部发霉现象，但封口处以内的秸秆仍可用于饲喂。

（2）化学成分分析　通过化学分析来鉴定氨化秸秆的营养变化。

① 实验室检测：根据氨化原料、氨源、氨化方法、时间、温度等因素的不同，变化程度会有所差别。据报道，利用青贮窖氨化秸秆，液氨剂量为秸秆重的3%，氨化后的麦秸、稻草和玉米秸粗蛋白质分别提高5%、4%和5%，消化率分别提高10%、24%和18%。

② 氨化效率：就是所用氨源氮与秸秆结合成铵盐的量占氨源氮施加量的百分比。分析氨化前后秸秆的粗蛋白质含量，两者相减则得通过氨化纯增加的粗蛋白质量，该量与施加氨源的粗蛋白质量之比再乘100，即得氨化效率。

③ pH值：氨化秸秆的pH值在8.0左右，偏碱性；未氨化的pH值为5.7左右，偏酸性。

④ 饲喂效果评定：将氨化秸秆和未氨化秸秆饲喂羊，比较采食量、日增重、生产性能（产奶、产肉、产毛等）；有条件的可通过消化代谢试验，测定养分消化、利用率及营养价值的变化。

6. 氨化秸秆喂羊技术

使用氨化秸秆喂羊，要注意日粮营养平衡，保证羊只采食量，且只有和配合饲料搭配使用，才能获得较好的育肥效果。氨化秸秆自由采食，每只每日补饲青干草1~2kg，并根据生产需要添加少量精料。

（1）青年羊的饲喂　在日常饲养条件下，采用氨化秸秆喂羊，若有优良的豆科牧草，其精料粗蛋白以 12% ~ 13% 为宜；若干草品质一般，日粮精料的粗蛋白应提高到 16%，一般每日精料喂量 300g 左右。例如，1 只体重为 30 ~ 40kg 的青年羊，可喂氨化秸秆（或优质青干草）3kg，混合精料 300g。

（2）妊娠期母羊的饲喂　妊娠前期母羊对粗饲料消化能力较强，可以用部分氨化秸秆代替干草来饲喂，还应考虑补饲精料补充料和青饲料。日粮可由 50% 青绿饲草或青干草、40% 氨化秸秆、10% 精料组成。妊娠后期母羊体内胎儿生长较快，需要营养量较大，应减少氨化秸秆的喂量。

（3）泌乳期母羊的饲喂　饲养泌乳期母羊，尤其是泌乳后期母羊，应以青绿多汁饲料为主（2/3），青干草或氨化秸秆为辅（1/3），并补以混合精料。如青干草占 20%，氨化秸秆占 45%，混合精料占 35%。混合精料可以由玉米、麦麸以及饼粕类等组成，另外，泌乳母羊在不同季节，其日粮配合也应有所不同。夏秋季喂优质青干草 7kg，玉米粉 0.3kg，少喂氨化秸秆饲料；冬春季喂干花生藤 1kg，混合精料 0.5kg，增加氨化秸秆类饲料。

（4）饲喂注意事项

① 由于秸秆在氨化处理过程中，仅有 30% ~ 40% 的氨与秸秆相结合，其余的氨则以游离状态存在，加之氨具有强烈的刺激气味。所以，氨化秸秆饲料饲喂前一定要放净余氨。

② 由于氨化秸秆饲料是依靠瘤胃微生物来合成菌体蛋白，从而起到代替部分蛋白质饲料的作用。所以，搭配饲料中不得含有对瘤胃微生物具有杀灭作用的添加剂或药物。

③ 由于氨极易溶于水，在常温常压下，1 体积的水可溶解约 700 倍体积的氨，氨水不仅对瘤胃具有一定的腐蚀性，而且大量的氨被吸收后即进入血液，导致血液中氨浓度迅速升高，引起氨中毒。所以，羊在采食氨化秸秆饲料后，千万不可立即饮水，一般间隔 1 小时后再饮水。

④ 饲喂氨化秸秆饲料时要防止发生氨中毒。在不慎采食了有余氨的氨化秸秆饲料，氨化秸秆饲料一次性食入量太大或采食后立即喝水等情况下，都可导致家羊瘤胃内氨释放量过多，很容易引起氨中毒。一旦发现羊发生氨中毒，应立即停喂氨化饲草，并对患羊实施紧急治疗措施，包括灌服食醋、冷水、牛奶等。

（二）秸秆碱化

碱类物质能使饲料纤维内部的氢键结合变弱，使纤维素分子膨胀，而且能使细胞壁中纤维素与木质素间的联系削弱，溶解半纤维素，这样就利于羊前胃中的微生物起作用。碱处理的主要作用是提高秸秆的消化率。通常所说的秸秆碱化处理是指氢氧化钠、氢氧化钙和过氧化氢等碱性物质进行处理的技术。在实际生产中，秸秆碱化使用较多的是氢氧化钠和石灰水处理两种方法。秸秆碱化后可制作成散料、碎粉或是秸秆颗粒，也可以同其他饲料一起处理和使用。秸秆的碱化处理简单易行，成本较低廉，适合广大农村使用。

1. 秸秆原料预处理

农作物收获脱粒后所剩余的茎叶，粗纤维和木质素含量高，可消化蛋白含量非常低，可用于碱化处理，包括玉米秸、小麦秸、大麦秸、燕麦秸、高粱秸、甘蔗叶以及稻草秸等。一般情况下，秸秆的碱化技术同时需要物理方法协同处理，以达到改进秸秆饲喂价值的目的。物理处理方法经常作为碱化或者氨化的预处理，从而提高碱化和氨化的效果。较简单实用的物理处理方法是切短、粉碎或揉搓处理。切短后的秸秆体积变小，便于牛、羊采食和咀嚼，减少能耗，增加饲料和牛、羊瘤胃微生物的接触面积，不但能够增加采食量还能够提高日增重。秸秆的合理铡切长度取决于秸秆的种类。质地比较粗硬的秸秆，比如玉米秸、高粱秸等要相对切短些，约 1～2cm；如果秸秆是相对细、软一些的麦秸或稻草，可以切短至 3～4cm。作物秸秆经揉搓后成丝状，质地变得柔软，适口性好，剩料量大大降低。但这种方法需要配套机械，成本相对会有所增加。

碱化秸秆数量的确定在秸秆进行碱化处理前，首先应确定好羊场本年度需要碱化秸秆的数量。碱化秸秆的数量应根据各种羊只的日粮标准、羊只的数量、青饲料的生产与供应以及饲料加工配合等因素综合考虑。

2. 碱化方法

（1）氢氧化钠处理　用氢氧化钠处理秸秆，主要可分为湿法和干法处理两种，并在此基础上衍生出其他一些方法。

① 湿法碱化处理。

先配制 1.5% 的氢氧化钠溶液，每 100kg 秸秆需要 1 000kg 碱溶液，将秸秆浸泡 24～48 小时后，捞出秸秆，沥去多余的碱液（碱液仍可重复使用，但需不断增加氢氧化钠，以保持碱液浓度），再用清水反复清洗。据报道，使用该方法处理黑麦秸秆，其有机物消化率可由 45.7% 提高到 71.2%，效果显著。这种方法处理的优点在于能维持秸秆原有结构，有机物损失较少，纤维成分全部保存，干物质大约只损失 20%，且能提高消化率，适口性好，成本较低。但该方法的缺点就是在清水冲洗过程中，有机物及其他营养物质损失较多，有 25%～30% 的木质素、8%～15% 的戊聚糖物质被损失。并且产生污水量大，需要净化处理，否则会污染环境，因此这个方法现在使用较少。

② 干法碱化处理。

工业化处理法：在丹麦和英国已形成工业化处理方法，其所用碱液是 27%～46% 的氢氧化钠溶液，秸秆中最适宜的氢氧化钠含量为秸秆干物质的 3%～6%。把已喷洒氢氧化钠的秸秆送入制粒系统，制粒温度为 80～100℃、压力为 50～100 个大气压，秸秆在制粒机中的停留时间以及原料与碱之间的反应时间不超过 1 分钟。处理过的秸秆可以直接饲喂反刍家畜，秸秆消化率可提高 12%～20%。此方法的优点是不需用清水冲洗，可减少有机物的损失和环境污染，并便于机械化生产。

农场处理法：a. 喷洒碱水快速碱化法。将处理的秸秆铡成 2～3cm，每千克秸秆喷洒 25% 的氢氧化钠溶液 1kg，搅拌均匀，经 24 小时后即可喂用。处理后的秸秆呈潮湿状、鲜黄色、有碱味。羊等草食动物喜食，比未处理后的秸秆采食量增加 10%～20%。b. 喷洒碱水堆放发热处理法。使用 25%～45% 的氢氧化钠溶液，均匀喷洒在铡碎的秸秆上，每吨秸秆喷洒 30～50kg 碱液，充分搅拌混合后，立即把潮湿的秸秆堆积起来，每堆至少 3～4t。堆放后秸秆堆内温度可上升到 80～90℃，是因氢氧化钠与秸秆间发生化学反应所释放的热量所致。温度在第 3 天达到高峰，以后逐渐下降，到第 15 天恢复到环境温度水平。由于发热的结果，水分被蒸发，使秸秆的含水量达到适宜保存的水平，即秸秆处理前含水量低于17%。若水分高于17%，就会产热不足和不能充分干燥，草堆可能发霉变质。经堆放发热处理的碱化秸秆，消化率可提高15%左右。c.喷洒碱水封贮处理法。此法适于收获时尚绿或收获时下雨的湿秸秆。用25%～45%浓度的氢氧化钠溶液，每吨秸秆需60～120kg碱液，均匀喷洒后可保存1年。由于秸秆含水量高，封贮的秸秆温度不能显著上升。

③ 氢氧化钠处理的优缺点。

优点：碱化处理化学反应迅速，反应时间短；对秸秆表皮组织和细胞木质素消化障碍消除较大，能显著改善秸秆消化率，促进消化道内容物排空，所以也能提高秸秆采食量。

缺点：羊食入碱化秸秆饲料随尿排出的大量钠，污染土壤，易使局部土壤发生碱化；秸秆饲料碱化处理后，粗蛋白质含量没有改变；处理方法较繁杂，费工费时，而且氢氧化钠腐蚀性强。

（2）石灰石处理　石灰与水相互作用后生成氢氧化钙，这是一种弱碱，能起到碱化作用。它又可以分为石灰水碱化法和生石灰碱化法两种。

① 石灰水浸泡法。

将秸秆切（铡）成2～3cm长。制备石灰溶液要求应先用少量的清水将石灰溶解，然后再加入大量的水至全量，石灰乳的含量达4.5%为宜，秸秆与石灰乳的比例一般为1：（2～2.5），搅拌均匀后，滤去杂质即可使用。为了增加秸秆的适口性，可在石灰水中加入占秸秆干重0.5%～1.2%的食盐。用澄清液浸泡切碎的秸秆，经24小时浸泡后，把秸秆捞出，放在倾斜的木板上，使多余的水分流出，再经过24～36小时后不需用清水冲洗即可饲喂牲畜。石灰水可以继续使用1～2次。在生产中，为了简化石灰浸泡秸秆的手续和设备，可以采用喷淋法，即在铺有席子的水泥地上铺上切碎的秸秆，再用石灰乳喷洒数次，然后堆放，经软化1～2天后即可饲喂肉羊，秸秆的消化率可由40%提高到70%。

② 生石灰碱化法。

将切碎的秸秆按100kg秸秆加入3～6kg生石灰的方法把生石灰粉均匀地撒在湿秸秆上，加水适量使秸秆浸透，保持在潮湿的状态下3～4天后使秸秆软化，取出后晒干即可饲喂羊。用此种方法处理的秸秆饲喂羊，可使秸秆的消化率达到中等干草的水平。也可将切碎秸秆的含水量调至30%～40%，然后把生石灰粉均匀撒在湿秸秆上，生石灰的取量相当于干秸秆重量的3%～6%，加适量水使秸秆浸透，然后在潮湿状态下密封保存3～4昼夜，即可取出用于饲喂羊只。

③ 石灰处理的优缺点。

优点：成本低廉，原料易于获得，可以就地取材；能补充秸秆中的钙质；可提高秸秆营养价值0.5～1倍。

缺点：水量较大，污水也需处理。

（3）其他处理

① 过氧化氢处理。

按秸秆干物质的 3% 添加过氧化氢，将过氧化氢溶液均匀地喷洒在秸秆表面，边喷边拌匀，并加水调节秸秆含水量至 40% 上下，在 15~25℃ 下密闭保存 4 周左右，开封后将秸秆晒干即可饲喂羊。

研究表明，用过氧化氢和尿素配合使用时，效果更好。例如用 6% 尿素和 3% 过氧化氢处理玉米秸秆，秸秆的粗蛋白质含量增加 17.7%，而纤维素含量下降 9%，干物质消化率提高 4%。当用占日粮比例分别为 36% 和 72% 的经上述处理的秸秆饲喂羔羊时，其日增重分别达到 339g 和 341g。

② 碳酸钠处理。

用碳酸钠处理秸秆时，每千克秸秆干物质用 80g 碳酸钠调制。先将碳酸钠配制成 4% 碳酸钠溶液，将配制好碳酸钠溶液均匀喷洒在切细的秸秆上，再加水使秸秆的含水量达 40% 左右，在 15~25℃ 条件下密闭保存 4 周左右。最后开封将秸秆放在水泥地板上晾干即可饲喂家畜。用此方法处理玉米秸、稻草和小麦秸时，干物质消化率分别达 78.7%、64.7% 和 44.2%，有机物消化率分别达 80.3%、74.4% 和 47.5%。

③ 氢氧化钠和生石灰复合处理。

单用氢氧化钠处理秸秆效果虽然好，但成本较高。只用石灰处理秸秆的效果尽管不如氢氧化钠，但其原料来源广，价格低廉。为克服各自存在的弊端，通常将两者按一定比例混合起来处理秸秆。

原料含水率 65%~75% 的高水分秸秆，整株平铺在水泥地面上，每层 15~20cm 厚度，用喷雾器喷洒 1.5%~2% 氢氧化钠和 1.5%~2.0% 生石灰混合液，分层喷洒并压实。每吨秸秆需喷 0.8~1.2t 混合液，经 7~8 天后，秸秆内温度达到 50~55℃，秸秆呈淡绿色，并有新鲜的青贮味道。

该方法也可用混合液浸润秸秆。将切成 2~3cm 的秸秆放入盛有 1.5%~2% 的氢氧化钠和 1.5%~2% 的石灰混合液的碱化池内，浸泡 1~2 天，然后捞出秸秆放在栅板斜坡上沥干，再放 1 周左右即可饲喂。混合液与秸秆的比例为 (2~3):1。

用此法处理干秸秆，每吨秸秆需混合液 1~1.3t，可使有机物消化率达到 69%~72%，粗纤维消化率达到 77%~82%，处理后的秸秆达到 0.76~0.85kg。而且含氢氧化钠的浓度也较低，喂前不需要用清水冲洗，也不需要再给羊补饲食盐，省力、省工、节约、实用。

3. 碱化秸秆喂羊技术

经碱化处理的秸秆，只是提高了其消化率和适口性，增加了采食量，而并没有提高秸秆的化学成分（如粗蛋白含量），故在喂羊时应合理搭配青贮饲料和蛋白质饲料，使其营养更为全面。碱化秸秆饲料的饲喂量一般不超过日粮的 20%，通常采取碱化秸秆与精料补充料、干草类饲料以及多汁饲料（如胡萝卜、薯类等）混合饲喂。

此外，碱化秸秆如果进行颗粒化技术处理的工业化生产，可大大提高碱化秸秆的综合利用效益。同时，在制粒过程中，物料间压力加大，加速破坏了秸秆中木质素与其他物质的结合。考虑到碱化处理不能提高秸秆中的粗蛋白含量，一般在颗粒化处理的同时，加入一些非蛋白氮类物质，如尿素、碳酸氢铵等，可提高秸秆的粗蛋白含量。

碱化秸秆饲料一般适用于断奶后羔羊、青年羊以及泌乳期母羊的饲喂。根据羊的饲养标准，羊场有计划地按照羊各个生理阶段的不同需要，以碱化秸秆饲料为主，配合玉米、豆粕及麸皮等配制成的精料补充料，按饲养标准实行定额喂料。

（1）断奶后羔羊的饲喂　断奶后的羔羊应单独组群，采用放牧模式近距离放牧，放牧归来的羔羊应在夜间补饲混合精料 100~200g，并供给优质青干草，任其自由采食。舍饲断奶后的羔羊，饲粮应以细碎而营养丰富的苜蓿、燕麦等混合青干草为主，逐渐增加碱化秸秆饲喂量。日饲喂量以粪便无变化为宜，每天分 2~3 次供给。

（2）青年羊的饲喂　根据碱化秸秆质量情况（秸秆中粗蛋白含量）添加精料补充料，一般每日精料饲喂量为 300g 左右。

（3）泌乳期母羊的饲喂　泌乳期分为泌乳初期、泌乳高峰期、泌乳稳定期、泌乳后期 4 个阶段。不同阶段的泌乳期母羊饲喂碱化秸秆的量稍有不同，泌乳初期母羊产后体弱，消化机能较差，此阶段应给少量的碱化秸秆；泌乳高峰期在饲养上要少而精，以高能量、高蛋白为主，碱化秸秆的喂量稍增加，每只羊每天可喂 1.0~2.0kg 的碱化秸秆；泌乳稳定期逐渐减少精料喂量，增加碱化秸秆喂量，以防止羊只肥胖影响繁殖；泌乳后期，由于气候、饲料及妊娠等因素的影响产奶量显著下降，应逐步减少精料量，多给碱化秸秆类的粗饲料。

第九章　秸秆加工成型调制技术及在肉羊养殖中的应用

大量研究证明，将秸秆直接用来饲喂家畜的效果并不理想。要解决我国秸秆资源丰富但畜牧生产中饲草料相对短缺的矛盾，就必须加强对秸秆应用的科学研究，通过物理、化学和生物等调制方法提高秸秆的消化率，改善秸秆的营养品质，走出一条秸秆养羊的高效、健康和可持续发展之路。

第一节　秸秆成型饲料的优点及推荐配方

秸秆饲料的物理处理是指利用水、机械、热力等作用，使秸秆软化、破碎、降解，便于家畜咀嚼和消化。常用的方法有切短、粉碎、浸泡、蒸煮、热喷膨化、γ射线和制作成型饲料等。

一、秸秆饲料的物理处理方法

1. 切短和粉碎

切短和粉碎是处理秸秆最简便有效的方法。经机械加工的饲料秸秆长度变短，颗粒变小，使家畜对秸秆的采食量、消化率以及代谢能的利用效率都发生改变。只有从分子水平上破坏纤维素的多聚结构，才能达到提高消化率的目的。然而这种加工毫无实践意义，虽然消化率和消化速度加快了，但通过消化道的速度太快，而且成本昂贵，难以推广应用。试验表明，秸秆经切短和粉碎后饲喂家畜，采食量可以增加 20% ~ 30%，日增重提高 20%左右。因此，民间流传的"寸草铡三刀，没料也上膘"和"细草三分料"等说法，是有科学道理的。粉碎有利于家畜粗饲料的消化率，但是粉碎的过细会缩短饲料在瘤胃内的停留时间，反而引起营养物质消化率的下降。粉碎粒度大小应根据饲喂家畜种类而定。不同物理处理方法对粗饲料消化率的影响见表 9-1。秸秆粉碎机见图 9-1。

表 9-1　不同物理处理方法对粗饲料消化率的影响

处理方法	谷物类秸秆（%）	甘蔗秸秆（%）	向日葵壳（%）
不处理	37	27	17

（续表）

处理方法	谷物类秸秆（%）	甘蔗秸秆（%）	向日葵壳（%）
射线处理1小时	42	37	22
射线处理2小时	43	38	33
射线处理3小时	55	58	43
射线处理4小时	61	59	49
粉碎为1mm	42	32	17
粉碎为2mm	33	29	13
粉碎为3mm	34	26	11
粉碎为4mm	29	25	10
蒸煮（120℃，90分钟）	40	38	16
蒸煮（140℃，90分钟）	48	46	22
蒸煮（170℃，60分钟）	59	52	33
蒸煮（170℃，90分钟）	57	49	30

引自：何峰，李向林主编，《饲草加工》，北京：海洋出版社，2010.

图9-1　秸秆粉碎机

2. 揉碎处理

随着秸秆资源的大力开发，搓揉机逐渐（图9-2）得到了广泛的应用。它集中了铡草机和粉碎机等机型的优点，是一种新型饲草加工工具。该机具是在锤片式粉碎机的结构基础上改进的，以巩固齿板或齿条代替筛片，在高速旋转的转子和齿板作用下，将农作物秸秆或藤蔓、饲草等揉成丝状短段。揉碎机破坏了表面硬质与茎节，不损失其营养成分，利于动物的消化吸收；把秸秆加工成细丝状，成为易于采食、适口性好的饲草料；有利于秸秆的干燥、压捆储存和运输以及进一步粉碎加工，提高了饲草料的利用率；克服了秸秆饲料利用率低、浪费大、污染严重等缺点。

图 9-2　秸秆搓揉机

3. 浸泡

将农作物秸秆放在水中浸泡一段时间后饲喂家畜能提高适口性。此外，浸泡处理也可改善饲料采食量和消化率，提高秸秆的利用效率。经浸泡的秸秆，质地柔软，能提高其适口性。在生产中，一般先将秸秆切短后再加水浸泡并拌上精料进行饲喂，可显著提高秸秆的利用率。例如，将低质粗饲料用水浸泡后，按照 25%~45% 的比例与精饲料配合后喂羊，可以提高饲料采食量和消化率。我国东北地区的农民，在 25~30L 温水（水温在 40~45℃ 为宜）中加入食盐（或工业盐）1kg，将秸秆放入桶中分批浸泡 24 小时。饲喂家畜时控干水分，再加入 2%~10% 糠麸或玉米粉等精饲料，能取得良好的饲喂效果。

4. 蒸煮

将农作物秸秆放在具有一定压力的容器中进行蒸煮处理可以提高秸秆的消化率。蒸煮可降低纤维素的结晶度，软化秸秆，提高适口性，提高消化率，还能消灭秸秆上的霉菌。蒸煮处理的效果依据条件不同而异。可按每 100kg 切碎的秸秆加入饼类饲料 2~4kg、食盐 0.5~1kg、水 100~150L 的比例在锅内蒸煮 0.5~1 小时，温度为 90℃，然后掺入适量胡萝卜或优质干草进行饲喂。

5. 热喷膨化

热喷膨化技术是一种热力效应和机械效应相结合的物理处理方法，可以改善粗饲料的适口性，增加家畜的采食量，从而提高粗饲料的利用率。其工作原理是：在水蒸气的高温高压下，使秸秆中的木质素熔化，纤维素分子断裂、降解。当秸秆喷入大气中时，造成突然卸压，产生的内摩擦力喷爆，进一步使纤维素细胞撕裂，细胞壁疏松，从而改变秸秆中粗纤维的整体结构和分子链的构造。膨化处理后的秸秆发生了实质性的变化，主要表现如下（表 9-2）。

（1）木质素熔化　木质素的熔化也称塑化或软化，是木质素的物态发生了变化。喷发后木质素在细胞外部分布得更不均匀，增加了纤维的裸露面积，也就扩大了瘤胃和肠道微生物的作用面积，提高秸秆的降解率。

（2）木质素的溶解与水解　主要与膨化时的高温有关，温度越高木质素的溶解度越大。木质素的减少导致木质素与纤维素间紧密的镶嵌结构变得疏松不稳定，有利于家畜对秸秆内部营养物质的消化吸收。

（3）蛋白质的变化　膨化处理时的高温高压环境会破坏秸秆中的蛋白质，因此不适宜在豆类等蛋白质含量高的秸秆中使用，谷物秸秆类比较适用。

（4）半纤维素的变化　在高温蒸汽的作用下，半纤维素非常易于水解，聚合度降低，有利于家畜的消化利用。

（5）纤维素的变化　膨化后纤维素发生水解和氧化，聚合度降低，含量减少。此外，膨化时的高温可使纤维素分子吸收更多的水分子，从而降低其结晶度，有利于分解利用。

表9-2　热喷处理前后粗饲料消化率 （%）

粗饲料	处理前	处理后	粗饲料	处理前	处理后	粗饲料	处理前	处理后
小麦秸	38.46	55.46	高粱秸	50.04	60.03	甘蔗渣	48.35	59.79
稻草	40.14	59.61	芦苇	42.79	55.61	柠树条	36.35	59.99
稻壳	23.94	27.79	胡麻秆	44.25	55.47	锯木屑	24.87	43.27
玉米秸	52.09	64.81	向日葵秆	49.59	58.96	红柳条	29.55	48.87
大豆秆	40.25	55.78	向日葵盘	76.81	75.29	山林杂木	35.10	61.66

引自：田宜水，孟海波 编著，《农作物秸秆开发利用技术》，化学工业出版社，2009.

6. 射线照射

研究表明，利用 γ 射线照射可提高饲料的饲用价值。材料不同，处理的效果也不尽相同，一般都会增加体外消化率和瘤胃挥发性脂肪酸产量，主要是由于照射处理增加了饲料中的水溶性部分，后者被瘤胃微生物利用所致。例如，谷物类秸秆、甘蔗秸秆和向日葵秸秆未处理前，消化率分别为37%、27%和17%，经照射处理，谷物类秸秆消化率可提高到42%~61%，甘蔗秸秆的消化率提高到37%~59%，向日葵秸秆的消化率提高到22%~49%。

7. 碾青

将厚约0.33 m的麦秸铺在打谷场上，上面铺0.33 m左右的苜蓿，苜蓿上再铺一层相同厚度的麦秸，然后用碾子碾压。流出的苜蓿汁液可被麦秸吸收，被压扁的苜蓿在夏天只要暴晒0.5~1天就可干透。这种方法能较快制成苜蓿干草，茎叶干燥速度均匀，叶片脱落损失少，而麦秸适口性与营养价值也大大提高，不失为一种良好的秸秆饲料调制办法。

8. 打浆

在作物收获时，仍保持青绿多汁状态的秸秆适宜打浆，如马铃薯、甘薯蔓等。这些秸秆打浆后，可改善适口性，增加采食量，易与其他饲料混拌饲喂。打浆时应先在打浆机内加少量清水，开机再将青绿多汁的秸秆慢慢放入机槽内，同时向机内加水，秸秆与水的比例一般为1:1。打浆后，浆液流入贮料池内。为增加秸秆浆的稠度，可从浆中滤出一部分液体重复使用。秸秆打浆的关键是要及时收获秸秆，以保证秸秆的青绿多汁状态。如马铃薯和甘薯应在薯块接近成熟时及时收获薯蔓，然后打浆。打浆后的秸秆，主要用于饲喂猪禽，可生喂、熟喂或发酵、青贮后饲喂。

9. 颗粒化

颗粒化技术是将秸秆揉切粉碎，与其他优质饲草或精料混合后进行制粒的工艺技术。颗粒化可使粉碎饲料通过消化道的速度缓慢，提高饲草的消化率。秸秆颗粒饲料的特点是很容易将纤维素、微量元素、非蛋白氮和添加剂等成分加入颗粒饲料中，可以提高营养物质的含量，并使各种营养元素含量更加平衡，消除抗营养因子，改善适口性，提高家畜采食量及生产性能。随着饲料加工业和秸秆畜牧业的发展，秸秆饲料颗粒化方面有了很大进展，秸秆饲料颗粒化成套设备相继问世。

二、秸秆饲料成型加工的优点

与粉状、散状饲料相比，秸秆饲料加工具有以下明显的优势。

1. 保持混合饲料中各组成部分的均质性

粉状、散状饲料在贮运和饲喂过程中，常常因各组成部分的密度、容重和颗粒大小等不同，发生自动离析分级现象，导致饲料各组分的混合均匀度下降，因而影响饲料效果。但经过成型加工调制后，饲料中各营养被均质固定，可以防止动物挑食及贮运过程中的成分离析分级，从而提高饲料转化效率。

2. 有效减少饲料的损失浪费

饲喂粉状、散状饲料容易发生散失或起粉尘，从而导致饲料的浪费和饲养环境的污染。当饲料经过固型化加工后，可减少饲喂过程中的粉尘损耗，因而可节约 6%~8% 的饲料。而且，固型化饲料如颗粒饲料饲喂方便，流动性较好，便于机械化饲养管理操作，同时，有利于保持环境卫生。

3. 提高饲料的消化率和适口性

粗饲料粉碎后饲喂家畜，通过瘤胃速度过快，其消化率将明显下降，经过固型化饲料加工后，可减慢饲料外流速度，增加消化过程，提高消化率。另外，成型化调制过程中压力和高温热力的综合作用，可增加饲料的芳香味，改善粗饲料的适口性。

此外，在粗饲料原料中存在的某些有毒有害物质或生长抑制因子，如某些豆科籽实中存在的胰蛋白酶抑制因子和血细胞凝集素等，在成型加工调制过程中，因高温的作用可被变性破坏而解毒，从而可提高饲料消化利用率。

4. 固型化饲料有利于畜禽采食，从而提高饲料采食量

畜禽采食颗粒饲料的速度明显快于粉状、散状饲料，因而可缩短采食时间，减少进食动作的能量损耗。特别是牧草和秸秆饲料经过加工成型后，对反刍动物的饲养效果主要就表现在提高采食量上。

5. 固型化饲料便于包装、运输和贮存，并提高了贮运稳定性

固型化饲料是具有一定形状、大小、硬度和表面光滑的饲料产品，其体积比粉状、散状饲料可缩小 1/3~1/2。对于秸秆类饲料其体积缩小的程度更大，缩小至 1/10~1/7。

因而，经过成型加工后的饲料产品便于包装、贮存、运输和利用。而且，其吸湿性较小，可提高贮存过程中的稳定性。

虽然秸秆饲料成型加工具有很多优点，但是也存在一些缺点，其中最主要的缺点就是增加能耗，提高加工成本。因为固化型饲料的加工需要专门的设备投入，而且加工过程中所需的能源消耗也较多，从粉碎、混合到压块、制粒等加工步骤，都需要消耗大量的能源和人力。其次，在固型化饲料的加工过程中，由于对原料的高温高压处理，会导致其中某些营养成分的效价降低。如在草块或颗粒饲料的加工调制过程中，若使用高温蒸汽，则容易导致部分不耐热的维生素、氨基酸等损失；采用无蒸汽制粒工艺可以避免这一损失，但制粒效率相对较低。此外，对于秸秆粗饲料而言，若调制颗粒饲料，在粉碎、制粒过程中，由于使秸秆颗粒和纤维变细，加快了饲料在瘤胃中的通过速度，因而对粗饲料的养分消化率会产生不利的影响。不过，若是加工成秸秆草块，则可以降低这种不利影响的程度。

三、秸秆育肥成年羊的实用技术

成年羊已经停止生长发育，增重往往是脂肪的增加，因此需要大量的能量，其营养需要除热能外，其他营养成分略低于羔羊。一般品种的成年羊育肥时，达到相同体重的热能需要高于肉用增重，从而增加单位增重的饲料和劳动力消耗。羊只在育肥过程中其品质会发生很大的变化，羊肉中水分相对减少，脂肪含量增加，热量增加而蛋白质含量下降。

（一）秸秆育肥成年羊推荐配方

根据实际生产中的饲养效果，推荐的成年羊育肥精料配方如下。

表9-3　绵羊育成羊精料配方（1）

原料名称	配比（%）	营养成分（%）	含量
玉米	56	干物质	86.95
小麦麸	20	粗蛋白	15.86
棉籽粕	15	粗脂肪	3.00
大豆粕	5	粗纤维	4.45
石粉	1.5	钙	0.73
食盐	1	磷	0.60
预混料	1	食盐	0.98
磷酸氢钙	0.5	消化能（MJ/kg）	12.96
合计	100		

表9-3　绵羊育成羊精料配方（2）

原料名称	配比（%）	营养成分（%）	含量
玉米	60	干物质	86.91
小麦麸	16	粗蛋白	15.10
亚麻仁粕	15	粗脂肪	3.15
大豆粕	5	粗纤维	3.87
石粉	1.5	钙	0.75
食盐	1	磷	0.57
预混料	1	食盐	0.98
磷酸氢钙	0.5	消化能（MJ/kg）	13.05
合计	100		

表9-3　绵羊育成羊精料配方（3）

原料名称	配比（%）	营养成分（%）	含量
玉米	60	干物质	87.27
小麦麸	18	粗蛋白	15.60
棉籽粕	7.5	粗脂肪	3.35
大豆饼	5	粗纤维	3.88
花生饼	5	钙	0.82
石粉	1.5	磷	0.62
食盐	1	食盐	1.03
预混料	1	消化能（MJ/kg）	13.13
磷酸氢钙	1		
合计	100		

表9-3　绵羊育成羊精料配方（4）

原料名称	配比（%）	营养成分（%）	含量
玉米	56.5	干物质	87.74
小麦麸	20	粗蛋白	15.90
芝麻饼	20	粗脂肪	4.87
石粉	1	粗纤维	4.12
食盐	1	钙	0.95
预混料	1	磷	0.66
磷酸氢钙	0.5	食盐	0.98
合计	100	消化能（MJ/kg）	13.36

（二）秸秆喂羊效果及操作要领

利用秸秆饲料进行成年羊育肥是养羊生产中一项成熟而实用的技术，具有良好的饲喂效果和经济效益。关于秸秆进行适当处理后进行饲喂羊只的效果分析，有很多学者进行了研究。

内蒙古畜牧科学院进行了热喷麦秸饲喂绵羊的试验，选择了早春产的 5~6 月龄杂种一代公羊 14 只，每组 7 只。全期 63 天。饲喂效果见表 9-4。

表 9-4　热喷秸秆饲喂羔羊效果

	饲料进食量（g/d）							平均日增重（g/d）	料重比
	混合精料	麦秸	精料组成（%）						
			玉米	麦麸	胡麻饼	食盐	骨粉		
热喷麦秸	230	535.2	10	48	40	1	1	50.3	11.89
麦秸粉	230	595.7						21.82	21.82

注：混合精料含玉米 10%、麦麸 48%、胡麻饼 40%，另加食盐和骨粉各 1%。

陆伊奇等选择 24 只同品种、同性别、健康无病、体重相近的 1 岁绵羊分成试验组和对照组。试验组饲喂氨化麦秸，对照组饲喂干麦秸，其他精料用量相同。全期 90 天。饲喂效果见表 9-5。

表 9-5　秸秆氨化饲喂效果

项目	氨化秸秆	干麦秸
日采食量（kg/d）	0.75	0.54
日增重（kg/d）	0.07	0.04
经济效益（元/只）	155.42	140.8

据胡建宏报道，选用 40 只小尾寒羊和宁夏滩羊的杂交羔羊。随机分成试验组和对照组，试验组用微贮玉米秸秆，对照组用未处理的玉米秸秆，两组混合精料比例和喂量相同。精料比例为玉米粉 40%、麦麸 20%、豌豆 40%，饲喂量为每只每天限量 135g，全期 30 天。饲喂效果见表 9-6。

表 9-6　杂交羔羊增重及经济效益比较

项目	日增重（g）	平均日增重比较	只均毛利（元）	毛利比较（%）
对照组	193.3	—	54.2	—
试验组	323.3	+130.0	92.9	+71.4

以上研究说明，用生物或化学技术处理后的秸秆养羊与未处理的秸秆养羊相比，适口性好，采食量大，生产性能显著提高，经济效益明显。

但要科学利用好秸秆，除了做好秸秆的技术处理外，还必须注意以下几点。一是用秸秆养羊，要在日粮中添加一定量精料。研究表明，50%秸秆加50%精料组成秸秆日粮饲养羔羊，可取得很好的经济效益。但根据我国国情，可采用"低精料高粗料"的形式，但精料最低应占日粮的10%以上。二是秸秆中要加入非蛋白氮（NPN），如加尿素3%~5%，可明显提高秸秆消化率。三是要注意添加一些必需的无机盐和维生素，从而达到羊的日粮平衡，促进其生产性能的发挥。

根据焦万洪等（2005）的养殖经验，对秸秆育肥成年羊的实用技术如表9-7所示。

表9-7　秸秆育肥成年羊的操作要领

饲养阶段	技术要领	操作要点
适应期	熟悉环境及日粮	待育肥的羊由放牧转入舍饲，起初要有一个过渡阶段，任务是熟悉环境及日粮。日粮以秸秆为主，精粗比为30∶70为宜
过渡期	逐渐增加精料比例	随着体力的恢复，逐步增加精料，精粗比为40∶60。注意防止羊只因精料增加出现腹胀、拉稀、酸中毒等病症
催肥期	饲喂方法	将饲草与精料加水拌匀，加水量以羊感到不呛为原则。方法是上午喂秸秆，下午喂秸秆和精料的混合料
	精料组成	精料分别由玉米59%、米糠32%、酵母8%，营养舔砖1%组成，添加剂按说明添加
	饲喂次数	2次/天
	饲养程序	每天饲喂两次，分别为7∶00和17∶00。具体时间安排为：9∶00—11∶30调制饲料、清扫圈舍。中午13∶00时饮水；14∶30—16∶30将秸秆与精料混搅均匀，堆起来自然发酵，待第2天使用；21∶00检查羊只休息状况，发现病羊立即采取治疗措施
日常管理	防疫驱虫	对新购入的羊一律注射羊猝疽、羊快疫、羊肠毒血三联苗，每只羊5mL肌内注射。同时口服"打虫星"等驱虫药物驱除体内寄生虫。驱虫时不要将羊头抬得太高，以防呛肺引起异物性肺炎
	补饲舔砖	将营养舔砖放在饲槽内，让羊自由舔食
	管理制度	实行"三定三勤两慢一照顾"即定时定量定圈；勤添、勤拌、勤检查；饮水要慢，出入圈门慢，对个别病羊及膘情特别差者予以照顾

（三）秸秆饲料养羊的配套措施

1. 环境控制

北方地区冬春季节寒冷，持续时间长，要注意羊的保暖，应建造坐北朝南、四面栏墙、后部搭顶、前部覆盖塑膜的圈舍。在南方和北方夏季，气温高，要注意降温防暑，可采取搭棚、种树绿化方法解决。羊膻味大，圈舍应通风，但要避免穿堂风。进风口和出风口要错开位置。羊喜干忌潮，要注意排水防潮。

2. 饲养管理

秸秆营养物质有限，不能单一使用，只有和其他饲料配合使用，才能收到较好的效果。搭配玉米、高粱、稻谷和饼类等精料，可补充能量和蛋白质的不足；添加青绿饲草，以补充维生素和微量元素；使用矿物添加剂，并补充维生素和微量元素，以适应羊生长发育的需要；添喂食盐，以满足羊对钠的需要。羊食用秸秆后，应供给充足、清洁的饮水。

3. 疫病防治

舍内墙壁、地面用 1%~2% 的敌百虫溶液喷雾消毒，杀灭蜱、虱、螨等。每 2~3 个月进行 1 次。在羊体外寄生虫活跃的夏秋季节，每 10 天喷雾 1 次。采用药浴防治疥癣，在剪毛后 10 天左右让羊药浴；育肥羊在育肥前，再进行 1 次。药浴可用 0.5% 敌百虫水溶液。可用敌百虫、硫双二氯酚和左旋咪唑内服防治肝片吸虫、绦虫和线虫病。

第二节　秸秆颗粒饲料的加工调制

一、秸秆颗粒饲料的优点

秸秆颗粒饲料在生产上已经得到了广泛的应用。研究表明，秸秆颗粒饲料可以提高饲料中营养物质的利用效率，从而改善畜禽的生长性能，提高养殖收益。其主要优点如下。

① 密度显著增加，因而便于贮存、运输和饲喂；

② 饲喂颗粒饲料，可以缩短畜禽采食时间，增加采食量，避免动物挑食；

③ 调制过程中，高温可以将 90% 左右的沙门氏菌杀死，饲料不易霉变生虫；

④ 制粒过程中，在水分、温度、压力三者综合作用下使饲料组分熟化，利于动物消化吸收，可提高饲料消化率，改善适口性；

⑤ 可以减少饲喂时饲料的损失。

二、秸秆颗粒饲料加工工艺及设备

（一）秸秆颗粒饲料配方的设计和配料

秸秆饲料的含氮量很低，为了最大限度地发挥秸秆饲料的饲用价值，需要补充氮源；即使是氨化处理秸秆，其中的非蛋白氮也只能满足动物的部分需要。当饲喂茎秆含量高的粗饲料时，为了获得最大的微生物活性，要求纤维分解菌能从饲料中获得蛋白氮。已经研究确认，以秸秆饲料为基础日粮的牛、羊，补饲适宜比例的蛋白质补充料、过瘤胃蛋白和青绿饲料等，可以产生正的饲料组合效应。因此，为了使秸秆的饲用价值得到充分发挥，必须科学合理地设计秸秆颗粒饲料的配方，充分利用不同饲料间的正组合效应，克服负组合效应。

要配制以秸秆为基础、营养平衡的颗粒饲料，除了补充蛋白质补充料、过瘤胃蛋白外，还需补充能量饲料、矿物质饲料、微量元素和维生素添加剂等。此外，还可添加某些起代谢调控作用的非营养性添加剂、糖蜜等粘合剂，以改善秸秆颗粒饲料的品质和饲喂效果。

（二）秸秆颗粒饲料加工工艺

以农作物秸秆如稻草、玉米秸和麦秸等为主要原料，工业化生产颗粒型粗饲料的加工工艺技术是将秸秆揉搓、粉碎成粉后，利用制粒设备，将秸秆压成颗粒状饲料，整个工艺包括粗粉碎、细粉碎、混合、制粒、打包及辅助系统等。

在秸秆颗粒料加工过程中，常常加入精料和其他营养成分，配合成全价饲料，既改善了制粒性能，又可使营养互补，充分发挥饲料的营养价值。为改善成粒性能，还应控制好秸秆粉的含水率，含水率过高，颗粒软易堵模孔，含水率过低不易成形，通常在制粒时喷洒热水或通入蒸汽以湿润草粉，通入量一般控制在加料量的 $3\% \sim 6\%$，使草粉达到 $14\% \sim 16\%$ 的适宜压粒含水率，这样的水分含量可增加原料的可塑性，压出来的水分具有润滑作用，可提高成粒性。还应将草粉粉碎得细些，也可在草粉原料中加入 5% 左右的油脂或糖蜜，以提高粘结效果，从而使草颗粒成形良好，油脂虽无粘性，但有润滑作用，可减少颗粒机压模磨损，同时降低能耗。

秸秆颗粒饲料具有适口性好、家畜采食量大、采食时间短、浪费少等优点，但其设备成本与运行费用高。对生产秸秆颗粒的技术要求是产品形状、大小应比较均匀，具有不致破裂的硬度，表面要求光洁等。颗粒直径一般在 $10 \sim 30mm$，可根据饲养对象而定，畜禽越小，要求的颗粒也相应较小。颗粒密度以 $1.2 \sim 1.3 g/cm^3$ 为宜，颗粒堆积容重在 $550 \sim 600 kg/m^3$。秸秆颗粒产业化生产工艺如图9-3所示。

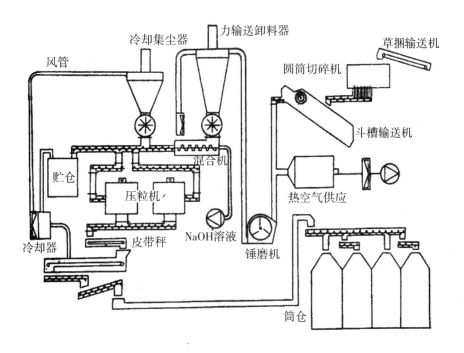

图9-3　秸秆颗粒饲料生产工艺

1. 秸秆饲料的切短、粉碎和揉碎

秸秆饲料的切短处理需要采用铡草机（或称切碎机）进行，铡草机有大型、中型、小型之分，小型的铡草机适用于小规模经营户，主要用于铡切干秸秆，也可用于铡切青贮饲料；大型铡草机常用于奶牛场，主要用于铡切青贮原料；中型铡草机可同时铡切干秸秆和青贮饲料。铡草机按其切割部分的型式不同可分为滚筒式和圆盘两种，大、中型铡草机一般都为圆盘式，而小型铡草机以滚筒式为多。

2. 调质与制粒

通过制粒工艺生产颗粒饲料，便于贮存、运输和饲喂。秸秆在压制颗粒前必须经过调质工艺，通常采用立式熟化调质器进行调质。在调质器中，液体在高压蒸汽的作用下向固相物料渗透，使物料充分软化和熟化，从而确保良好的制粒性能。调质工艺对于秸秆饲料的制粒尤为重要，因经过调质后，使秸秆饲料软化、粘结力增强，可以有效地降低制粒过程中的能量损耗，并减少压模的磨损，提高制粒效果。同时，在热水调质过程中，可使饲料中的淀粉糊化，提高饲料的利用率。此外，在调质工艺中，有必要给物料添加一定比例的水，通常要求物料的含水量达到18%~25%，这样既有利于颗粒料的成型，又可以减少压制过程中物料与模板孔间的摩擦阻力，从而提高制粒效果。

制粒一般可采用平模、环模和挤出等制粒方式，其中以平模制粒机较为适宜。平模制粒机压制的颗粒直径为8~24mm不等，可根据饲养对象的不同要求具体决定。制粒之后的颗粒料需冷却和包装，冷却器可采用带式冷却机或立式冷却器，冷却后的颗粒料温度一般不超过室温5℃。

（三）秸秆颗粒饲料加工设备

农作物秸秆经粉碎后，添加精料和其他营养成分，配合成全价饲料，然后经制粒机即可压制成秸秆颗粒饲料。在秸秆颗粒饲料调质过程中，所需的全套设备包括：制粒机、蒸汽锅炉、油脂和糖蜜添加装置、冷却装置、粉碎去除和筛粉装置，其中最关键的机械是制粒机。根据工作方式的不同，制粒机主要可分为两种类型，即平模制粒机和环模制粒机。

1. 平模制粒机

我国已生产了数种不同型号的平模制粒机，图9-4为一种平模制粒机结构的示意图，它由螺旋送料器、变速箱、搅拌器和制粒器等部分组成。螺旋送料器主要用来控制喂料量，其转速可调节。搅拌器位于送料器的下方，在其侧壁上开有小孔，以便于蒸汽导入，使粉状饲料原料加热、熟化，然后送入压粒器。压粒器内装有2~4个压辊和一个多孔平模板（图9-5），工作时平模板以210r/min的速度旋转。当熟化的粉状饲料原料落入压粒器内时，即被匀料刮板铺平在平模板上，受到压辊的挤压作用，穿过模板上的圆孔，被压实成圆柱状的物料，再被平模板下面的切刀切成长10~20mm的颗粒。平模制粒机有动模式、动辊式和模辊皆动式三种，平模板的孔径有4、6、8、10mm等不同的规格，可生产不同截面直径的颗粒料，具体可根据不同动物的需要进行选定（图9-6）。

2. 环模制粒机

环模制粒机是应用最广泛的机型，图9-7、图9-8为环模制粒机的结构和工作原理

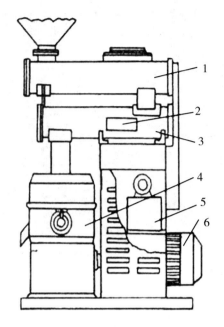

图9-4　平模制粒机结构示意
1. 螺旋送料器；2. 蒸汽管接口；3. 搅拌器；4. 压粒器；5. 蜗轮箱；6. 电机

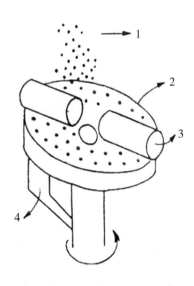

图9-5　平模制粒机工作示意
1. 饲料原料；2. 模子；3. 滚子；4. 旋转刮刀

示意图，它由螺旋送料器、搅拌器、压粒器和传动机构等部件组成。螺旋送料器主要用来控制进入压粒器的粉状饲料原料的数量，其供料量应随压粒器的负荷大小进行调节，一般多采用无级变速调节，变速范围为0~150r/min。搅拌器的侧壁上开有蒸汽导入口，当物料进入搅拌器后，即与高压过饱和蒸汽相混合，有时还添加一些油脂、糖蜜和其他

图 9-6　小型平模制粒机

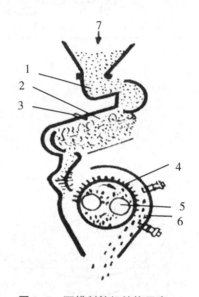

图 9-7　环模制粒机结构示意
1. 螺旋送料器；2. 搅拌器；3. 蒸汽导入口；4. 环模；
5. 压辊；6. 切断刀；7. 进料口

添加剂，随后搅拌好的物料进入压粒器中。若条件不允许时，也可用水代替蒸汽制粒，但制粒效果较差、产量下降、能耗和摩擦增大。压粒器由环模和压辊组成，作业时环模旋转，带动压辊转动，于是压辊不断地将粉状饲料原料挤压入环模孔中，压实而成圆柱形并从模孔中挤出，随环模旋转，而后被切刀切成一定长度的颗粒料。一般地，模孔孔径愈大，产量愈高，能源消耗愈小，可根据不同家畜的实际需要确定环模孔的孔径大小（图 9-9）。

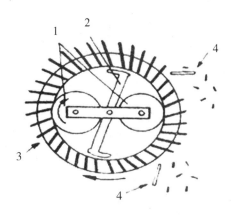

图9-8 环模制粒机工作示意
1. 滚子；2. 散布器；3. 模子；4. 切削器

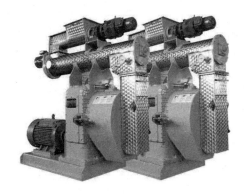 

图9-9 环膜制粒机

四、秸秆颗粒饲料在育肥羊饲养中的应用

根据羊营养需要标准，将粉碎的秸秆与精料、干草混合制成颗粒，便于机械化饲养，减少饲料浪费。同时制粒会影响日粮成分的消化行为。用颗粒化秸秆混合料喂育肥羊比用同种散混料增重提高20%~25%。秸秆颗粒料在国外已不鲜见，随着饲料加工业和秸秆畜牧业的发展，秸秆颗粒饲料在我国也已得到发展，并将会逐渐普及。

给牛、羊等反刍动物提供低质牧草或农作物秸秆，其采食量很低，以至于唾液分泌减少，瘤胃容量降低，所采食的饲料难以满足动物营养需要。因此导致动物饲养周期长，饲料报酬低，提供商品少，经济效益不显著。

用颗粒饲料喂羊，能提高采食量，促进生长发育，提高增重速度和产毛量。一般绵羊对颗粒饲料的采食率为 90%~100%，而对散料的采食量仅为 70% 左右。用颗粒饲料饲喂育肥羊、种羊、妊娠母羊，均可获得较好的饲养效果，如育肥羊平均日增重（ADG）可达 115g/只。在我国北方地区，成型饲料主要作为春夏季节补饲之用，以补充放牧羊群对蛋白质、矿物质和其他微量成分的需要。目前常用以下两种方式调制颗粒料。

1. 补饲型秸秆颗粒料

以秸秆为主要原料，配合部分精料（约为 18%），再添加尿素、矿物质等加工调制成秸秆颗粒精料，用于补饲羊只。生产实践证明，补饲秸秆颗粒料的羊只，其膘情、羊毛长度、产毛量和泌乳量均有明显改善，经济效益明显提高。

2. 非蛋白氮盐砖

采用蛋白质补充料、尿素（或其他非蛋白氮）、矿物质和微量元素等为基本原料，经专用机械压制而成的块状饲料。主要是供放牧牛、羊舐食之用。

给羊饲喂秸秆颗粒饲料应注意以下几个方面。

① 改变饲粮（日粮）时，例如由粉料改为颗粒饲料时应遵循逐渐过渡（5~7 天）的原则，如果日粮转变过急或过大，会引起消化失调。

② 颗粒饲料含水量低（约 6%），要保证羊只充足的饮水，午后适当喂些青干草（按每只 0.25kg）以利于反刍。

③ 雨天不宜在敞圈饲喂，避免颗粒饲料遇水膨胀变碎，影响采食量和饲料利用率。

④ 人工投料时每天投料两次，日饲喂量以饲槽内基本无剩余饲料为宜。

第三节　块状粗饲料的加工调制

一、块状秸秆概述

秸秆块俗称牛羊的"压缩饼干"和"方便面"，密度大大增加，一般为 $0.7 \sim 1t/m^3$，堆积容重 $0.4 \sim 0.6t/m^3$，大大降低了贮运成本，尤其利于长途运输或出口。与秸秆捆相比，由于秸秆块不需捆扎，故装卸、贮藏、分发饲料时的开支减少，又因草块密度及堆积容重较高，贮存空间比秸秆捆少 1/3，同时秸秆块的饲喂损失比秸秆捆低 10%，因此相对于秸秆捆在运输、贮存、饲喂等方面更具优越性；与秸秆颗粒相比，压块前由于不需将秸秆弄得很细碎，从而节约粉碎能耗，而且使干草保持一定的纤维长度，更适合反刍家畜的生理需要。用干秸秆块喂养家畜更方便、卫生，还可以很方便地同青贮料或精料混合起来为家畜提供全价日粮。

现阶段我国秸秆饲料的加工开发利用可归纳为如图 9-10 所示框架图，从图中可见，秸秆经化学处理、生物处理和简单的物理处理，不能克服秸秆自身密度小的缺点，存储运输困难，难以流通，只能就近就地利用，无法形成产业化经营，不能使秸秆产品商品化。秸秆饲料要成为商品就必须解决秸秆松散、容重低、储运困难且

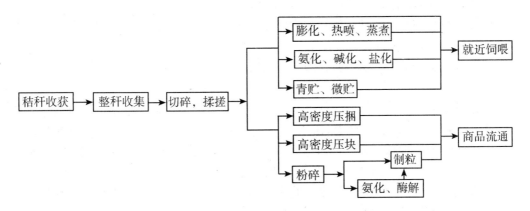

图 9-10　秸秆饲料加工综合利用框架

成本高等问题，必须具有一定的形状、形态或规格，方便装卸及运输，可以长期安全贮存，因此对秸秆就地进行高密度压缩，形成中高密度秸秆捆、块、颗粒的饲料产品，才是解决瓶颈的关键所在，从而为充分地开发利用及商品流通创造有利条件。

二、秸秆压块饲料的技术要求

1. 秸秆的储存、切碎和回性

（1）储存技术要求

① 秸秆在收获时应采用秸秆收割机或人工收获，控制割茬，切忌连根拔起，否则会增加原料中的土和杂质。

② 秸秆收割后，有条件时应在田间晾晒 2～5 天，使其剩余水分在 50% 以内再捡拾。

③ 秸秆打捆可采用捡拾打捆机或人工打捆，打捆时应用麻绳或草绳打捆；

④ 秸秆的存放可采取集中或分散存放相结合的方法，并尽量使其通风。立式码垛，垛两侧留有通风道，垛中留有通风孔，切忌堆放。在储存期间要定期翻垛，防止秸秆受潮发热霉变，同时还要注意防火。

⑤ 质量上要求秸秆应保持叶茎完整，呈黄绿色，无发霉变质现象；其含水量控制在 30% 左右即可进行切碎。

（2）切碎和回性

秸秆在切碎时，应首先检查秸秆中有无杂物和发霉变质的秸秆，如有应及时清除。切碎时应按照切碎机的操作规程进行操作，喂料要均匀，送料速度要稳定。切碎后的秸秆不要直接进行压块，而是根据秸秆的干湿程度进行晾晒。切碎的秸秆含水量控制在18% 以下，然后将切碎的秸秆进行堆放 12～24 小时，以使切碎的秸秆原料各部分湿度均匀，这被称为秸秆原料的回性。要求切碎的秸秆原料堆放应有一定高度，堆放的秸秆在回性过程中，应及时掌握秸秆原料中含水量的变化。含水量较低时，应适当喷洒一些水补充水分，确保原料回性后含水量均匀，湿度在 18% 左右。

2. 块状秸秆加工的技术要点

① 输送机将切碎的秸秆散料均匀地输送到搅拌混料机内，此时可对秸秆原料进行振动除尘，减少原料中的杂质。

② 用除铁器将散料中铁杂质除去，以保证主机的正常工作。

③ 精饲料、微量元素的添加应根据用户需求进行调整。

④ 搅拌混匀一般采用机械搅拌方式。目前，机械搅拌通常是采用双螺旋翅片式结构，两轴异向转动，将输送机输入的散料和添加机送来的添加料经过两搅拌轴异向转动，一方面使散料和添加剂充分混合均匀，另一方面也使秸秆茎、叶间搅拌均匀，而茎叶之间相互揉搓、磨擦变软，使其松散地被送进轧块机入口内。

⑤ 输出风冷机是将从轧块机模口轧出的秸秆饲料块（温度高、湿度大）用风冷的办法将其迅速冷却和降低饲料中水的含量。

⑥ 为了保证成品质量，必须对成品进行晾晒，使成品水分含量低于14%，这样才便于长期储存。

⑦ 产品包装是生产的最后一道工序，将其产品按照包装要求进行装袋入库。

三、块状秸秆饲料的加工工艺

1. 秸秆压块加工的工艺条件

块状秸秆饲料是指将农作物秸秆粉碎后，根据配方要求添加精料或添加剂，并充分混合，再压制成 32mm×32mm×（30~80）mm 的块状饲料，以提高秸秆的营养价值、采食量和消化率，便于贮存运输和机械化喂饲，方便进入商品流通。为了使块状秸秆饲料变成家畜适口性好、营养成分高、质地柔软、有益健康和便于商品化流通的粗饲料，秸秆压块加工的工艺条件应满足以下几点。

① 秸秆原料加工时其湿度应在20%以内，最佳为16%~18%；

② 秸秆应在每平方厘米20~30t的瞬时高压下加工；

③ 加工中物料瞬间温度应达到90~130℃，并在高温高压条件下，滞留12~15秒；

④ 加工时还应备有必要的营养添加系统，以保证秸秆饲料有必要营养。

2. 秸秆压块的工艺流程

轧块机是秸秆压块饲料的核心部分。目前国内轧块机主要工作原理是以内腔有螺旋槽，主轴带有推进螺旋片，通过主轴的旋转，由内外螺旋片将散料推进模块槽中，主轴的一端设有轧轮，通过主轴带动轧轮在模块槽内频繁轧压，产生高压和高温，使物料熟化，并经圆周分布的模口强行挤出，生成秸秆压块饲料。由于产生高压、高温，使秸秆原料中的淀粉及纤维发生了变化。淀粉一般在50~60℃开始膨胀，并失去先前的晶体结构，随着温度的提高，淀粉的颗粒持续膨胀直到爆裂，使淀粉发生凝胶反应（即淀粉的糊化）。糊化促进了淀粉在肠道中的酶解，也更易于消化。同时由于高压、高温，撕裂了物料胶质层表面组织和部分纤维组织，使物料中的木质素结构发生变化，纤维素同木质素的联系被切断，破坏细胞间木质素的障碍作用，也扩大了物料表面积，给瘤胃微生物的附着和繁殖创造了良好条件，使物料更加柔软，提高家畜的适口性。

秸秆原料被连续不断地推入压缩室内，再通过偏心压辊的挤压推向压模孔。在原料前进过程中，由于压辊的推力、压模的阻力、秸秆间相互摩擦及变形等阻力的共同作用，秸秆原料发生一系列理化反应，密度增大，温度升高，有机成分发生变化，由生食变成熟食。经过高温高压的作用，不仅体积小、密度大，杀灭了有害霉菌，便于长期贮存运输，而且原料中的淀粉和糖类物质还发生了酶化反应，使饲料带有浓郁的糊香气味，增加了牲畜的适口性，提高了采食率。

压块时，先用粉碎机将秸秆揉切成3~5cm的段，由输送机送入计量箱或连续式混合机，再加入膨润土和水（目的是提高成块性），然后碎干草与膨润土及水在混合机中充分混合并卸入压块机，压好的草块先运至冷却器进行冷却，冷却后含水率可降至14%以下，能够安全存放，再由输送带送至成品仓，定量包装。也可以根据配方要求加入精饲料和添加剂与碎秸秆充分混合再压块。采用上述工艺，设备、厂房投资较大，生产率高，适于产业化生产。

图9-11显示了秸秆草块加工调制的详细工艺流程。块状粗饲料加工调制过程的工艺条件，将直接影响粗饲料块的质量、加工成本及其贮存、运输性能，合理适宜的工艺条件是必不可少的。首先是秸秆等原料经人工喂入粉碎机或揉碎机，粉碎或揉碎至适当的粒度后，通过风将物料送至沙克龙，经沙克龙集料至缓冲仓（暂存），缓冲仓内的物料再经螺旋输送机运送至定量输送机。然后，由定量输送机、化学处理剂添加装置和精料添加装置共同完成配料作业，其中主物料由定量输送机输送和定量；复合化学处理剂由化学处理剂添加装置输送；精料由精料添加装置输送，三者间配比的调节，是在机器启动转运后同时接取各自的输送物料，使其重量达到配方规定的要求来完成。配合后的

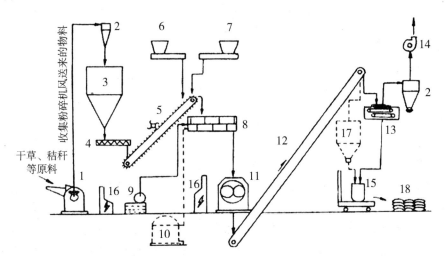

图9-11 块状粗饲料加工工艺流程
1. 粉碎器；2. 沙克龙；3. 缓冲仓；4. 双螺旋输送机；5. 定量输送机；6. 处理剂添加装置；7. 精料添加装置；8. 混合机；9. 加水装置；10. 锅炉；11. 粗饲料压块机；12. 倾斜输送机；13. 卧式冷却机；14. 分机；15. 包装机；16. 电器控制柜；17. 成品仓；18. 成品

各种物料都进入连续式混合机充分搅拌均匀，并加入适量的水和蒸汽进行调质，调质好的物料随后送入压块机压制成型，再通过倾斜输送机将成型的草块提升至卧式冷却器中冷却，而后进行成品的包装。

四、块状秸秆饲料的配制技术

（一）原料的切短、粉碎或揉碎

为了便于粗饲料的压块成形，提高压块效率，稻草、麦秸、玉米秸等原料必须先经过适当的机械预处理，切成适宜的长度。根据反刍动物的消化生理特点，其所食饲草的适宜纤维长度为 2~30mm，因此一般要求压块机所压制的粗饲料块截面尺寸在 30mm 左右。为了获得较适宜的草块纤维长度，压制草块的粗饲料原料不可切得太碎或太长，若原料切得太碎，其长度小于模孔直径时，则草块的纤维长度、坚实度和成型率都会急剧下降。相反，若原料切得太长，也会使物料在压制过程中产生更多的破裂，减少所要求的纤维长度，同时也增加压块过程中的能量损耗。一般压块粗饲料长度以与草块截面尺寸之比等于（1.5~3）：1 为好。切碎处理的机械选用铡草机或揉碎机为好，揉碎机处理可将秸秆等粗饲料原料沿纵向揉搓、剪切，而成为长 8~10cm 的细丝状秸秆碎片，有利于后续的压块处理。

（二）粗饲料原料的预处理

为了进一步提高块状粗饲料的适口性和可消化性，改善其营养品质，在压制草块之前，有必要对粗饲料原料进行适当的预处理。特别是对秸秆等低质粗饲料，预处理显得更为重要，不仅能提高秸秆饲料的营养品质和利用率，而且能改善秸秆的压块性能。目前实践中最常用且效果较好的预处理技术是化学处理，即碱化处理和氨化处理，为提高其处理效率和处理效果，通常需采用特制的化学处理反应罐进行。

（三）营养补充料的添加及营养平衡

一般的牧草草块饲料通常由单一物料压制而成，但是单一的粗饲料往往营养不平衡，如秸秆饲料养分含量低，营养不平衡，特别是含氮量严重不足。因此，为了提高块状粗饲料的营养价值和利用率，需要补充一些必要的养分。如用禾本科牧草或秸秆饲料调制草块时，可加入一些豆科牧草，这样能明显改善草块的营养品质和压块性能。相反，在压制豆科牧草时，有时可加入一些禾本科牧草或秸秆饲料，如压制苜蓿草块时，最多可加入 25% 的禾本科牧草，而苜蓿草块的质量未受明显的影响。另外，若调制草块的基础原料是秸秆饲料，则首先需要补充一定的氮源，氮源中除了一部分非蛋白氮外，应有适当比例的蛋白质补充料和过瘤胃蛋白质，以利于不同饲料间产生正的组合效应。此外，科学合理地设计秸秆草块的配方，补充适宜比例的青绿饲料、能量饲料、矿物质饲料、微量元素和维生素添加剂等也是必要的措施，甚至还可以添加某些起代谢调节作用的非营养性添加剂和糖蜜等粘结剂，以便调制出营养平衡的秸秆草块饲料，并改善秸秆压块的成型效果和压制效率。但是，精料补充料和添加剂的添加，会明显提高秸秆草块饲料的成本，同时也会增加物料混合均匀的难度。

（四）调质

调质工艺通常在调质器中进行，这一过程通常包括物料加水、搅拌和导入蒸汽熟化等工艺，对秸秆饲料的压块尤为重要，将直接影响粗饲料压块时的能量损耗、压块效率，使物料含水量达到适宜的水平。过低的物料含水量会使得压块时所需功耗很大，且难以成型，成型草块的坚实度也不够高。相反，若物料含水量过高，因水的不可压缩性和润滑作用，草块的密度和坚实度也将下降，乃至不能成型，而且含水量过高会给草块的干燥处理和贮存增加困难。研究表明，较适宜的压制物料含水量范围为：豆科牧草12%～18%，禾本科牧草18%～25%，秸秆20%～24%。值得注意的是，即使饲料原料本身含水量已达到上述要求，也必须加入少量水，以改善物料的压块性能。

压块前对物料的充分搅拌也是重要的工艺环节。因为水是秸秆草块压制过程中的唯一"粘合剂"，所以当加入其他配比物料时，充分搅拌均匀就显得更为重要，它关系到草块质量的稳定性和均匀性。在调质器中，高压蒸汽的作用有助于液体向固相物料的渗透，可使秸秆饲料充分软化和熟化，粘结力增强，有效地降低压制过程中的能量损耗，并减少压膜的磨损，从而改善秸秆饲料的压块性能，提高秸秆的成型率和压块效率。

（五）压制成型和冷却

调质好的物料需采用特制的压块机压制成型，成型草块的外形尺寸一般为截面30mm×30mm 的长方块或直径 30～32mm 的圆柱形草块。目前国内外用于秸秆草块生产的压块机种类很多，根据其工作原理和结构的不同，可分为柱塞式、环模式、平模式和缠绕式等，其中以环模式压块机攫取物料的性能较好，是目前生产上使用较多的一类压块机。

刚压制出机的草块饲料，其湿度略低于压块前的物料，温度可达到 45～60℃，因此，需要做冷却和干燥处理，以确保草块具有良好的贮存特性。草块的冷却不仅是冷却其表面，而是一个正确控制草块里表温度和湿度的过程，通常可在立式或卧式冷却器中进行。草块成品的水分应该控制在14%以下，可采用烘干或自然干燥的方法，前者干燥效果较好，但是成本较高；后者的干燥效果较差，需较长的干燥时间，如在室内阴干需 48～96 小时，此时草块的含水量可降至12%～15%。若需长期贮存，则草块的含水量还应进一步降低到12%以下。

五、块状秸秆饲料的种类及营养成分

块状秸秆饲料按原料组成可分为全秸秆饲料块、含有精料的全价秸秆饲料块、秸秆苜蓿混合块、经过微生物处理的生物秸秆饲料块，按形状可分为圆柱形秸秆饲料块，即饲料块大棒，长方形秸秆饲料块。

（一）玉米秸秆块基本指标

玉米秸秆块基本指标见表9-8。

表9-8　玉米秸秆饲料块基本指标

名称	形状	直径（mm）	长度	密度（g/cm³）	粒度（mm）
玉米秸圆柱饲料块	圆柱状	70	自然断裂	0.45~1.00	（1~5）×（5~10）
玉米秸饲料块	长方形	30×（30~50）	自然断裂	0.45~0.70	（1~5）×（5~10）
玉米秸苜蓿饲料块	长方形	30×（30~50）	自然断裂	0.45~0.70	（1~5）×（5~10）
玉米秸生物饲料块	正方形	320	自然断裂	0.40~0.60	（1~5）×（5~10）

（二）玉米秸秆块常规营养成分

常见的玉米秸秆饲料块的营养成分见表9-9。

表9-9　玉米秸秆饲料块主要营养成分 （%）

产品名称	干物质	粗蛋白质	粗脂肪	粗纤维	粗灰分	无氮浸出物	钙	磷
全玉米秸饲料块Ⅰ型	86.65	5.89	2.52	31.00	5.79	41.45	0.38	0.11
全玉米秸饲料块Ⅱ型	86.00	5.85	2.49	31.02	5.88	40.76	0.42	0.10
玉米秸配合饲料	87.10	12.00	3.90	20.60	5.85	44.73	0.78	0.32
玉米秸生物饲料块	27.03	2.04	0.24	8.00	2.38	14.37	0.13	0.04

（三）玉米秸秆饲料块纤维含量分析

由于秸秆属于粗饲料范畴，即纤维性饲料，其消化特性主要体现在纤维上。玉米秸秆产品的各种纤维组成均表现出了与瘤胃降解率正好相反的趋势，即：玉米秸生物饲料块<玉米秸穰饲料块<全玉米秸饲料块Ⅰ型<全玉米秸饲料块Ⅱ型<粉碎玉米秸<玉米秸硬皮（表9-10）。其中木质素是影响纤维素消化特性的决定性因子，因为在牛瘤胃液中，微生物自身不能合成分解木质素的酶类，但由于通过机械不同程度的高温及强力挤压等物理作用下，其纤维素、半纤维素及木质素间的镶嵌结构部分被破坏，降低了木质素的抑制作用，改善了秸秆的纤维结构，从而提高了其可消化养分含量，这也正是粉碎玉米秸和玉米秸饲料块虽然在粗纤维和木质素含量上接近，而瘤胃降解率却表现出两种玉米秸饲料块比粉碎玉米秸稍高的直接原因。而玉米秸生物饲料块、玉米秸穰饲料块的瘤胃降解率高也同样是由于其木质素含量远低于粉碎玉米秸引起的。

表9-10　不同玉米秸产品的纤维组分 （%）

秸秆类型	粗纤维	中性洗涤纤维	酸性洗涤纤维	木质素	细胞壁物质	低消化性纤维
全玉米秸饲料块Ⅰ型	35.78	69.76	40.54	9.02	77.54	70.95
全玉米秸饲料块Ⅱ型	36.07	69.85	40.67	9.23	78.31	71.55

（续表）

秸秆类型	粗纤维	中性洗涤纤维	酸性洗涤纤维	木质素	细胞壁物质	低消化性纤维
玉米秸穰饲料块	30.17	66.60	34.38	5.63	70.97	63.61
玉米秸生物饲料块	29.61	62.04	32.54	5.59	63.46	58.93
粉碎玉米秸	37.97	70.88	42.09	9.72	80.07	72.59
玉米秸硬皮	42.09	79.54	44.52	13.00	80.64	78.39

六、粗饲料压块的设备

粗饲料压块的主要设备是压块机，目前国内外用于秸秆草块加工的压块机种类和机型较多，本节只介绍几种主要的压块机。

（一）捡拾压块机

属于环模式压块机，能在田间直接捡拾风干的草条并压制成草块，一般由捡拾器、喷水装置、输送装置、切碎器、压块机构和草块输送装置等组成；其压制成型的草块尺寸为 30mm×30mm×（100~150）mm，草块密度为 700~850kg/m^3。

（二）干草压块机

属于固定作业式压块机，先将饲草切成长 3~5cm，再压制成具有一定密度的草块，适用于有电力源的打贮草站、饲料公司和饲草料加工厂等，尤其适用于牧草饲料产区就地加工使用。如内蒙古农牧学院等研制的 9KU-650 型干草压块机就属于此类压块机，其工艺为：牧草先切短至 3~5cm，加入适量的水（约 30%），通过输送搅龙搅拌均匀，再送入喂入装置，将物料连续、均匀地强制喂入主机压块室内，在摩擦力和压力的作用下，挤压成方形草棒，再由安装在机壳上的切刀切成适当长度的草块。该压块机的生产效率为豆科牧草 1~1.5t/小时，禾本科牧草 0.5~1.0t/小时；成型草块的规格为 30mm×30mm×（40~50）mm，密度为 600~1 000kg/m^3。主机转速高档适用于压制豆科牧草，低档适用于压制禾本科牧草和农作物秸秆。

（三）移动式烘干压饼机

它以新鲜牧草为原料，在机器内烘干制块，并能使牧草的养分损失减少到最低限度。该压饼机主要由高温干燥机、压饼机、发动机、热发生器和燃料箱等部件组成，其中干燥机为气流滚筒式，压饼机为柱塞式，整个机组装在气胎轮架上。

制饼工艺流程为：牧草先经铡草机切成 2~5cm 长度，由带活动底的接受槽和运送器等输入干燥滚筒中，使水分烘干降至 12%~15%。干燥后的草段直接进入压饼机，压制成直径为 55~56mm、厚约 10mm 的草饼。贮存时草饼的含水量一般不超过 12%，容重 300~450kg/m^3。

（四）缠绕式压块机

将未经切碎的牧草用缠绕机拧挤成圆柱形草棒，然后再切断而成饼状或块状，包括缠绕式捡拾压块机和辊式牧草压饼机两种机型。

1. 缠绕式捡拾压块机

该压块机可将新鲜牧草不经切碎而直接压制成草块，该机在欧美等国家应用较多。其主要优点如下。

① 对原料湿度的要求不严格，适宜的压块牧草含水量为35%~45%；

② 能耗较低，比其他制饼机能耗低2/3以上，每小时每吨的能耗为5~7.5kW；

③ 对原料种类的适应范围广，豆科、禾本科牧草均可压块，草块容重为800kg/m³。

该压块机存在的主要问题是：成品草块的干燥成本较高。

2. 辊式牧草压饼机

主要有以下特点。

① 对牧草不需切碎，可直接加工成草饼；

② 采用辊式缠绕滚压分层成型的原理，它比压缩式、挤压式压饼机的功耗小；

③ 成品草饼的密度适中，适口性较好；

④ 对原料牧草的湿度和长度均要求不高，适用范围较广。

七、块状秸秆饲料的应用前景

近些年，关于秸秆的处理方法，很多科研单位和学者进行了大量的研究。采用物理和化学以及微生物等手段进行处理，使秸秆利用率有所提高，但总的来说，并没有从根本上改变秸秆的利用现状，也没有把秸秆转变为可以流通的商品。相对于以上处理方法，秸秆饲料压块采用机械设备，将粉碎的秸秆通过添加营养剂后在模孔中挤压致密成型，形成柱状或块状饲料，满足反刍动物对采食粗纤维的需求，最适合喂牛、羊或马等家畜。

（一）秸秆压块饲料的特点

1. 由传统的"生"变"熟"

秸秆中粗纤维转化为粗蛋白后具有特殊的焦香和糊香味，色泽新鲜，根据生产季节不同呈微黄或微绿色，牲畜喜欢采食，并可减少挑食现象。在饲喂家畜过程中，玉米秸秆青贮和秸秆整秆饲喂损失率在30%~40%，牧草饲喂损失在15%左右，玉米秸秆压块饲料在饲喂过程中损失率却不到1%，从而提高了饲料的利用率，节约喂养成本。

2. 营养全面

秸秆压块饲料中富含钙、磷、铁、镁等多种矿物质元素，其中粗蛋白质含量≥6%，粗纤维含量达34%，粗脂肪含量≥2%，无氮浸出物≥45%，钙0.59%，磷0.11%，灰分<10%。

3. 饲料报酬率高

秸秆饲料在成型过程中由于高温、高压的作用，使饲料发生理化反应，淀粉糊化，半纤维素和木质素膨化变得松软，从而易于牲畜消化吸收。其消化率比原玉米秸秆提高25%，易转化为肉和奶等。

4. 储存或运输更为经济

秸秆压块饲料的压缩比为 1：（15~20），经压缩后其体积大为缩小，利于包装，便于储存与运输，减少存放场地和运费，储运成本可降低 70%，利于防火且在常温下长期保存不易霉烂变质。

5. 消毒卫生

秸秆饲料经高温压制由生变熟，无毒无菌，清洁卫生，有利防病，减少药物使用，改善肉乳质量，而且秸秆压块饲料在饲喂时浸水即可食用，方便喂饲。

（二）块状秸秆饲料的应用前景

秸秆饲料在国内的生产已有相当的基础和规模。近几年来，秸秆类饲料加工已在许多农村地区广为兴起，"家庭规模养殖+饲料加工+饲料经营"的模式已经让部分农民率先走上了致富之路。此外，秸秆压块饲料的产业化生产符合国家的产业政策和"十一五"中长期农业发展规划，属于国家扶持鼓励的循环经济与环保项目。为了加快农业的发展，使畜牧业走上节粮型或非粮型道路，国家已采取优惠政策并加大了扶持力度，推动国内秸秆压块饲料技术的发展。因此，一些饲料生产企业应加大科技投入，逐步扩大生产建设的规模，利用秸秆压块饲料营养丰富、加工成本低、便于贮存和运输等优势，提高在国内外市场的竞争力。

（三）秸秆压块饲料技术发展对策

机械化秸秆压块饲料技术发展潜力巨大，市场前景广阔。为加快该项技术的发展，使其早日成为一个促进农业结构调整、增加农民收入、推动畜牧业发展的新型产业，提出以下对策和建议。

1. 加大引导力度，优化发展环境

目前，机械化秸秆压块饲料技术尚处于发展初期，还未被农民群众和社会各界所知。因此，一要加大宣传力度，利用各种媒体广泛宣传介绍，加深投资者和农民群众的认识了解；二要加大示范力度，抓好典型，层层示范，加快推广速度；三要加大资金扶持力度，由政府部门投入部分启动、引导资金，带动社会闲散资金投入；四要以产业发展的思路，制定发展规划，从信贷、税收、资金等各方面给予政策优惠，创造良好发展环境。

2. 探索适当的经营模式

农作物秸秆密度小、质量轻、易燃烧、运输费用高，大量集中存放易发生霉变，存在火险隐患。因此，应采取集中与分散相结合的经营方式。以秸秆压块饲料公司为龙头，实行"五统一"，即统一规划、统一品牌、统一标准、统一管理、统一销售；以乡镇为厂点分散生产，一个乡镇配备一台大型设备或数名小型设备。生产工序也可采取秸秆压块和包装在厂点集中完成，秸秆风干、切碎由农户分散完成的方法。形成一个公司、厂点、农户结成的经济利益联合体。

3. 加强科研开发，提高设备水平

由于该项技术借鉴于牧草加工技术，从基础理论和设计制造及调整使用等方面都有许多问题有待进一步深入研究。应针对各种农作物秸秆的理化特性与牧草的差异，进一步研究压缩室结构和压力等参数对饲料质量的影响，材料工艺对设备可靠性的影响，部件设计对操作方便性的影响，设备配套对秸秆适应性和保证工人身体健康的影响等诸多技术、理论问题，加快技术成熟的步伐，尽快研制出质量高、效益好、投资少的新型设备。

4. 多方合作，加强相关配套技术的研究

农作物秸秆压块饲料的营养成分与优质牧草饲料相比还有一定差别，优质的肉奶产品需要优质的饲料和先进的饲养技术作为保障。饲料研究机构应加强秸秆饲料强化配方的研究，根据秸秆的营养成分，研制出增加多种添加剂（如微量元素、矿物质和优质蛋白等）的秸秆专用配方，弥补秸秆营养成分的相对不足；在生产过程中，应尽量采用豆秸、花生秸、大麦秸、玉米秸等营养成分含量相对较高的秸秆为原料，进一步提高秸秆压块饲料的营养价值；在饲养过程中，应结合秸秆压块饲料的特点，探索新的饲喂方法和模式，充分发挥秸秆压块饲料的利用价值，提高畜产品质量和产量，增加养殖企业经济效益。

第十章 羊的高效繁育技术

羊的高效繁育是增加羊群数量和提高羊群质量的必要手段，直接关系羊业发展和养殖户的经济收入。为了提高羊的繁殖力，缩短产羔周期，提高羔羊初生重，就必须掌握羊的繁殖规律和特性，了解影响繁殖的各种因素。在养羊生产中，运用人工授精、同期发情、早期妊娠诊断等技术，可以使养羊生产按人们要求有计划地进行，不断提高羊的繁殖力和生产性能，并最大限度地提高种羊的利用价值和养殖效益。

第一节 羊的繁殖规律

一、繁殖特性与规律

（一）性成熟

随着第一次发情的到来，在雌激素的作用下，生殖器官增长迅速，生长发育日趋完善，具备了繁殖能力，此时称为性成熟期。羊的性成熟期一般为 5~10 月龄。一般来说性成熟后就能配种繁殖后代，但这时其自身的生长发育尚未成熟，体重仅为成年羊的40%~60%，因而性成熟并非适宜配种。因为母羔配种过早，不仅会严重阻碍自身的生长发育，还会影响后代的生产性能。所以绵羊的初配年龄应该在 1.5 岁，此时体重和体格可以达到成年羊的 65% 以上。有些养殖户或牧场在母羊刚满周岁或者更小就开始配种产羔，这种繁育方法是错误的。

母羊的初情期和性成熟期主要受品种、个体、气候和饲养管理条件等影响。早熟的肉用羊比晚熟的毛用羊初情期和性成熟早；热带羊的初情期较寒带或温带的早；一般南方母羊的初情期较北方的早；早春产的母羔即可在当年秋季发情，而夏秋产的母羔一般需到第二年秋季才发情；饲养管理条件好的比饲养管理条件差的发情较早，营养不足则使初情期和性成熟延迟。通常山羊的性成熟比绵羊略早。

（二）初情期

母羊生长发育到一定的年龄时开始出现发情现象，母羊第一次出现发情症状，即是初情期的到来。初情期是性成熟的初级阶段。初情期以前，幼龄母羊卵巢及性器官都没有发育完全，卵巢内的卵泡在发育过程中处于萎缩闭锁状态，不表现性活动。以后随着母羊的生长发育，雌激素和垂体分泌促性腺激素逐渐增多，同时卵巢对促性腺激素敏感度也增大，卵泡开始发育成熟，即出现排卵和发情症状。此时虽然母羊有发情症状，但往往发情周期不正常，其生殖器官仍在继续生长发育之中，故此时不宜配种。一般绵羊的初情期为4~8月龄，某些早熟品种，如小尾寒羊初情期为4~5月龄；山羊初情期为4~6月龄。山羊的性成熟比绵羊略早，如青山羊的初情期为（108±18）日龄，马头山羊为（154±17）日龄。

（三）母羊的发情期与发情周期

1. 发情

绵羊、山羊达到性成熟后有一种周期性的性表现：如有性欲、兴奋不安、食欲减退等一系列行为变化；外阴红肿、子宫颈开放、卵泡发育、分泌各种生殖激素等一系列生殖器官变化。母羊的这些性表现及异常变化称之为发情。大多数母羊发情时有异常行为表现，如鸣叫不安，兴奋活跃；食欲减退，反刍和采食时间明显减少；频繁排尿，并不时地摇摆尾巴；母羊间相互爬跨、打响鼻等一些公羊的性行为；接受抚摸按压及其他羊的爬跨，表现静立不动，对人表现温顺。

生殖器官也会发生相应变化，如外阴部充血肿胀，颜色由苍白色变为鲜红色，阴唇黏膜红肿；阴道间断地排出鸡蛋清样的黏液，初期较稀薄，后期逐渐变得浑浊黏稠；子宫颈松弛开放；卵泡发育增大，到发情后期排卵。羊的发情行为表现及生殖器官的外阴部变化和阴道黏液是直观可见的，因此是发情鉴定的几个主要征状。

山羊的发情征状及行为表现很明显，特别是鸣叫、摇尾、相互爬跨等行为很突出。绵羊则没有山羊明显，甚至出现安静发情（母羊卵泡发育成熟至排卵无发情征状和性行为表现称之为安静发情，亦称安静排卵）。安静发情与生殖激素水平有关，绵羊的安静发情较多。因此在羊的繁殖过程中，绵羊常采取公羊试情的方法来鉴别母羊是否发情。

2. 发情持续期

母羊的发情持续时间称为发情持续期。绵羊发情持续期平均为30小时，山羊平均为40小时。母羊排卵一般在发情中后期，故发情后12小时左右配种最适宜。发情持续期受品种、年龄、繁殖季节中的时期等因素影响。毛用羊比肉用羊发情持续期长。羔羊初情期的发情持续期最短，1.5岁后较长，成年母羊最长；繁殖季节初期和末期的发情持续期短，中期较长；公母羊混群的母羊比单独组群的母羊的发情持续期短，且发情整齐一致。

3. 发情周期

母羊从发情开始到发情结束后，经过一定时间又周而复始地再次重复这一过程，两次发情开始间隔的时间就是羊的发情周期。绵羊的发情周期平均17天（14~21天），山羊平均为21天（18~24天）。发情周期因品种、年龄及营养状况不同而有差别。奶山羊的发情周期长，青山羊的短；处女羊、老龄羊发情周期长，壮年羊短；营养差的羊发情周期长，营养好的羊短。

（四）发情鉴定

通过发情鉴定，确定适宜的配种时间，可提高母羊的受胎率。鉴定母羊发情主要有以下 3 种方法。

1. 外观观察法

母羊发情时焦躁不安，目光滞钝，食欲减退，不时咩叫，外阴部红肿，流黏液，发情初期黏液透明，发情中期黏液呈牵丝状量多，末期黏液呈胶状。发情母羊被公羊追逐或爬跨时，往往叉开后腿站立不动，愿意接受交配。处女羊发情不明显，要认真观察，不要错过配种时机。

2. 阴道检查法

通过观察阴道黏膜、分泌物和子宫颈口的变化也可判断母羊是否发情。进行阴道检查时先将母羊保定好，外阴部冲洗干净。开膣器清洗、消毒、烘干，涂上灭菌润滑剂或用生理盐水浸湿。检查人员将开膣器前端闭合，慢慢插入阴道后，轻轻打开，通过反光镜或手电筒光线检查阴道变化。发情母羊的阴道黏膜充血，表面光亮湿润，有透明黏液流出，子宫颈口充血、松弛、开张，有黏液流出。检查完毕后，稍微合拢开膣器，抽出。

3. 试情公羊鉴定法

试情公羊，即用来发现发情母羊的公羊。要选择身体健壮，性欲旺盛，没有疾病，年龄 2~5 岁，生产性能较好的公羊。为避免试情公羊偷配母羊，对试情公羊可拴系试情布，布长 40cm，宽 35cm，四角系上带子，当试情时拴在试情公羊腹下，使它不能直接交配。除此之外，也可采用输精管结扎或阴茎移位手术。试情公羊应单独喂养，加强饲养管理，远离母羊群，防止偷配。对试情公羊每隔 1 周应本交配种或排精 1 次，以刺激性欲。

试情应在每天清晨进行。试情公羊进入母羊群后，用鼻子嗅母羊尾部，或用蹄子挑逗母羊，甚至爬跨到母羊背上，如果母羊不动，不拒绝，或伸开后腿排尿，这样的母羊即为发情羊。发情羊应从羊群中挑出，做上记号。对于初配母羊，对公羊有畏惧心理，当试情公羊追逐时，不像成年发情母羊主动接近，但只要试情公羊紧跟其后的，即为发情羊。试情时公、母羊比例以（2~3）：100 为好。

（五）影响羊繁殖的因素

一般来说，羊为季节性多次发情动物，每年秋季随着光照从长变短，羊便进入了繁殖季节，羊属于短日照型繁殖动物。我国牧区、山区的羊多为季节性多次发情类型，而某些农区的羊品种，经长期舍饲驯羊，如湖羊、小尾寒羊等往往终年可发情，或存在春秋两个繁殖季节。

羊的繁殖受季节因素的影响，而不同的季节光照时间、温度、饲料供应等因素也不同，因此季节对羊繁殖机能的影响，实际上就相当于光照时间、温度和饲料等因素对羊繁殖机能的影响。

1. 光照的长短变化明显影响羊的性活动

在赤道附近的地区、高海拔、高纬度地区，由于全年的昼夜长度比较恒定，其性活动不易随白昼长短的变化而有所反应，即光照时间的长短对其性活动的影响不大。但在内地，光照时间的长短常因季节不同而发生周期性变化。冬至，白昼最短，黑夜最长，此后，白昼渐长，黑夜渐短，到春分时，昼夜相等，直到夏至时，白昼最长，黑夜最短。此后又向相反方向变化。白昼的长短意味道着光照时间的长短。羊的繁殖季节与光照时间长短密切有关。在一年之中，繁殖季开始于秋分光照由长变短时期，而结束于春分光照由短变长时期。由此可见，逐渐缩短光照时间，可以促进羊繁殖季节的开始，因此，羊被认为是短日照繁殖动物。

2. 温度与光照影响羊的性活动

一般情况下，光照长短和温度高低相平衡。因此，温度对羊的繁殖季节也有影响，但与光照比较其作用是次要的。适宜的气温可使母羊的繁殖季节提前，而高温则会使之推后。

3. 营养水平影响羊的性活动

饲料充足，营养水平高，则母羊的繁殖季节就可以适当提早；情况相反时便会推迟。在繁殖季节来临之前，通过采取加强营养措施，进行催情补饲，不但能提早繁殖季节，而且可以增加双羔率；如果母羊长期营养不良，则其繁殖季节开始就会推迟且较早结束，缩短了繁殖季节。由此可见，营养水平高低对母羊的繁殖影响很大。

二、配种计划

一般情况下，羊的配种计划应根据各地区、各羊场每年的产羔次数和时间来安排。在 1 年 1 胎的情况下，有冬季产羔和春季产羔 2 种。产冬羔时间在 1—2 月，需要在 8—9 月配种，产春羔时间在 4—5 月，需要在 11—12 月配种。

（一）冬季产羔

一般产冬羔的母羊配种时期膘情较好，对提高产羔率有好处，同时由于母羊妊娠期体内供给营养充足，羔羊的初生重大，存活率高。此外冬羔利用青草期较长，有利于抓膘。但产冬羔需要有足够的保温产房，要有足够的饲草饲料贮备。否则母羊容易缺奶，影响羔羊发育。

（二）春季产羔

春季产羔，气候较暖和，不需要保暖产房。母羊产后很快就可吃到青草，奶水充足，羔羊出生不久也可吃到嫩草，有利于羔羊生长发育。但产春羔的缺点是母羊妊娠后期膘情最差，胎儿生长发育受到限制，羔羊初生重小。同时羔羊断奶后利用青草期较短，不利于抓膘育肥。

（三）频密繁殖

在 2 年 3 产的情况下，第 1 年 5 月份配种，10 月份产羔；2 年 1 月份配种，6 月份产羔；9 月份配种，来年 2 月份产羔。在 1 年 2 产的情况下，第 1 年 10 月份配种，第 2 年 3 月份产羔；4 月份配种，9 月份产羔。

三、配种时间和方法

配种时间一般是早晨发情的母羊傍晚配种，下午或傍晚发情的母羊于第 2 天早晨配种。为确保受胎，最好在第一次交配后，间隔 12 小时左右再交配一次。羊的配种主要有两种：一种是自然交配，另一种是人工授精。

（一）自由交配

自由交配是按一定公母比例，将公羊和母羊同群饲养，让公羊自行和发情母羊交配（本交），是一种最原始、最简单的交配方式。自由交配方式下公羊和母羊比例一般为 1 :（15~20），最多 1 : 30。这种方法简单易行，节省劳力，适合小型分散的养殖户。但也存在以下缺点。

1. 需要饲养大量的种公羊

对于母羊数量较多的羊场或养殖户，需要饲养更多数量的种公羊用于配种，既消耗了饲料，也增加了劳动力和养殖成本。

2. 不能充分发挥优秀种公羊的作用

1 头公羊负担 15~30 头母羊的配种任务，特别是在母羊发情集中季节，无法控制交配次数，公羊体力消耗很大，将降低配种质量，也会缩短公羊的利用年限。

3. 无法进行有计划的选种选配

由于公母混杂，后代血缘关系不清，并易造成近亲交配和早配，从而影响羊群质量，甚至引起退化。

4. 不能记录确切的配种日期

自由交配无法掌握准确的配种时间，不能推算分娩时间，给产羔管理造成困难，易造成意外伤害和怀孕母羊流产。

5. 增加母羊的维持消耗

公母羊混群放牧饲养，配种发情季节，性欲旺盛的公羊经常追逐母羊，影响采食和抓膘。

6. 由生殖器官交配接触的传染病不易预防控制

（二）人工辅助交配

人工辅助交配是指将公母羊分群饲养，鉴定后把发情母羊从羊群中选出来和选定的公羊交配。该方法克服了自由交配的一些缺点，有利于选配工作的进行，可防止早配和近亲交配，减少公羊的体力消耗，也有利于母羊群采食抓膘，准确记录配种时间，做到有计划地安排分娩和产羔管理等。

人工辅助交配需要对母羊进行发情鉴定、试情和牵引公羊等，花费的人力、物力较多，在羊群数量不大时采用。

第二节　人工授精技术

人工授精是用器械，采取公羊的精液，经过精液品质检查和一系列处理，再将精液输入发情母羊生殖道内，达到母羊受胎的配种方式。人工授精可以提高优秀种公羊的利用率，与配母羊数比本交提高十倍，节约饲养大量种公羊的费用，加速羊群的遗传进展，并可防止疾病传播。人工授精方法适用于有一定技术力量的大型羊场或规模较大的养殖户，也适用于社会化服务体系比较完善的养羊地区。采用人工授精技术，一只优秀公羊在一个繁殖季节里可配300~500只母羊，有的可达1 000只以上，对羊群的遗传改良起着非常重要的作用。人工授精的主要技术环节有采精、精液品质检查、精液的稀释、保存和输精等主要环节。

一、采精

（一）器材用具的准备

人工授精用的器材用具主要有假阴道、开膛器、输精枪、集精瓶、玻璃棒、温度计、镊子、烧杯等。凡是采精、输精及与精液接触的一切器材都要求仔细消毒并保持清洁和干燥。假阴道安装时，要注意调节假阴道内部的温度和压力，尽量使其与母羊阴道相仿。假阴道内的灌水量占内胎和外壳空间的1/2~2/3，一般为150~180mL。水温45~50℃，采精时内胎腔内温度保持在39~42℃。为保证一定的润滑度，可用清洁玻璃棒蘸取少许灭菌凡士林均匀涂抹在内胎前1/3处。通过气门活塞吹入气体，以内胎壁的采精口一端呈三角形为宜。

（二）台羊的准备

台羊的选择应与采精公羊的体格大小相适应，且发情明显。台羊外阴道用2%来苏儿溶液消毒，再用温水冲洗干净并擦干。经过训练调教的公羊到采精现场后，会因条件反射出现性表现，但不要急于让其爬跨台羊，应适当诱情，让公羊在采精前有充分的性准备，可改进采得精液的数量和质量。

（三）采精

采精时采精人员必须精力集中，动作准确迅速。采精员可蹲在母羊右后方，右手握假阴道，贴靠在母羊尾部，入口朝下，与地面呈35°~45°。当种公羊爬跨时，用左手轻托阴茎包皮，将阴茎导入假阴道中，保持假阴道与阴茎呈一直线。当公羊向前一冲时即为射精。随后采精员应随同公羊从台羊身上跳下时将阴茎从假阴道中退出。把集精瓶竖起，放出气体，取下集精瓶，盖上盖子，做上标记，准备精液检查。

在配种季节，公羊每天可采精2~3次，每周采精可达25次之多。但每周应注意休息1~2天。

二、精液品质检查

精液检查指标包括色泽、气味、云雾状、射精量、精子活力和密度等。通过肉眼和嗅觉检查色泽、气味、云雾状、射精量后，利用显微镜检查精液的活率、密度大小及精子形态等情况。检查时以灭菌玻璃棒蘸取1滴精液，滴在载玻片上，再加上盖片，置于400倍显微镜下观察。全部精子都做直线运动的活率评为1分，80%做直线运动的活率评为0.8分，60%作直线运动的评为0.6分，依此类推。活率在0.8以上可用来输精。

精子密度分四个等级：密、中、稀、无。"密"为视野中精子密集、无空隙，看不清单个精子运动；"中"为视野中精子间距相当于1个精子的长度，可以看清单个精子运动；"稀"为视野中精子数目较少，精子间距较大；"无"为视野中无精子。若显微镜检查时发现有畸形精子，如头部巨大、瘦小、细长、圆形、双头；颈部膨大、纤细、带有原生质滴；中段膨大、纤细、带有原生质等；或尾部弯曲、双尾、带有原生质滴等不宜输精。

三、精液的稀释

精液稀释的目的是为了增加精液容量，以便为更多的母羊输精；也能使精液短期甚至长期保存起来，继续使用，且有利于精液的长途运输，从而大大提高种公羊的配种效能。精液的稀释倍数应根据精子的密度大小决定。一般镜检为"密"时精液方可稀释，稀释后的精液输精量（0.1mL）应保证有效精子数在7 500万以上。

常用的稀释液有以下3种。

（一）生理盐水稀释液

用注射用0.9%生理盐水作稀释液，或用经过灭菌消毒的0.9%氯化钠溶液。此种稀释简单易行，稀释后马上输精，也是一种比较有效的方法。此种稀释液的稀释倍数不宜超过2倍。

（二）葡萄糖卵黄稀释液

在100mL蒸馏水中加葡萄糖3g，柠檬酸钠1.4g，溶解后过滤灭菌，冷却至30℃，加新鲜卵黄20mL，充分混合。

（三）牛奶（或羊奶）稀释液

用新鲜牛奶（或羊奶）以脱脂纱布过滤，蒸气灭菌15分钟，冷却至30℃，吸取中间奶液即可作稀释液用。

上述稀释液中，每毫升稀释液应加入500IU青霉素和链霉素，调整溶液的pH值为7后使用。新采的精液温度一般在30℃左右，如室温低于30℃时，应把集精瓶放在30℃的水浴箱里，以防精子因温度剧变而受影响。精液与稀释液混合时，二者的温度应保持一致，在20~25℃室温和无菌条件下操作。把稀释液沿集精瓶壁缓缓倒入，为使混匀，可用手轻轻摇动。稀释后的精液应立即进行镜检，观察其活力。

四、精液的保存

保存精液的方法，按保存温度分为常温（室温）保存法、普通低温保存法和冷冻（超低温）保存法。为抑制精子的活动，降低代谢和能量消耗，一般都采用低温（0~5℃）保存和冷冻保存，低温保存时精子存活时间比常温条件下显著延长。将稀释好的精液分装于2~5mL的小试管内，精液面上0.5~1.0cm的空隙。用玻璃纸或无毒塑料袋封口，用橡皮筋扎好。每管精液需标明公羊号、采精日期、精子活力和密度。将试管放入广口保温瓶内，在20℃以下室温，可保存1~2天。也可将装精液的小试管用脱脂棉或毛巾包上，外边套上塑料袋或假阴道内胎，放在冰箱保存，在低温下保存2~3天。

冷冻精液，是将稀释后的精液制做成固态的颗粒或细管精液，在-196℃的液氮罐中长期（数年）保存。

无论采用哪种方法保存精液，都要避免或减少精液与空气接触。保存温度要稳定。液态精液定期添加冰水、冰块等冷源，定时检查精子活力。

五、精液的运输

液态精液在运输过程中，无论用哪种包装或容器盛放，使用什么运输工具都应尽量防止温度发生变化和减少震动。到达目的地后，在使用前将精液取出，在室温下自然升温到20℃左右，然后检查精子活力，活力不低于0.6时方可输精。

利用液氮罐保存的冷冻精液，要定期添加液氮、液氮面不得低于容器的1/3，并要没过精液。若发现液氮罐表面挂霜或确有水珠时，说明液氮罐的绝热性能不好，应及时转移精液。

运输冷冻精液时，要轻拿轻放液氮罐，防止碰撞。罐外加外套或木箱保护。用车辆运输时应加防震垫，并固定在车上，以防止液氮罐倾倒。

六、输精

输精是在母羊发情期的适当时期，用输精器械将精液送进母羊生殖道的操作过程，主要包括以下步骤。

（一）输精前的准备

1. 器材的准备

输精前所有的器材要消毒灭菌，对于输精器及开膣器最好蒸煮或在高温干燥箱内消毒。输精器以每只母羊准备1支为宜，若输精器数量不足，可将用过的输精器先用蒸馏水擦洗，再以酒精棉球消毒，待酒精挥发后再用生理盐水冲洗3~5次，方可使用。

2. 输精人员的准备

输精人员穿工作服，手指甲剪短磨光，手洗净擦干，用75%酒精消毒，再用生理盐水冲洗。

3. 待输精母羊准备

有条件的牧场应在输精室内进行输精，若没有输精室，可在一块干净平坦的场地进行。正规操作应设输精架，若没有输精架，可以采用横杠式输精架。在地面埋上两根木桩，相距1m宽，绑上一根5~7cm粗的圆木，距地面高约70cm，将输精母羊的两后肢担在横杠上悬空，前肢着地，1次可使3~5只母羊同时担在横杠上，输精时比较方便。另一种较简便的方法是由一人保定母羊，使母羊自然站立在地面，输精人员蹲在输精坑内。还可采用两人抬起母羊后肢保定，这也是一种较简便的方法，抬起高度以输精人员能较方便地找到子宫颈口为宜。

（二）输精

1. 开腔器输精

即用开腔器扩开阴道，借助一定电光源直接寻找子宫颈口。子宫颈口的位置不一定正对阴道，但其附近黏膜颜色较深，容易找到。输精时，将吸好精液的输精器慢慢插入子宫颈口内 0.5~1.5cm 处，将精液轻轻注入子宫颈内。

2. 细管输精

事先按剂量分装好的塑料细管精液的细管两端是密封的，输精时先剪开一端，由于空气的压力，管内的精液不会外流，将剪开的一端直接缓慢地送进阴道约 15cm，再将细管的另一端剪开，同样因空气压力的原因，细管内的精液便自动流入母羊阴道内。使用这种方法，母羊的后躯应抬高，即将母羊倒提，以防止精液倒流。

3. 输精剂量

一般原精液量需要 0.05~0.1mL。输精时有效精子数应保证有效精子数在 7 500 万个以上。如是冻精，剂量适当增加，有效精子数应保证 7 500 千万以上。有些处女羊，阴道狭窄，找不到子宫颈口，这时可采用阴道输精，但精液量至少增加 1 倍。

4. 输精次数

输精后间隔时间 10 小时左右，重复 1 次。

（三）输精时机

在发情中期（即发情 12~16 小时）或中后期输精。由于羊发情期短，当发现母羊发情时，母羊已发情了一段时间，因此，应及时输精。早上发现的发情羊，当日早晨输精 1 次，傍晚再输精 1 次。

第三节　繁殖新技术的应用

一、同期发情技术

同期发情即有计划地使一群母羊在同一时间内发情，这便于羊的人工授精，提高精液利用率。同时，母羊同期发情、同期配种、同期产羔也便于生产的组织和管理工作。

1. 阴道栓处理法

羊实用型阴道栓，是以孕酮为主的羊同期发情制剂。使用方法易行，效果可靠，同期化程度高，是目前国内较为理想的实用型制剂。

在海绵栓上涂抹专用的润滑药膏，用海绵栓放置器将其放入母羊阴道深部，海绵栓上的尼龙牵引线在阴道外留 5~6cm 长，剪去多余的部分。牵引线不可留得过短，以防缩入阴道，造成去栓困难。并应注意使牵引线断端弯曲向下，以防断端刺激母羊尾部内侧，引起母羊不适，在放置阴道海绵栓的同时，皮下注射苯甲酸雌二醇 2mg，可提高发情效果。阴道栓在阴道内放置 9~12 天后，用止血钳夹住阴道外的牵引线轻轻夹出。如果牵引线拉断或牵引线缩入阴道内，要用开腔器打开阴道后取出。撤出阴道海绵栓后2~3天内即可发情，有效率达90%以上。但此法在发情季节初期，效果稍差。如果在撤除海绵栓的同时，配合注射 PMSG 200~300IU，可提高同期发情效果和双羔率。泌乳羊由于血中促乳素水平较高，抑制促性腺激素的分泌，在使用海绵栓诱导发情时可配合注射溴隐停2mg（分2次注射，间隔12小时），以抑制促乳素分泌，促进促性腺激素的分泌。

2. 前列腺素法

前列腺素具有溶解黄体的作用，对于卵巢上存在功能黄体的母羊，注射前列腺素后，黄体溶解，黄体分泌的孕酮对卵泡的抑制作用消除，卵巢上的卵泡就会发育成熟，并使母羊发情，但对卵巢上无黄体的母羊无效。妊娠母羊注射前列素后可引起流产。

全群母羊第1次全部注射氯前列烯醇 0.1~0.2mg，卵巢上有黄体的母羊，在注射后的72~90小时内发情，发情后即可输精。对第1次注射无反应的羊，10天后第2次注射。在此期间，这些母羊可能由于自然发情卵巢上形成黄体，从而对第2次注射产生反应。本法的优点是方便，缺点一是对卵巢上无黄体的母羊不起作用，二是在非发情季节无效，三是妊娠母羊误用后可引起流产。

3. 药管埋植法

在繁殖季节，给羊耳皮下埋植孕激素药管9~12天，再注射孕马血清促性腺激素10IU/kg，72小时内母羊的同期发情率达80%以上，并可提高产羔率。

4. 口服法

每天将一定数量的激素药物均匀地拌入饲料内，连续饲喂12~14天。口服法的药物用量为阴道海绵栓法的1/10~1/5。最后一次口服药的当天，肌内注射孕马血清促性腺激素 200~300IU。

二、妊娠诊断技术

对配种后的母羊进行妊娠诊断，不仅可以及时检查出空怀母羊，减少空怀羊群数量，而且能及时确定妊娠母羊，并对它们进行分群管理，加强营养，避免流产。对于空怀母羊，也能及时查找原因，制定相应措施，参与下期配种，提高繁殖率，降低生产成本。

1. 妊娠母羊的表现

妊娠期间，母羊的新陈代谢旺盛，食欲增强，消化能力提高。因胎儿的生长和母体自身体重的增加，妊娠母羊体重明显上升。妊娠前期，因代谢旺盛，母羊营养状况改善，表现为毛色光润，膘肥体壮。妊娠后期，因胎儿快速生长、消耗加大，如果饲养管理较差，母羊就会表现出瘦弱。

2. 妊娠诊断技术

一种简单实用、准确有效的妊娠诊断方法，特别是生产者和畜牧兽医工作者迫切需要的技术。在早期妊娠诊断方法实际生产中，若能及早发现空怀母羊，可以及时采取复配措施，不致错过配种季节。妊娠诊断的方法大体可分为以下几类。

(1) 外部观察法 妊娠母羊一般表现为：周期性发情停止，性情温顺、安静，行为谨慎；食欲旺盛，采食量增加，营养状况改善，毛色变得光亮、润泽。到妊娠后半期（2~3个月后）腹围增大，孕侧下垂突出，肋腹部凹陷，乳房增大。随着胎儿发育增大，隔着右侧腹壁或两对乳房上部的腹部，可触诊到胎儿。在胎儿胸壁紧贴母羊腹壁时，可以听到胎儿心音。

外部观察法的缺点是不能早期（配种后第一个情期前后）确诊是否受孕。对某些能够确诊的观察项目一般都在妊娠中后期才能明显看到，为时太晚。在进行外部观察时，应注意的是配种后再发情，比如，少数绒山羊在妊娠后有假发情表现，以此会作出空怀的错误判断。但配种后没有妊娠，也会以此得到妊娠的错误判断。

(2) 超声波探测法 就是利用超声波的反射，对羊进行妊娠检查。根据多普勒效应设计的仪器，探听血液在脐带、胎儿血管和心脏中的流动情况，能成功地测出母羊妊娠26天的情况。到妊娠6周时，诊断的准确性可提高到98%~99%。若在直肠内用超声波进行探测，当探杆触到子宫中动脉时，可以测出母羊心律（90~110次/分钟）和胎盘血流声，从而准确地判断妊娠。

(3) 激素测定法 羊怀孕后，血液中孕酮的含量明显多于没有怀孕母羊。利用这个特点，可以对母羊做出早期妊娠诊断。例如，在欧拉羊配种后20~25天测得每毫升血浆中孕酮含量大于1.5ng，就可以判定为妊娠，准确率可达93%。

(4) 免疫学诊断法 母羊怀孕后，胚胎、胎盘及母体组织分别产生一些激素、酶类等化学物质，这些物质的含量在妊娠的一定时期显著增高，有些物质具有很强的抗原性，能刺激绵羊机体产生免疫反应。利用这些反应的有无来判断家畜是否妊娠。这些新型先进技术在生产实践中的应用，为肉羊生产提供了新的途径和方法。

第十一章　羊的饲养管理技术

第一节　羔羊的饲养管理

羔羊是指从出生到断奶时的生长羊，时间一般为 3 个月。羔羊阶段是羊一生中生长发育最旺盛的时期，加强对羔羊的培育，为其创造适宜的饲养管理条件，既是提高羊群生产性能，培育高产羊群的重要措施，也是增加羊肉产量，提高羊肉品质的重要措施。在育肥羊肉生产中，羔羊肉生产以生产周期短、耗料少、成本低、效益好、肉质鲜美而日益受到重视，已成为肉羊生产中最具活力和竞争力的领域之一。商品肉羊在出栏或屠宰前经过一段时间的强度育肥，不仅能够快速增加体重，提高屠宰率，而且肉的品质也相应地得到改善，从而达到提高经济效益的目的。

然而羔羊出生时身体各组织器官未发育成熟，体质较弱，适应力较差，极易发生死亡，是羊一生中饲养难度最大的时期。只有根据羔羊在哺乳期的消化生理特点，进行合理的饲养管理，才能保证羔羊健康生长发育。养羊业发达的国家对羔羊采取早期断奶，然后采用代乳品进行人工哺乳。目前，我国羔羊多采用 2~3 月龄断奶，但采用代乳品早期断奶，是规模化羔羊饲养的趋势所在。

一、羔羊的消化生理特点

初生时期的羔羊，前 3 个胃（瘤胃、网胃和瓣胃）都没有充分发育，对母乳起作用的是第 4 个胃（皱胃）。由于此时瘤胃微生物的区系尚未形成，没有消化粗纤维的能力，所以不能采食和利用草料。对淀粉的耐受能力也很有限。所吮母乳通过食管沟直接进入真胃，由真胃分泌的凝乳蛋白酶进行消化。随着日龄的增长和采食植物性饲料的增加，真胃凝乳酶的分泌逐渐减少，其他消化酶逐渐增多，从而对草料的消化分解能力开始加强。

二、常见的羔羊死亡原因

羔羊死亡最常见于出生后 40 天这段时间里，最常见的羔羊死亡原因有以下几点。

① 初生羔羊体温调节机能不完善，抗寒能力差，如果管理不善，容易被冻死，这是牧场放牧环境下畜舍环境差，保温措施不得力，冬羔死亡率高的主要原因。

② 新生羔羊由于血液中缺乏免疫抗体，抗病能力差，容易感染各种疾病，造成羔羊死亡。

③ 羔羊早期的消化器官尚未完全发育，消化系统功能不健全，由于饲喂不当，容易引发各种消化道疾病，造成营养物质消化障碍，营养不良，最终导致过度消瘦而死亡。

④ 母羊在妊娠期营养状况不好，产后无乳，羔羊先天性发育不良，弱羔。

⑤ 初产母羊或护子性不强的母羊所产羔羊，在没有人工精心护理的情况下，也容易造成羔羊死亡。

三、提高羔羊成活率的技术措施

1. 正确选择受配母羊

（1）体型和膘情　体型和膘情中等的母羊，繁殖率、受胎率高，羔羊初生重大、健康、成活率高。

（2）母羊年龄　最好选择繁殖率高的经产母羊。初次发情的母羊，各方面条件好的，在适当推迟初配时间的前提下也可选用。

2. 加强妊娠母羊管理

（1）妊娠母羊合理放牧　冬天，放牧要在山谷背风处、半山腰或向阳坡。要晚出早归，不吃霜草、冰茬草，不饮冷水。上下坡、出入圈门，要控制速度，避免母羊流产，死胎。妊娠后期最好舍饲。

（2）妊娠母羊及时补饲　母羊膘情不好，势必会影响胎儿发育，致使羔羊体重小，体弱多病，对外界适应能力差，易死亡。母羊膘情不好，哺乳阶段缺奶，直接影响到羔羊的成活，因此，在母羊妊娠阶段进行补饲是十分必要和重要的。

3. 产羔前准备和羔羊护理

（1）产羔前准备　丰富的饲草料。母羊的发情具有相对的季节性，因此产羔也同样具有季节性，大多是春秋两季。特别是产的冬春羔羊当年就可发情配种或育肥出栏，因此冬春产羔羊优于秋季产羔羊。而我国大部分地区冬春气候寒冷，饲料资源短缺，所以储备产羔羊季节的饲草饲料非常重要，主要包括优质牧草、青贮饲料、多汁饲料、青饲料和褥草。如每只母羊日需干草 2~2.5kg，青贮饲料 1~1.5kg，青绿饲料（胡萝卜等）0.5kg，精饲料 0.3~0.4kg。

（2）适宜的产房环境　产房内要彻底消毒、垫有褥草，并注意随时加铺或更换。温度应保持在 0~5℃，产房内配有产羔栏或母仔栏，位置设在产房的一端。体型大、产羔多的母羊产羔栏内面积应达到每只 1.6~1.8m²，体型小、产羔少的母羊则可为 1.2m² 左右。

（3）专业的接产人员　应有专门的接羔和护羔人员，以保证初生羔羊的成活。对临产和产羔母羊要加强护理和饲养管理工作。另外，助产人员应将指甲剪短磨光，做好自身消毒和防护工作。

（4）专门的药品用具　准备来苏儿、酒精、高锰酸钾、碘酊、纱布、药棉、长臂手套和剪刀等药品和器械。还应准备新鲜牛奶或羊奶，或者奶山羊，以应对多胎羊产羔多而出现的缺奶问题。

4. 接羔

（1）母羊分娩预兆　临产母羊表现为精神不安，食欲减退，不停回顾腹部，时卧时起，前蹄刨地，反刍停止，行动困难；乳房膨胀，乳头增大变粗，能挤出少量清亮胶状液体或黏稠黄色初乳；阴门肿胀，流出的黏液由浓稠变为稀薄润滑，排尿频繁；肷窝下陷，用手握住尾根上下活动，可感到荐骨活动幅度增大。

（2）正常产羔与接羔　正常接羔时，首先剪掉母羊乳房周围和后肢内侧的毛，然后用温水洗净乳房，挤出几滴初乳，再将尾根、外阴部、肛门洗净，并用1%的来苏儿消毒。母羊正常分娩时，先露出充满羊水的羊膜，随后羊膜破裂，可看到羔羊的两前蹄，蹄掌朝下，此为正生，接着露出夹在两前肢之间的头部和嘴部，待羔羊头部通过外阴后，全部身躯随之顺利产出。胎位正常时，最好让母羊自行产出羔羊。有时看到羔羊两后肢先露出，蹄掌朝上，此为倒生，羔羊也可正常产出。

羔羊产出后，用毛巾或纱布擦干净其耳、鼻、口腔内的黏液和羊水，并移至母羊视线内，让母羊舔干羔羊身上的黏液。如母羊不舔，可将羔羊身上黏液涂在母羊嘴上，诱导母羊舔干羔羊。若天气寒冷，可用软干草或毛巾迅速将羔羊擦干。羔羊脐带通常自行断开，如未断开，则将脐带内部血液挤向羔羊，在距脐带基部8~10cm处剪断或用手扯断，用5%碘酒消毒。母羊生后1小时左右，胎盘会自然排出，应及时拿走，防止被母羊吞食。

（3）难产及助产　在母羊产羔过程中，非必要时一般不应干扰，最好让其自行娩出。但有些母羊因胎儿过大或初次产羔阴道狭窄及胎位不正等原因可能出现难产，怀多胎羊产出1~2只羔羊后，因体力不支、努责乏力亦可发生难产，需要助产人员视难产原因做相应处理。助产时用手握住羊羔两前肢或后肢，随着母羊的努责，轻轻向下方外拉即可产出。遇有胎位不正时，要把母羊后躯垫高，将胎儿露出产道部分送回产道，纠正胎位。如胎儿过大或母羊阴道狭窄，可将胎儿两前肢反复推入拉出数次，使阴门扩大，然后一手紧握两前肢，一手扶住头并保护会阴部防止撕裂，随着母羊努责向外拉，帮助胎儿产出。羔羊产出后，应及时把口腔、鼻腔里的黏液掏出擦净，以免因呼吸困难、吞咽羊水而引起窒息或异物性肺炎。产后母羊口渴乏力，要饮温水，最好加入一些食盐和麦麸。产后1~3天喂给质量好、易消化的饲草，膘情好的母羊不投喂精饲料。之后饲草饲料及饮水可逐渐恢复正常。

（4）假死羊的处理　羔羊产出后，身体发育正常，心脏仍有跳动，但不呼吸，这种情况称为假死。其原因是羔羊过早吸入羊水，或子宫内缺氧、分娩时间过长、受凉等。假死的处理方法有两种：一是提起羔羊双后肢，使羔羊悬空并拍击其背部、胸部；二是让羔羊平卧，用双手有节律地推压胸部两侧或让羔羊仰卧做人工呼吸。短时间假死的羔羊，经处理后一般都可以苏醒过来。

四、初生羔羊的护理

（一）尽早吃饱、吃好初乳

羔羊产后应尽早吃上初乳。初乳是母羊产后前3~5天的乳汁，颜色微黄，比较浓稠，营养十分丰富。初乳与常乳相比具有较高的酸度，能有效刺激胃肠黏膜产生消化液和抑制肠道细菌活动；含有较多的抗体和溶菌酶，还含 K 抗原凝集素，能拮抗某些大肠杆菌；初乳比常乳的矿物质和脂肪含量高 1 倍，维生素含量高 20 倍；含有较多的镁盐、钙盐，镁盐有轻泻作用，能促进胎粪排出。一般羔羊在生后 10 分钟左右就能自行站立，寻找母羊乳头，自行吮乳。初生羔羊在生后 30 分钟内应使其吃到初乳，吃不到自己母羊初乳的羔羊，最好能吃上其他母羊的初乳。因为初乳中的抗体和养分随分娩时间的延长而迅速下降，同时羔羊胃肠对初乳中抗体的吸收能力也随之下降，到生后 36 小时已不能完全吸收完整的抗体蛋白大分子，所以吃早吃饱初乳是保障羔羊体质健壮、减少发病的重要措施。母性强的母羊，产后主动识别和哺乳羔羊，但有少数母羊特别是初产母羊，无护羔经验，母性差，产后不去哺乳，必须采取强制哺乳。即先将母羊保定住，将羔羊推到乳房前，让羔羊去寻找乳头和吸乳，调教几次以后，母羊就能让羔羊吮乳了。若产后母羊有病、死亡或多羔缺奶时，应给羔羊找保姆羊，其操作方法是把保姆羊的尿液或奶汁抹在羔羊身上，使其气味与原先的气味发生混淆而无法辨别，并在人工辅助下进行几次哺乳。

（二）人工哺乳

由于母羊伤亡、乳房损伤、过分消瘦、多胎羊或其他原因而导致的缺奶羔羊首先要保证其吃到初乳。找不到合适初乳的保姆羊或羔羊无力吸吮乳头，就要采用人工哺乳，人工挤出的初乳趁热马上喂羔，如果初乳的温度不够 30℃，要加热到 40～42℃再喂。还可以用牛奶、羊奶、奶粉或代乳粉喂养缺奶的羔羊。用奶粉或代乳粉喂羔羊，应用温开水稀释。羔羊小的时候，由于其胃容积较小，应相对较浓些，使羔羊摄取较小容量的食物就能获得较多的营养物质。随着羔羊日龄的增大，奶粉及代乳粉稀释浓度可适当降低。有条件的养羊户可在奶粉或代乳粉中添加植物油、鱼肝油、胡萝卜汁、复合维生素和微量元素等，以确保营养的全价性。在农村有些养羊户往往用小米、豆面、豆浆、红糖等自制羔羊食料，这些食物喂羊以前应加少量食盐、磷酸氢钙、鱼肝油、胡萝卜汁和蛋黄等。人工哺乳的关键是要掌握好定温、定量、定时、定人和卫生条件。

（1）定温　是指要掌握好所喂羔羊食物的温度。一般冬天喂 1 月龄内的羔羊，食物温度应保持 35～41℃，夏季温度可略低些。日龄小的羔羊所喂奶的温度应略高些，随着羔羊日龄增加，喂奶的温度可以降低。掌握好温度对人工喂养十分重要，温度过高，会伤害羔羊，容易发生便秘；温度过低往往容易造成消化不良、拉稀和腹胀等。

（2）定量　是指每次喂量应适中，一般以七八成饱为宜。具体喂量应按羊体重或体格大小来决定。一般初生羔羊全天给奶量相当于初生重的 1/5，以后每隔 7～8 天比前期喂量增加 1/4～1/3。代乳料、粥、汤等的喂量应根据浓度大小来定量，应略低于喂奶量标准，尤其最初喂养的 2～3 天，先少喂，待慢慢适应后再加量。

（3）定时　是指每天饲喂时间应固定，10 日龄以内的羔羊，每天喂 5～6 次，每隔 3～5 小时喂 1 次，夜间睡眠时间隔时间可以延长；10～20 日龄每天喂 4～5 次，20 日龄以后羔羊已经能吃少量草料，每天喂奶次数可减少到 3 次。

（4）定人　是指从始至终固定专人喂养，这样可以使饲养员熟悉人工喂养羔羊的喂养特点、生活习性、吃奶程度、表现形式、精神状态、食欲等方面的情况以及喂量等。

（5）卫生　初生羔羊，尤其是缺奶羔羊往往体质较弱，生活力较差，消化机能不完善，对疾病的抵抗能力弱，极易发病，所以人工喂养的卫生状况越发显得重要。首先，要保持羔羊所食奶类、豆浆、汤、粥以及饮水和草料等的卫生。坚持现配现喂，尽量选择质量高、味道好、鲜嫩柔软易消化的食物饲喂。其次，要注意饲喂人员的卫生消毒。饲喂人员每次喂奶前应洗净双手，平时不与病羊接触，尽量减少或避免致病因素。护理病羔的人不要再护理健康羔，迫不得已由一人管理时，应先喂健康羔再喂病羔，并且喂完病羔马上清洗消毒手臂，脱下工作服单独放置，或开水冲洗、紫外线照射进行消毒处理。再次，喂奶用具也应保持清洁卫生，每次喂奶后随即用温水冲洗干净，并保存好。病羔的用具应另行放置，喂完后应用高锰酸钾、来苏儿、洗涤灵、碱水等冲刷，防止交叉感染。喂羔羊的牛奶、羊奶应用鲜奶或消毒奶，避免病菌侵入。用奶类喂羔羊时，应在喂前加热到 $62\sim64℃$ 经 30 分钟，或 $80\sim85℃$ 瞬时消毒，这样既可杀死大部分细菌又能保持奶中的原营养成分。代乳粉、粥类、米汤等喂前必须煮沸，然后加入微量元素及维生素等。

人工哺乳的关键是代乳品的选择和饲喂。代乳品至少应具有以下特点：① 消化利用率高；② 营养价值接近羊奶，消化紊乱少；③ 配制混合容易；④ 添加成分悬浮良好。

中国农业科学院饲料研究所刁其玉课题组研制的羔羊代乳粉，可直接用于羔羊饲养以替代母乳常乳或其他液态乳。以温开水调服，含有羔羊所需的各种微量元素、维生素、蛋白质、能量等，选用优质原料，含有免疫促生长因子，粗蛋白质 30%，粗脂肪 15% 以上，粗纤维低于 2%，并含有多种氨基酸。试验结果表明，饲喂羔羊代乳粉可提高羔羊成活率 50%，母羊繁殖率 80%，节省成本 20%。

（三）保温防寒

初生羔羊体温调节机能很不完善，对外界温度变化非常敏感，因此保温防寒是初生羔羊护理的重要环节。一般羊舍温度应保持在 $5℃$ 左右。室温是否适宜可以从母仔表现判断。如母仔安闲地卧在一起，说明温度适宜。如羔羊卧在母体上，则说明羊舍温度过低，此时应检查羊舍门窗是否闭严，墙壁是否有漏洞，对可能有寒风侵袭之处，进行封严加固。另外，还应设置取暖设备，以及在地面铺洁净的干草或沙土，使羔羊不致受到寒冷的侵袭。

（四）健康检查与药物防治

负责产羔期的技术人员或产房饲养员应每天早晚 2 次逐只观察产圈内羔羊健康状况，检查其哺乳、腹围大小、口鼻分泌物、呼吸、体温、粪便性质等。出现可疑病羔，应及时进行对症治疗。对怀疑传染病的羔羊，应将母羊与羔羊一同隔离，防止疾病扩散。对于出现脐炎、腹泻、肺炎的羔羊，除进行抗菌、消炎、止泻外，应及时经静脉或口服补充含葡萄糖、氯化钠、氯化钾、碳酸氢钠等电解质的溶液，以防止酸中毒和脱水，并给予大量维生素 C 或含维生素 C 的多种维生素制剂，以提高羔羊抗病力。

（五）搞好环境卫生

搞好棚圈卫生，严格执行消毒隔离制度也是初生羔羊护理工作中不可忽视的重要内容。羔羊圈舍若狭窄拥挤、肮脏潮湿、贼风侵袭、污染严重，都可引起羔羊疾病的大量发生。因此应加强圈舍的卫生管理，杜绝一切发病因素。对羊舍及周围环境要严格消毒，对病羔实行隔离，对死羔及其污染物及时处理，控制传染源。

（六）羔羊的补饲

出生后 10~40 天，应给羔羊补喂优质的饲草和饲料，一方面使羔羊获得更完全的营养物质；另一方面锻炼采食，促进瘤胃发育，提高采食消化能力。对弱羔可选用黑豆、麸皮、干草粉等混合料饲喂，日喂量由少到多。另外，在精饲料中拌些骨粉（每天 5~10g）、食盐（每天 1~2g）为佳。从 30 天起，可用切碎的胡萝卜混合饲喂。羔羊40~80 日龄时已学会吃草，但对粗硬秸秆尚不能适应，要控制其食量，使其逐渐适应。羔羊早期补饲日粮的方法可参考美国 NRC 推荐的羔羊早期补饲日粮配方（表 11-1）。

表 11-1　美国 NRC 推荐的羔羊早期补饲日粮配方　　　　　　　　　　　（%）

	A	B	C
玉米	40.0	60.0	88.5
大麦	38.5	–	–
燕麦	–	28.5	–
麦麸	10.0	–	–
豆饼、葵花籽饼	10.0	10.0	10.0
石灰石粉	1.0	1.0	1.0
加硒微量元素盐	0.5	0.5	0.5
金霉素或土霉素（mg/kg）	15.0~25.0	15.0~25.0	15.0~25.0
维生素 A（单位/kg）	500	500	500
维生素 D（单位/kg）	50	50	50
维生素 E（单位/kg）	20	20	20

注：① 6 周龄以内要碾碎，6 周龄以后整喂；② 苜蓿干草单喂，自由采食；③ 石灰石粉与整粒谷物混拌不到一起，取豆饼等蛋白质饲料与 10% 石灰石混拌加在整粒谷物的上面喂；④ 大麦、燕麦可以用玉米替代；⑤ 预防尿结石病，可以另加 0.25%~0.50% 氯化铵。

五、羔羊的饲养管理

（一）断奶

1. 断奶日龄的掌握

羔羊断奶日龄因品种、羔羊体况、饲喂方式、季节等不同而有所差异。尽管越早断奶对羔羊的应激越大，但是越早断奶的羔羊接受代乳粉的情况越好。羔羊能够在2天之内适应代乳粉，采食量能够迅速赶上甚至超过同期羔羊吃母乳的量。依中国农业科学院饲料研究所刁其玉研究员课题组试验的经验，小尾寒羊羔羊10~15日龄时可以将羔羊与母羊强制分离，改成饲喂代乳粉。

2. 代乳粉的调制

奶瓶、奶嘴及冲调代乳粉的容器每次饲喂后要刷洗干净，饲喂前要煮沸5分钟。代乳粉的冲调比例：建议在断奶初期要小一些，以1：（3~5）为宜，使得干物质比例高，增加羔羊的营养物质采食量。到中后期可以增大比例至1：（6~7）。

调制代乳粉乳液，要用50~60℃的温开水冲调代乳粉，待冲调的代乳粉凉至35~39℃时再进行饲喂。在没有温度计的情况下，可将奶瓶贴到脸上感觉不烫即可。注意要控制温度，防止过凉引起腹泻，过热烫伤羔羊的食道。

代乳品的具体饲喂方法如下。

（1）称量　根据羔羊的数量和每只羊的喂量确定代乳品用量，称量代乳品并置于奶桶中。

（2）冲兑　用煮沸后冷却到50~60℃的开水冲兑代乳品。

（3）搅拌　充分搅拌代乳品，直至没有明显可见的代乳品团粒。

（4）定温　冲兑后的代乳品温度较高，待代乳品液体温度降到35~39℃时用于饲喂羔羊。

3. 饲喂方式

羔羊与母羊分离之后，用奶瓶装代乳粉对羔羊进行诱导灌喂，但要遵循少量多次原则，以避免过强的应激，使小羊能够慢慢适应代乳粉。一般情况下，刚断奶的羔羊1周内，1天要饲喂3~6次，每次饲喂的时间间隔要尽量一致，以便使小羊尽可能多地采食代乳粉。夜间尽可能饲喂1次，尤其在冬季，以防止小羊摄入能量不足导致冻死。

待羔羊食用代乳粉正常1周后，可以用盆或吊架槽诱导羔羊采食代乳粉。饲喂人员用手指蘸上代乳粉让羔羊吮吸，逐步将手浸到盆中，将手指露出引诱羔羊吮吸，最后达到羔羊能够直接饮用盆中的代乳粉。此步骤要非常耐心，经过2天左右羔羊就能独立饮用代乳粉了。此训练的成功，对以后的饲喂节省人工起着至关重要的作用。

4. 代乳粉饲喂量

羔羊代乳粉的饲喂量以羔羊吃八分饱为原则。通常的用量：羔羊日龄在15天以内时，每天每只喂3~5次，每次20~40g代乳粉，兑水搅拌均匀；羔羊日龄超过15天时，每天喂3次，每次40~60g代乳粉。实际操作中可根据羔羊的具体情况调整喂量，全天饲喂代乳粉的量可根据羔羊生长速度变化进行调整。

5. 饲喂代乳粉中要注意的问题

① 液体饲料的饲喂温度应为35~39℃，每次的喂量一致，饲喂时间尽可能恒定，饲养员定人。

② 羔羊饲喂完毕后，应用毛巾将羔羊口部擦拭干净，防止互相舔食。同时，将奶桶、奶盆、奶瓶、奶嘴等用具清洗干净，沸水煮沸3分钟。晾干待下次使用。

③ 产品冲泡后略有沉淀，不影响效果，可于饲喂前稍加搅拌。

④ 羔羊饲喂代乳粉早期会排出黄色软稀粪，不影响羔羊健康。

⑤ 及时更换羔羊舍内的垫草，保持舍内的卫生。

⑥ 用盆喂代乳粉时，由于没有奶嘴不能够对羔羊产生有效的刺激，食管沟不能完全闭合，会有部分的奶粉汁进入瘤胃进行异常发酵，所以，每次用盆饲喂后应再让羔羊饮用一些清水，以避免瘤胃异常发酵。

⑦ 个别羔羊对代乳粉接受能力较差，采食量很低，饲养员注意对其多饲喂几次，保证其能量和营养的摄入。

⑧ 个别羔羊会有拉软粪或腹泻情况，对于软粪的可以不用采取措施，对于腹泻的，下次饲喂减量或是停喂一顿，严重者可灌服乳酶生片。

（二）分群

羔羊出生不久，体格不够健壮，应该单独组群饲养管理。这一阶段羔羊比较小，母羊体力也未完全恢复。所以，应该安排责任心强的人员管理羔羊。原则是按照出生天数分群，羔羊出生天数越短，羊群就要越小，日龄越大，组群越大。一般出生后 3~7 天内母仔在一起，施行单独管理，可将母羊 5~10 只合为一个小群；7 天以后，可将产羔母羊 10 只以上合为一群；20 日龄以后，可以大群管理。由于羔羊长大了以后，逐渐有了自己活动的能力，母羊也越来越习惯保护羔羊了，因此，这种分群方法，无论对母羊或羔羊都有好处。应该注意的是，组群的大小还要根据羊舍的大小、母羊的营养状况、母羊恋羔情况、羔羊的强弱等具体掌握。只要羊舍有足够的空间，就不要急于合大群。但是，过久的小群管理，会限制母仔的运动量，造成食欲减退，泌乳量降低，浪费劳动力，经济上不合算。因此，在编群管理上，适当地进行大小群调整，无论从生产效益上，还是经济效益上，都具有非常重要的意义。

（三）去角

羔羊在断奶 1 周后应进行去角，防止相互之间争斗时造成伤害。常用的去角方法有苛性钠法和烙铁法。

1. 苛性钠法

先剪去角基部的毛，然后用凡士林涂抹在羔羊角基部周围，再用苛性钠在前手外涂抹、磨擦，直至出血为止。但应防止苛性钠涂磨过度，否则易造成出血或角基部凹陷。

2. 烙铁法

将烙铁置于炭火中烧至暗红，或用功率为 300W 左右的电烙铁，对羔羊的角基部进行烧烙，烧烙的次数可多一点，但是须注意烧烙时间不要超过 10 秒钟。当表层皮肤破坏并伤及角原组织后可结束，对术部进行消毒处理。

（四）去势

为了提高羊群品质，每年对不做种用的公羊都应该去势，以防杂交乱配。去势俗称阉割，去势的羔羊被称为羯羊。去势后公羊性情温顺，便于管理，易于育肥，肉无膻味，且肉质细嫩。性成熟前屠宰上市的肥羔，一般不用去势。公羔去势的时间为生后 2~3 周，天气寒冷亦可适当推迟，不可过早过晚。过早则睾丸小，去势困难；过晚则睾丸大，切口大，出血多，易感染。

去势方法通常有 4 种，即刀切法、结扎法、去势钳法及化学去势法，常用的是刀切法和结扎法。

1. 刀切法

由一个人固定羔羊的四肢，用手抓住四蹄，使羊腹部向外，另一个人将阴囊上的毛剪掉，再在阴囊下 1/3 处涂以碘酒消毒，左手握住阴囊根部，将睾丸挤向底部，用消毒过的手术刀将阴囊割破，把睾丸挤出，慢慢拉断血管与精索，用同样方法取出另一侧睾丸。阴囊切口内撒消炎粉，阴囊切口处用碘酒消毒。去势羔羊要放在干净圈舍内，保持干燥清洁，不要急于放牧，以防感染或过量运动引起出血。过 1~2 日，须检查一次，如发现阴囊肿胀，可挤出其中血水，再涂抹碘酒和消炎粉。在破伤风疫区，在去势前对羔羊注射破伤风抗毒素。

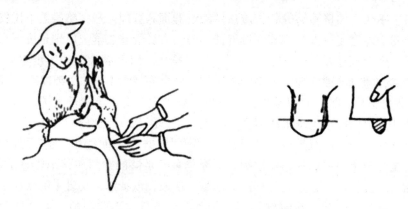

图 11-1　刀切法羔羊去势示意

2. 结扎法

常在羔羊出生 1 周后进行，操作时将睾丸挤于阴囊内，用橡皮筋将阴囊紧紧结扎，经半个月后，阴囊及睾丸血液供应断绝而萎缩并自行脱落；另一种方法是，将睾丸挤回腹腔，在阴囊基部结扎，使阴囊脱落，睾丸留在腹内，失去精子形成条件，达到去势的目的。

（五）断尾

细毛羊与二代以上的杂种羊，尾巴细长，转动不灵，易使肛门与大腿部位很脏，也不便于交配，因此需要断尾。断尾一般在羔羊出生后 1 周内进行，将尾巴在距离尾根 4~5cm 处断掉，所留长度以遮住肛门及阴部为宜。通常断尾方法有热断法和结扎法两种。

1. 热断法

断尾前先准备一块中间留有圆孔的木板将尾巴套进，盖住肛门，然后用烙铁断尾器在羔羊的第 3~4 节尾椎间慢慢切断，这种方法既能止血又能消毒。如断尾后仍有出血，应再烧烙止血。最后用碘酒消毒。

2. 结扎法

结扎法是用橡皮筋或专用的橡皮圈，套在羔羊尾巴的第三、第四尾椎间，断绝血液流通，经 7~10 天后，下端尾巴因断绝血流而萎缩、干枯，从而自行脱落。这种方法简便又不流血，无感染，操作简便，还可避免感染破伤风。

第二节 育成羊的饲养

育成羊是指断乳后到第一次配种前这一阶段的幼龄羊，即 3~18 月龄的羊。在生产中一般将羊的育成期分为两个阶段，即育成前期（4~8 月龄）和育成后期（8~18 月龄）。

一、育成前期的饲养管理

在这个时期，尤其是刚断奶的羔羊，生长发育快，瘤胃容积有限且机能不完善，对粗饲料的利用能力较差。羔羊断奶后 3~4 个月生长发育快，增重强度大，营养物质需要较多，只有满足营养物质的需要，才能保证其正常生长发育。如果育成羊营养不良，就会影响一生的生产性能，甚至使性成熟推迟，不能按时配种，从而降低种用价值。因此，该阶段要重视饲养管理，备好草料，加强补饲，避免造成不必要的损失。

育成前期羊的日粮应以精料为主，并补给优质干草和青绿多汁饲料，日粮的粗纤维不超过 15%~20%。每天需要风干饲料在 0.7~1.0kg。营养条件良好时，日增重可达到 150g 以上。

二、育成后期的饲养管理

育成后期是育成羊发育期，维持体能消耗大，但羊的瘤胃机能基本完善，可以采食大量牧草和青贮、微贮秸秆。有专家建议育成后期绵羊每日每只补饲野干草 1kg、青贮料 1kg、胡萝卜 0.5kg、混合精料 0.4~0.7kg（玉米 50%、豆饼 20%、糠麸 20%，食盐、石粉、骨粉、小苏打、预混料各 2%），对后备公母羊要适当多一些；10 月龄育成羊可按照表 11-2 所给范例配方进行饲喂。

育成期的饲养管理直接影响到羊的繁殖性能。饲养管理越好，羊只增重越快，母羊可提前达到第一次配种要求的最低体重，提早发情和配种母羔羊 6 月龄体重能达到 40kg，8 月龄就可以配种。公羊的优良遗传特性可以得到充分的体现，为提高选种的准确性和提早利用打下基础。体重是检查育成羊发育情况的重要指标。按月定时测量体重，以掌握羊育成期的平均日增重，日增重以 150~200g 为好，要根据增重情况及时调整饲料配方。育成母羊在 68 月龄时体重达到 40kg 以上，可参加配种。

表 11-2 10 月龄育成羊日粮范例配方

组成及营养成分	母羊（40kg）	公羊（50kg）	组成及营养成分	母羊（40kg）	公羊（50kg）
荒地禾本科干草（kg）	0.7	1.0	粗蛋白质（g）	195	244

（续表）

组成及营养成分	母羊（40kg）	公羊（50kg）	组成及营养成分	母羊（40kg）	公羊（50kg）
玉米青贮料（kg）	2.50	2.00	可消化蛋白质（g）	114	156
大麦碎粒（kg）	0.15	0.23	钙（g）	7.6	10.1
豌豆（kg）	0.09	0.1	磷（g）	4.5	6.0
向日葵油粕（kg）	0.06	0.12	镁（g）	1.9	2.1
食盐（g）	12	14	硫（g）	4.2	4.7
二钠磷酸盐（g）	–	5	铁（mg）	1 154	1 345
元素硫（g）	–	0.7	铜（mg）	9.2	12.4
硫酸铵（mg）	2	3	锌（mg）	45	52
硫酸锌（mg）	20	23	钴（mg）	0.43	0.63
硫酸铜（mg）	8	10	锰（mg）	56	65
营养水平			碘（mg）	0.35	0.41
代谢能（MJ）	12.5	16.0	胡萝卜素（mg）	39	40
干物质（kg）	1.5	1.8	维生素 D（IU）	465	510

育成期间，公、母羊分散放牧和饲养。断奶时不要同时断料和突然更换饲料，待羔羊安全度过应激期以后，再逐渐改变饲料。无论是放牧或舍饲，都要补喂精料，冬季要做好草料的贮备。

第三节 妊娠母羊的饲养管理

繁殖母羊是羊群正常发展的基础，母羊妊娠期的饲养与管理对于提高母羊繁殖能力、提高成活率、增加养殖户的经济效益具有重要的意义。对于繁殖场内的能繁母羊群，要求一直保持较好的饲养管理条件，以完成配种、妊娠、哺乳和提高生产性能等任务。在母羊的饲养过程中应依照防重于治的原则，从增强妊娠母羊体质和抗病力出发，按照疫病防疫程序接种疫苗，做好早期驱虫和补钙补硒工作，从母体的生长发育和胎儿健康出发，切实搞好饲养管理。根据繁殖母羊所处生理时期（如空怀、妊娠、哺乳）的不同，以及不同生理时期母羊对营养需要的不同特点及日常管理侧重点不同，可将繁殖母羊的饲养管理分为空怀期、妊娠期和哺乳期 3 个阶段。按照繁殖周期，母羊的空怀期为 3 个月，怀孕期为 5 个月，哺乳期为 4 个月。

一、空怀期

空怀期即恢复期，是指羔羊断奶到配种受胎时期。我国各地由于产羔季节不同，空怀期的时间也有所不同，产冬羔的母羊空怀期一般在 5—7 月份，产春羔的母羊空怀期在 8—10 月份。空怀期营养的好坏直接影响配种及妊娠状况。此期饲养的重点是抓膘复壮，使体况恢复到中等以上，为准备配种妊娠储备营养。羔羊适时断乳后在配种前 1.0~1.5 个月实行短期优饲，提高母羊配种时的体况，母羊发情整齐、受胎率高，产羔数多。日粮配合上，以维持需要量进行日粮供给，对断奶后较瘦弱的母羊，要适当增加营养，以达到正常发情和排卵需要。为此，应在配种前 1 个月按饲养标准配制日粮进行短期优饲，而且优饲日粮应逐渐减少，如果受精卵着床期间营养水平骤然下降，会导致胚胎死亡。此时期每天每只另补饲约 0.4kg 的混合精料。

空怀期建议日粮配方如下。

饲料组成（每只每日量）：禾本科干草 0.8kg，微贮或热喷、氨化秸秆 0.4kg，玉米青贮料 2.6kg，玉米或大麦碎粒 0.1kg，食盐 10g，饲用磷 8g。日粮营养水平：干物质 1.7kg、代谢能 14MJ、粗蛋白质 174g、钙 12g、磷 4.5g。

二、妊娠期

母羊的妊娠期平均为 150 天，分为妊娠前期和妊娠后期。

1. 妊娠前期

指母羊妊娠的前 3 个月，该阶段是胎盘发育时期，胎儿发育较慢，所需营养与母羊空怀期大致相当，但必须注意保证母羊所需营养物质的全价性，主要是保证此期母羊对维生素及矿物质元素的需要，以提高母羊的妊娠率。营养不良将会导致胎儿初生重小，死亡率高。一般情况下，羊瘤胃微生物能合成机体所需要的 B 族维生素和维生素 K，一般不需日粮提供；羊体内也能合成一定数量的维生素 C；但羊体所需的维生素 A、维生素 D、维生素 E 等则必须由日粮供给。

妊娠前期母羊对粗饲料消化能力较强，营养水平应稍高于维持需要量，保证母羊所需营养物质全价性的主要方法是对日粮进行多样搭配。可以用优质秸秆部分代替干草来饲喂，还应考虑补饲优质干草或青贮饲料等。日粮可由 50% 青绿草或青干草、40% 青贮或微贮、10% 精料组成。精料配方：玉米 84%、豆粕 15%、多维添加剂 1%，混合拌匀，每日喂给 1 次，每只 150 g/次。

2. 妊娠后期

约 2 个月的时间，是胎儿迅速生长的时期，胎儿初生重约 90% 的体重是在母羊妊娠后期增加的，故此期怀孕母羊对营养物质的需要量明显增加。首先要有足够的青干草，必须补给充足的营养添加剂，另外补给适量的食盐和钙、磷等矿物饲料和足量的维生素 A 和维生素 D。在妊娠前期的基础上，能量和可消化粗蛋白质分别提高 20%~30% 和 40%~60%。日粮的精料比例提高到 20%，产前 6 周为 25%~30%，而在产前 1 周要适当减少精料用量，以免胎儿体重过大而造成难产。此期的精料配方：玉米 74%、豆粕 25%、多维添加剂 1%，混合拌匀，早晚各 1 次，每只 150 g/次。

妊娠后期母羊的营养供应不足，会导致一系列不良后果，如所生羔羊体小（有的仅为 1.4kg）、毛少（有的刚露毛尖）；胎龄虽然是 150 天，但生理成熟仅相当于 120～140 日龄的发育程度，等于早产；体温调节机能不完善；吮吸反射推迟；抵抗力弱，极易发病死亡等。为此，在妊娠的最后 5～6 周，怀单羔母羊可在维持饲养基础上增加 12%，怀双羔则增加 25%，可提高羔羊初生重和母羊泌乳量。

但值得注意的是，此期母羊如果养得过肥，也易出现食欲不振，反而使胎儿营养不良。妊娠后怀孕母羊应加强管理，防止拥挤、跳沟、惊群、滑倒，日常活动要以"慢、稳"为主，不能饲喂霉变饲料和冰冻饲料，以防流产。

三、哺乳期

产后 2～3 个月为哺乳期，哺乳期大约 90 天，一般将哺乳期划分为哺乳前期和哺乳后期。

1. 哺乳前期

羔羊生后前 2 个月，此时，母乳是羔羊的重要营养物质，尤其是出生后 15～20 天内，几乎是唯一的营养物质，羊乳充足、量多，羊羔体质好，生长发育快，抗病力强，成活率就高。因此要积极提高哺乳前期母羊的饲养管理水平，促使母羊多泌乳。研究表明，羔羊每增重 1kg 需消耗母乳 5～6kg，为满足羔羊快速生长发育的需要，必须提高母羊的营养水平，提高泌乳量。饲料应尽可能多提供优质干草、青贮料及多汁饲料，饮水要充足。刚产后的母羊腹部空虚，体质弱，体力和水分消耗很大，消化机能稍差，应供给易消化的优质干草，饮盐水、麸皮水等，青贮饲料和多汁饲料不宜给得过早、过多。产后 3 天内，如果膘情好，可以少喂精料，以防引起消化不良和乳房炎，1 周后逐渐过渡到正常标准，恢复体况和哺乳两不误。母羊泌乳量一般在产后 30～40 天达到最高峰，50～60 天后开始下降，同时羔羊采食能力增强，对母乳的依赖性降低。母羊产双羔每天补精料 0.6kg，多汁饲料 2kg，干草 1kg，母羊产单羔每天补精料 0.4kg，多汁饲料 2kg，青干草 2kg。

2. 哺乳后期

在哺乳后期，母羊泌乳量逐渐下降，羔羊也能采食草料，依赖母乳程度减小，可降低补饲标准，逐渐正常饲喂。有条件的养殖单位（户）可实施早期断乳，使用代乳料饲喂羔羊。羔羊断乳前应减少多汁饲料、青贮饲料和精料的喂量，防止母羊发生乳房炎，同时，母羊舍要经常打扫、消毒，胎衣和毛团等污物要及时清除，以防羔羊吞食发病。

哺乳期建议日粮配方如下。

饲料组成（%）：玉米 10.44、麦麸 1.8、棉籽饼 5.4、苜蓿草粉 22、杂草粉 22、棉籽壳 38、骨粉 0.36。营养水平：消化能 16.5MJ/kg、粗蛋白质 11.6%、钙 0.98%、磷 0.42%。

第四节 肥育羊的饲养

一、早期断奶羔羊的强度育肥

羔羊1.5月龄断奶，采用全精料育肥，育肥期为50~60天，羔羊3月龄左右屠宰上市。育肥期末羔羊活重可达30kg左右，日增重达300g，料肉比为3：1。早期断奶羔羊育肥后上市，可以填补夏季羊肉供应淡季的空缺，缓解市场供需矛盾。

1. 饲养要点

（1）饲喂方法 羔羊生后与母羊同圈饲养，前21天全部依靠母乳，随后训练羔羊采食饲料。将配合饲料加少量水拌潮即可，以后随着日龄的增长，添加苜蓿草粉。45天断奶后用配合饲料喂羔羊，每天中午让羔羊自由饮水，圈内设有微量元素盐砖，让其自由舔食。

（2）饲料配制 根据羔羊的体重和育肥速度，配制全价日粮。参考配方为整粒玉米83%、黄豆饼15%、石灰石粉1.4%、食盐0.5%、微量元素和维生素0.1%。微量元素和维生素添加量按每千克育肥饲料计算：七水硫酸锌15mg、一水硫酸锰80mg、氧化镁200mg、七水硫酸钴5mg、碘酸钾1mg、维生素A 5 000IU、维生素D 1 000IU、维生素E 20IU。配方中黄豆饼可以用鱼粉代替，改为10%鱼粉加88%整粒玉米。

2. 关键技术

（1）早期断奶 集约化生产要求全进全出，羔羊进入育肥圈时的体重大致相似，若差异较大不便于管理，影响育肥效果。为此，除采取同期发情，诱导产羔外，早期断奶再补以优质的植物性饲料以使羔羊瘤胃得到锻炼是其主要措施之一。

（2）营养调控 断奶羔羊瘤胃体积有限，粗饲料过多，营养浓度跟不上，精料过多缺乏饱腹感，精粗料比以80：20为宜。羔羊处于发育时期，要求的蛋白质、能量水平高，矿物质和维生素要全面。若日粮中微量元素不足，羔羊有吃土、舔墙现象，可将微量元素盐砖放在饲槽内，任其自由舔食，以防微量元素缺乏。

由于颗粒饲料体积小，营养浓度大，适口性好，因此在开展早期断奶强度育肥时都采用颗粒饲料，可比粉料提高饲料报酬5%~10%。

（3）适时出栏 出栏时间与品种、饲料、育肥方法等有直接关系。大型肉用品种3月龄出栏，体重可达3kg，小型肉用品种相对差一些。断奶体重与出栏体重有一定相关性。据试验，断奶体重13~15kg时，育肥50天体重可达30kg；断奶体重12kg以下时，育肥后体重25kg，因此，在饲养上设法提高断奶体重，就可增大出栏活重。

3. 加强饲养管理

育肥全期尽量不变更饲料配方，改用其他油饼类饲料代替黄豆饼时，日粮中钙、磷比例可能失调，注意调整。

羔羊自由采食育肥饲料，最好采用自制的简易自动饲槽，以防止羔羊四肢踩入槽内，污染饲料，增加球虫病等病菌的传播。自动饲槽应随羔羊日龄增加适当升高，以饲槽中无饲料堆积或溢出为准。

育肥期间不能断水断料，饮水器内始终保持有清洁饮水。必要时，如见羔羊有啃食圈墙等现象，可加设微量元素盐砖，任羔羊自由舔食。

羔羊采食整粒玉米初期，有玉米粒从口中吐出，随着日龄的增长此现象逐渐消失。羔羊初期反刍动作较少，后期逐渐增多，这些都属于正常现象，不影响育肥效果。在正常情况下，羔羊粪便呈黄色团状，但是在天气变化或阴雨天，羔羊可能出现拉稀。

二、正常断奶羔羊的育肥技术

正常断奶羔羊育肥是基本的生产方式，也是向羊肉生产集约化过渡的主要途径。羊正常断奶后，除部分羔羊选留到后备群外，其余羔羊一般都育肥后出售。对体重小或体况差的羔羊进行适度育肥，而体重大的羔羊通过短期强度育肥，都可以加速出栏，进一步提高经济效益。

1. 预饲期

羔羊断奶后离开母羊和原来的生活环境，转移到新的饲养环境和饲料条件下，会产生较大的应激反应。为了减缓这种应激，羔羊转出之前，应先暂停给水给草，空腹一夜。翌日早晨称重后运出。装车运出速度要快，尽量减少途中颠簸，缩短运输时间。

羔羊并入育肥圈后的 2~3 周是关键时期，死亡损失最大。羔羊转运出来之前，如果已有补饲习惯，可以降低损失率。进入育肥圈后，要减少惊扰，给羔羊充分的休息，开始 1~2 天只喂一些容易消化的干草，保证羔羊的饮水。

预饲期一般为半个月，可分为如下 3 步走。

第一步（1~7 天）：自由饮水，只喂干草，让羔羊适应新的环境。在这之后，仍以干草为主，但逐步添加第二步日粮。

第二步（7~10 天）：参考日粮为，玉米粒 25%、干草 64%、糖蜜 5%、油饼 5%、食盐 1%、抗生素 50mg。这一配方含粗蛋白质 12.9%、总消化养分 57.1%、消化能 10.50MJ、钙 0.78%、磷 0.24%。精、粗饲料比为 36 : 64。

第三步（10~14 天）：参考日粮为，玉米粒 39%、干草 50%、糖蜜 5%、油饼 5%、食盐 1%、抗生素 35mg。这一配方含粗蛋白质 12.2%、总消化养分 61.62%、消化能 21.71MJ、钙 0.62%、磷 0.26%。精、粗饲料比为 50 : 50。

预饲期的饲养管理要点：投喂饲料不宜用自动饲槽，应用普通饲喂槽，每日 2 次。饲槽长度按照羔羊的多少来定，平均每只羔羊 25~30cm，保证羔羊在投喂时有足够的槽位。投料量以在 30~45 分钟内吃尽为准。量不够要添，量过多要清扫。要注意观察羔羊的采食行为和习惯。根据羔羊大小、品种和个体间的采食差异，实施分群饲养。加大饲喂量和变换日粮配方都应在 2~3 天完成，切忌变换过快。根据羔羊增重和采食情况及时调整饲料种类和饲喂方案。做好羔羊的免疫注射和驱虫。

2. 正式育肥期

正式育肥期首先根据肉羊品种、体质、体重大小、增重要求确定肉羊育肥计划，再根据育肥计划确定所采用的日粮类型——精饲料型日粮、粗饲料型日粮和青贮饲料型日粮。也可以根据当地的品种资源和饲料资源情况，确定肉羊育肥计划。现提供几种育肥日粮配方供参考。

（1）粗饲料型日粮——普通饲槽用　适用于普通饲槽、人工投喂的干草加玉米的育肥日粮。玉米可用整粒籽实，也可以用带穗全株玉米。干草用以豆科牧草为主的优质干草，粗蛋白质含量应不低于14%。玉米粒或全株玉米粉碎或压扁加工，与蛋白质补充料配制成精料，每日分早、晚2次投喂，干草自由采食。参考配方可参考傅闰亭等肉羊生产大全（2004），见表11-3至表11-5。

表 11-3　粗饲料型日粮——普通饲槽用（配方 1）

日粮组成	中等能量水平	低能量水平
玉米粒（kg）	0.91	0.82
干草（kg）	0.61	0.73
黄豆饼（g）	23	—
抗生素（mg）	40	30
日粮营养成分（风干状态,%）		
粗蛋白质	11.44	11.29
总消化养分	67.30	64.90
消化能（MJkg）	12.34	11.97
代谢能（MJ/kg）	10.13	9.83
钙	0.46	0.54
磷	0.26	0.25
精、粗比	60∶40	53∶47

表 11-4　粗饲料型日粮——普通饲槽用（配方 2）

日粮组成	中等能量水平	低能量水平
全株玉米（%）	65.0	58.75
干草（%）	20.0	28.75
蛋白质补充剂（%）	10.0	7.5
糖蜜（%）	5.0	5.0
日粮营养成分（风干状态,%）		

（续表）

日粮组成	中等能量水平	低能量水平
粗蛋白质（%）	11.12	11.00
总消化养分	66.9	64.00
消化能（MJ/kg）	12.18	11.72
代谢能（MJ/kg）	10.00	9.62
钙	0.61	0.64
磷	0.36	0.32
精、粗比	67：33	59：41

（2）粗料型日粮——自动饲槽用　适用于羔羊自由采食的自动饲槽用，干草用以豆科为主的优质干草，粗蛋白质含量应不低于 14%。参考配方见表 11-5。

表 11-5　粗饲料型日粮——自动饲槽用（配方）

日粮组成	中等能量水平	低能量水平
玉米粒（%）	58.75	53.00
干草（%）	39.00	46.25
黄豆饼（%）	1.25	—
抗生素（%）	1.00	0.75
日粮营养成分（风干状态,%）		
粗蛋白质（%）	11.37	11.29
总消化养分	67.10	64.90
消化能（MJ/kg）	12.34	11.88
代谢能（MJ/kg）	10.13	9.75
钙	0.46	0.63
磷	0.26	0.25
精、粗比	60：40	53：47

饲养管理要点：严格按照"渐加慢换"原则，逐渐过渡到育肥期饲喂制度。自动饲槽内必须装足 1 天的用量，1 天给 1 次，每只羔羊先按 1.5kg 喂量计算，再根据实际采食量酌情调整。绝不能让槽内流空，即使是时间不长也不适宜。为保证自动饲槽内贮放的饲料上下成色一致，必须将饲料粉碎后混拌均匀。带穗玉米必须碾碎，通常过 0.65cm 筛孔保证羔羊从中很难挑选出玉米粒。

（3）全精料型日粮　全精料型日粮只适用于 35kg 左右的健壮羔羊，通过 40~55 天育肥，达到上市体重即 48~50kg。本型日粮不含粗饲料，为了保证羔羊每日能采食到一定的粗纤维，可以另给 50~90g 的秸秆或干草。如果羔羊圈用秸秆当垫草，每日更换垫草，也可以不另喂干草。全精料型日粮配方为：玉米 60%、豆粕 20%、麸皮 18%、添加剂 2%，矿物质、食盐舔砖自由采食。

（4）全价颗粒饲料型日粮　将粗饲料和精饲料按 40∶60 的比例配制日粮加工成颗粒饲料，采用自动饲槽添料，羔羊 24 小时自由采食，自由饮水。全价颗粒饲料喂羊能实现肉羊饲养的标准化，使羔羊发挥最大的生长潜力，提高肉羊的饲料利用率，将是肥羔生产的主要饲料形式。现介绍几种全价颗粒饲料配方（表 11-6）供参考。

表 11-6　羔羊及成年羊育肥用全价颗粒饲料配方

全价日粮组成	羔羊用		成年羊用	
	配方 1	配方 2	配方 1	配方 2
禾本科草粉（%）	39.5	20.0	35.0	30.0
豆科草粉（%）	30.0	20.0	—	—
秸秆（%）	—	19.5	44.5	44.5
精料（%）	30.0	40.0	20.0	25.0
磷酸氢钙（%）	0.5	0.5	0.5	0.5
全价日粮营养成分				
干物质（kg）	0.86	0.86	0.86	0.86
代谢能（MJ）	9.08	8.70	6.90	7.11
粗蛋白质（g）	131	110	72	74
钙（g）	9	7	4.8	4.9
磷（g）	3.7	3.4	2.4	2.5

（5）青贮饲料型日粮　以玉米青贮（占日粮的 67.5%~87.5%）为主，适用于育肥期较长、初始体重较小的羔羊育肥。例如，羔羊断奶体重只有 15~20kg，经过 120~150 天育肥达到屠宰体重，日增重在 200g 左右。这种日粮饲料成本低，青贮饲料可以长期稳定供应。具体日粮配方见表 11-7。

表 11-7　青贮饲料型日粮配方

日粮组成	配方 1	配方 2
粉碎玉米粒（%）	27.5	8.75
玉米青贮（%）	67.0	87.5
黄豆饼（%）	5.0	—
蛋白质补充剂（%）	—	3.5
石灰石（%）	0.5	0.25

（续表）

日粮组成	配方 1	配方 2
维生素 A（IU）	1 100	825
维生素 D（IU）	110	83
日粮营养成分（风干状态,%）		
粗蛋白质	11.31	11.31
总消化养分	70.9	63.0
钙	0.47	0.45
磷	0.29	0.21

三、成年羊育肥技术

1. 成年羊育肥原理

成年羊一般是指 1~1.5 岁以上的羊，成年羊育肥的主要目的是为了短期内增加羊的膘度，其实质是增加脂肪的沉积量和改善羊肉的品质。

2. 成年羊育肥的准备

要使待育肥的成年羊处于非生产状态，即母羊应停止配种、妊娠或哺乳，公羊应停止配种、试情，并进行去势。各类羊在育肥前应剪毛，改善羊的皮肤代谢，促进羊的育肥。若感染了寄生虫病，日常摄入的大量营养将被消耗，同时寄生虫还会分泌毒素，破坏羊只消化、呼吸和循环系统的生理功能，给羊只造成很大的伤害。所以在育肥前应进行驱虫，通过药物驱虫，可以避免羊的额外体内损失，对快速育肥和减少饲草料损耗都十分重要。

3. 育肥方法

根据羊只来源和牧草生长季节选择育肥方式，目前主要的育肥方式有 3 种，即放牧育肥、混合育肥和舍饲育肥。

（1）放牧育肥　放牧是利用天然饲草饲料资源和降低成本的有效方法，也适用于成年羊快速育肥。在我国北方育肥时期一般在 8—9 月份，牧草丰富，养分充足。羊吃了上膘快，放牧到 11 月份就能屠宰。

（2）混合育肥　①夏季放牧补饲型是充分利用夏季牧草旺盛、营养丰富的特点进行放牧育肥，归牧后适当补饲精料。这期间羊日采食青绿饲料可达 5~6kg，精料 0.4~0.5kg，育肥日增重一般在 140g 左右。②秋季放牧补饲型主要选择淘汰老母羊和瘦弱羊为育肥羊，育肥期一般在 60~80 天。此时可采用两种方式缩短育肥期，一是使淘汰母羊配上种，怀孕育肥 50~60 天宰杀；二是将羊先转入秋场或农田茬地放牧，待膘情好转后，再转入舍饲育肥。

（3）舍饲育肥　是目前推广的重点，该育肥方式能保持较高的饲养水平，更主要是适应当前生态建设的需要。成年羊育肥周期一般以 60~80 天为宜。底膘好的成年羊育肥期可以为 40 天,即育肥前期 10 天,中期 20 天,后期 10 天;底膘中等的成年羊育肥期可以为 60 天,即育肥前、中、后期各为 20 天;底膘差的成年羊育肥期可以为 80天,即育肥前期 20 天,中、后期 30 天。此法适用于有饲料加工条件的地区和饲养的肉用成年羊或羯羊。根据成年羊育肥的标准合理地配制日粮。成年羊舍饲育肥时,最好加工为颗粒饲料。颗粒饲料中秸秆和干草粉可占 55%~60%,精料 35%~40%。

四、肉羊异地育肥技术

1. 异地育肥的原理

异(移、易)地育肥就是指在一个地区(甲地)繁育和培育的肉羊或架子羊,被转移(买、卖)到另一个地区(乙地)进行育肥。结合两地优势,不但可以提高母羊生产基地(甲地)繁殖羔羊的效益,而且能够充分发挥农区(乙地)秸秆资源丰富、羊肉市场广泛等优势,使羊肉质量得到提高。

异地育肥有诸多好处。一是对牧区或羔羊繁育场来说,出售当年羊羔,可以减少羔羊越冬期的管理和冬春死亡;同时可以增加羊群中母羊的数量,专门用来繁殖羔羊,促进养羊专业化,提高牧区和繁殖场的经济效益。二是对农区的育肥场、农户和专业户来说,购进 6 月龄羔羊,到第 2 次越冬时,羊已到出售和屠宰时间,不再第 2 次越冬,能减少饲养成本,增加经济收入。三是如果购买羔羊进行异地强度育肥,经短期育肥后,所产生的羊肉能达到上等品质标准,其经济效益显著。

2. 异地育肥的分类

异地育肥具体包括以下两种方式:一是山区繁殖、平原育肥;二是牧区繁殖、农区育肥。将山区或牧区繁殖的羔羊,转移到精料资源丰富、环境条件较好的平原或农区,可有效地提高育肥效果与经济效益。

3. 异地育肥的应用

异地育肥是一种高效专业化的养羊生产制度,是在自然条件和经济条件不同的地区分别进行羔羊的繁殖、培育和专业化育肥。在肉羊业发达国家,异地育肥已有几十年的历史,如美国中西部一些州的育肥场,每年从草原地带大量购买羔羊进行育肥。异地育肥在我国出现较晚,仅形成了异地育肥模式的雏形,是人们利用羊只的地区差价和季节差价,从异地购买羊只,集群育肥。例如河南省济源县每年秋季或秋后,从陕北和山西西部购买当地山羊,成批运回,以适度规模饲养,除饲喂干草、秸秆之外,还投喂一定量的混合料,育到春节前,集中上市。还有一些农区,每年秋季从内蒙古草原购买羊只进行异地育肥。由于我国异地育肥生产系统形成较晚,技术体系尚未完善,育肥的羊只既有当年羔羊,又有成年羊。

4. 肉羊的异地育肥技术

(1)育肥羊的选择 育肥羊一般选择牧区淘汰羊、难以越冬的瘦弱羊。老龄羊只育肥有蓄积脂肪,所以增重慢。因此,从外地购买羊只进行异地育肥时,要做好选择,把握好年龄。购羊时,应该选择头大的成年羊和体大而头窄的羔羊,前者是好羊的特征，后者是年龄幼小的特征。切忌选择躯体矮、身短、肚子向两旁突出、头部短而宽、嘴比较尖的羊，因为这种羊看起来比较大，实为生长已受阻，这是老龄羊的明显特征。

（2）育肥羊运输 运输羊只宜用汽车，因为汽车运输费用低、省时间、方便。汽车运输每行走一定的时间，要停车检查羊只的情况，尤其刚开始时，约1小时就要停车1次。检查羊只是否趴卧，有趴卧如不及时拉起易被踩压致残、致死。运输途中要及时给羊加水、补料、投草，在人吃饭休息时，要有专人照看车上的羊只，防止丢失。

（3）育肥周期 根据羊的种类、生长特性和市场需求制定育肥周期，一般以120~150天为宜，时间过短育肥效果不显著，时间过长羊的饲料报酬低，效果不佳。

（4）育肥前准备 育肥前根据羊只体重、膘情、年龄和健康状况进行分群，同时对所有羊只进行驱虫药浴，如发现有疾病羊只，要及时隔离治疗。

（5）育肥 从异地（外地）买进的架子羊，一般在原地的饲喂条件较差，大多数羊都是喂粗饲料或少量精料，购入后应在短时间内尽快向以喂精料为主的日粮过渡。具体安排是：恢复期即10~15天，架子羊从外地买来，经过长途运输或赶运造成的疲劳，需要一段时间恢复；架子羊到达育肥地点（育肥场、农户和专业户）后，对饲料、饲养方法、饮水及环境也需有个适应过程。因此在恢复期饲料以干粗料（玉米、干青草）或加50%青贮饲料为主。经10~15天的恢复期饲养，架子羊已基本适应新的生活环境和饲养条件，饲料便由粗料型向精料型过渡。具体做法是：将精料和粗料加适量水充分拌匀，使精料能附着在粗料上；或将精料和青贮饲料充分拌匀后饲喂，以后逐渐增加精料在日粮中的比例。过渡期结束时，日粮中精料比例应占40%~45%。催肥期120天左右，肉羊的日粮中精料所占的比例越来越高。具体安排是：1~20天，日粮中精料的比例为55%~60%，粗蛋白质水平12%左右；21~50天，日粮中精料的比例上升到70%，粗蛋白质水平10%；51~90天，日粮中精料的比例增加到75%，粗蛋白质水平10%；91~120天，日粮中精料的比例达到80%~85%，粗蛋白质水平达10%。

五、成年羊育肥的要点

1. 选羊

一般来讲，凡不做种用的公、母羊和淘汰的老、弱、乏、瘦羊均可用来育肥，但为了提高育肥效益，应选择体型大、健康无病、年龄最好在1.5~2岁的羊。成年羊也可先去势后育肥。

2. 入圈前准备

给育肥羊只注射肠毒血症三联苗并驱虫。同时在圈内设置足够的水槽和料槽，并进行环境（羊舍及运动场）清洁与消毒。

3. 分群

育肥羊数量大时要按品种、性别、年龄、体质、强弱等分别组群，一般把相近情况的羊放在同一群育肥，避免因强弱争食造成较大的个体差异。可划分为1岁成羊和淘汰公、母羊（多数是老龄羊）两类。

4. 选择最优配方配制日粮

选好日粮配方后要严格按比例称量配制日粮。为提高育肥效益，降低饲料成本，应充分利用天然牧草、秸秆、树叶、农副产品及各种下脚料，扩大饲料来源。合理利用尿素及各种添加剂（如育肥素等）。成年羊日粮中，矿物质和维生素可占到1%。

5. 安排合理的饲喂制度

成年羊的日喂量依配方不同而有差异，一般为2.5~2.7kg。每天投料两次，日喂量的分配与调整以饲槽内基本不剩料为标准。喂颗粒饲料时，有条件的最好采用自动饲槽投料。雨天不宜在敞圈饲喂，午后应适当喂些青干草（每只0.25kg）以利于反刍。

第十二章　肉羊常见疾病及其防治

第一节　肉羊疾病流行趋势和综合防控

一、当前肉羊疾病的流行趋势

（一）某些传染病呈暴发性流行

目前，对养羊业危害较大的传染病主要有羊痘、传染性胸膜肺炎、传染性脓疱、羊梭菌性病、羔羊大肠杆菌病、巴氏杆菌病、链球菌病、衣原体等。其中，危害最严重的为羊痘和传染性胸膜肺炎；其次是羊痘和羔羊痢疾。羊痘是我国规定的一类疫病，一般发病率为75%，死亡率为50%，羔羊死亡率可达100%，危害严重。发病季节上，一年四季均可发生，但羔羊的疾病多发于冬季、春初天气寒冷的季节。

（二）细菌性疾病防治难度加大

随着养羊规模的扩大，由于管理意识与规模养殖步伐不一致，使得环境污染越来越严重，细菌性疾病明显增多。如羔羊大肠杆菌病、羊梭菌性病、沙门氏菌病、巴氏杆菌病和链球菌病等。缺乏科学的用药指南，导致临床上盲目用药，滥用药物、随意加大或减少药品剂量，用药持续时间不够等，导致羊的细菌性疾病反复发作，长此下去，产生了耐药性，诸多抗生素都难以奏效，治疗难度加大。

（三）寄生虫感染率高、危害大

寄生虫病是危害养羊业的主要疾病之一，目前有上升的趋势，主要的肉羊寄生虫病有吸虫、绦虫、线虫和疥螨等十几种，不仅感染率高，而且感染种类多，混合感染严重。由于缺乏合理的驱虫程序和沿用过时的驱虫药，不仅防治效果差，使羊的生长速度缓慢，降低了饲料报酬，而且使羊的生产性能降低。有的因虫体，比如疥螨寄生于皮肤内形成结节和穿孔，使皮张品质下降，严重影响了养羊业的经济效益，甚至还可能引起细菌感染，导致直接死亡等。

（四）混合感染趋势明显

在生产实际中，常见很多病例是由两种或两种以上病原对同一机体产生致病作用。混合和继发感染的病例明显上升，特别是一些条件性、环境性病原微生物所致的疾病更为突出，常常是病毒病与细菌病同时发生或多种细菌病、病毒病、寄生虫病甚至普通病同时发生。临床上比较多见的同一病症多病因和多病联发的是羔羊痢疾和其他几种梭菌、羔羊大肠杆菌、沙门氏菌、肠球菌混合或继发感染，羊的几种支原体病和巴氏杆菌混合或继发感染等。这些多病原的混合和继发感染给诊断和防制工作带来很大的困难，给养羊业造成了很大的威胁。

（五）普通病有逐渐增多的趋势

由于天气骤变、饥饿寒冷、饲料更换和放牧不当等原因，常常使羊群发生感冒、肺炎、胃肠炎、瘤胃臌胀、中毒和营养代谢性疾病，同时使机体抵抗力下降，诱发其他传染病和寄生虫病的发生，给养羊业造成很大的损失。

二、综合防控措施

鉴于目前我国肉羊病发生和流行的基本趋势和主要特点，结合国内外的先进经验，今后肉羊病防治的重点仍是各种传染性疾病，同时兼顾其他种类的疾病；而防制措施上则仍应坚持"预防为主、防治结合"的原则，采用综合防制的方法最大限度地控制各类羊病的发生和流行。

（一）加强饲养管理，提高抗病力

加强饲养管理，科学喂养，精心管理，增强羊只抗病能力是预防羊病发生的重要措施。饲料种类力求多样化并合理搭配与调制，使其营养丰富全面，改善羊群饲养管理条件，提高饲养水平，使羊体质良好，能有效地提高羊只对疾病的抵抗能力。特别是对正在发育的幼龄羊、怀孕期和哺乳期的成年母羊加强饲养管理尤其重要。各类型羊要按饲养标准合理配制日粮，使之能满足羊只对各种营养元素的需求。

（二）做好羊场的卫生防疫

① 场区大门口、生产管理区、生产区，每栋舍入口处设消毒池（盆）。羊场大门口的消毒池，长度不小于汽车轮胎周长的 1.5~2 倍，宽度应与门的宽度一样，水深 10~15cm，内放 2%~3%氢氧化钠溶液或 5%来苏儿溶液。消毒液 1 周换 1 次。

② 生活区、生产管理区应分别配备消毒设施（喷雾器等）。

③ 每栋羊舍的设备、物品固定使用，羊只不许窜舍，出场后不得返回，应入隔离饲养舍。

④ 禁止生产区内解剖羊，剖后和病死羊焚烧处理，羊只出场出具检疫证明和健康卡、消毒证明。

⑤ 禁用强毒疫苗，制订科学的免疫程序。

⑥ 场区绿化率（草坪）达到40%以上。

⑦ 场区内分净道、污道，互不交叉，净道用于进羊及运送饲料、用具、用品，污道用于运送粪便、废弃物、死淘羊。

（三）严格执行消毒制度

羊场消毒的目的是消灭传染源散播于外界环境中的微生物病原体，切断其传播途径，减少可感性，阻止疫病发生和蔓延的关键措施。羊场应建立切实可行的消毒制度，定期对羊舍地面土壤、粪便、污水、皮毛等进行消毒。

1. 羊舍

羊舍除保持干燥、通风、冬暖、夏凉以外，平时还应做好消毒。一般分两个步骤进行：第一步先进行机械清扫；第二步用消毒液消毒。羊舍及运动场应每周消毒一次，整个羊舍用2%~4%氢氧化钠消毒或用1：（1 800~3 000）的百毒杀带羊消毒。

2. 入场

羊场应设有消毒室，室内两侧、顶壁设紫外线灯，地面设消毒池，用麻袋片或草垫浸4%氢氧化钠溶液，入场人员要更换鞋，穿专用工作服并做好登记。

羊场大门设消毒池，经常喷4%氢氧化钠溶液或3%过氧乙酸等。消毒方法是将消毒液盛于喷雾器，喷洒天花板、墙壁、地面，然后再开门窗通风，用清水刷洗饲槽、用具，将消毒药味除去。如羊舍有密闭条件，舍内无羊时，可关闭门窗，用福尔马林熏蒸消毒12~24小时，然后开窗通风24小时。福尔马林的用量为每立方米空间25~50mL，加等量水加热蒸发。一般情况下，羊舍消毒每周1次，每年再进行两次大消毒。产房的消毒在产羔前进行1次，产羔高峰时进行多次，产羔结束后再进行1次。在病羊舍、隔离舍的出入口处应放置浸有4%氢氧化钠溶液的麻袋片或草垫以免病原扩散。

3. 地面

土壤表面可用10%漂白粉溶液，4%福尔马林或10%氢氧化钠溶液。停放过芽孢杆菌所致传染病（如炭疽）病羊尸体的场所，应严格加以消毒。首先用上述漂白粉溶液喷洒地面，然后将表层土壤掘起30cm左右，撒上干漂白粉与土混合，将此表土妥善运出深埋。

4. 粪便

羊的粪便消毒方法有多种，最实用的方法是生物热消毒法。即在距羊场100~200m以外的地方设一堆粪场，将羊粪堆积起来，喷少量水，上面覆盖湿泥封严，堆放发酵30天以上，即可作肥料。

5. 污水

最常用的方法是将污水引入处理池，加入化学药品（如漂白粉或其他氯制剂）进行消毒，用量视污水量而定，一般1L污水用2~5g漂白粉。

（四）制订科学的疫苗免疫程序

疫苗免疫接种在传染性疾病，特别是病毒性传染病的防治上具有十分重要的作用，但其免疫保护效果受许多因素的影响，如疫苗的类型和质量、接种的时间和方法、免疫抑制性疾病或因素的存在，以及羊群的状况等。

因此，要充分发挥疫苗的有效保护作用，达到免疫预防目的，必须首先对本地区本场以往的疫病发生和流行情况有所了解，建立自己的疫情档案，并据此科学地选择适合本地区本场的高质量疫苗，合理地安排疫苗的接种计划和方法，保证疫苗的接种质量。一般每年必须通过疫苗免疫来防治的羊病有口蹄疫、羊痘、羊梭菌性疾病、羊传染性脓疱和山羊传染性胸膜肺炎等。根据本地疫病流行情况可选择性地进行免疫防制的有羊布氏杆菌病、羔羊大肠杆菌病、羊链球菌病和羊流产衣原体病等。为确保疫苗免疫效果，可进行接种前后的疫情和免疫监测，一旦发现问题，应及时找出原因并采取相应的补救措施。

（五）定期驱虫

1. 预防性驱虫

羊寄生虫病发生较普遍。患羊轻者生长迟缓、消瘦、生产性能严重下降，重者可危及生命，所以养羊生产中必须重视驱虫药浴工作。在发病季节到来之前，用药物给羊群进行预防性驱虫。预防性驱虫的时机，根据寄生虫病季节动态调查确定，通常在春季放牧前和秋季转入舍饲以后，但原则上应选在羊群已经感染，但还没有大批发病的时候。驱虫可在每年的春、秋两季各进行 1 次，药浴则于每年剪毛后 10 天左右彻底进行 1 次，这样即可较好控制体内外寄生虫病的发生。

预防性驱虫所用的药物有多种，应视病的流行情况选择应用。丙硫咪唑（丙硫苯咪唑）具有高效、低毒、广谱的优点，对羊常见的胃肠道线虫、肺线虫、肝片吸虫和绦虫均有效，可同时驱除混合感染的多种寄生虫，是较理想的驱虫药物。目前使用较普遍的阿维菌素、伊维菌素对体内和体外寄生虫均可驱除。使用驱虫药时，要求剂量准确。

2. 治疗性驱虫

对临床发病的羊群要进行治疗性驱虫，并根据当地寄生虫病流行规律，对带虫者进行全群预防性驱虫。治疗性驱虫可供选择的驱虫药很多，无论选用何种药物，进行大群驱虫时，应先对少数羊只驱虫，确保安全有效后再全面开展。由于感染寄生虫的时间不完全一样，驱虫药物发生作用又有一定限度，因此间隔适当时间应重复进行。驱虫应在羊舍或指定场所进行。驱虫后 5 天内排出的粪便及虫体应集中堆集起来进行生物热发酵，消灭虫卵。

药浴或药淋浴是防治羊体外寄生虫病，特别是螨病的有效措施，一般可选择在剪毛或抓绒后 7~10 天进行。常用的药物有螨净、巴胺磷、溴氰菊酯等，配成药液在药浴池或淋浴场进行。

（六）预防中毒

1. 避免饲喂有毒植物

在羊的饲养过程中，不喂含毒植物的叶茎、果实、种子，不在生长有毒植物的区域内放牧，或实行轮作，铲除毒草。

2. 不饲喂霉变饲料

饲料喂前要仔细检查，如果发霉变质，应废弃不用。

3. 注意饲料的调制、搭配和贮藏

有些饲料本身含有有毒物质，饲喂时必须加以调制。如棉籽饼经高温处理后可减毒，减毒后再按一定比例同其他饲料混合搭配饲喂，就不会发生中毒。有些饲料如马铃薯若贮藏不当，其中的有毒物质会大量增加，对羊有害，因此应贮存在避光的地方，防止变青发芽；饲喂时也要同其他饲料按一定比例搭配。

4. 妥善保管农药化肥

对其他有毒药品如灭鼠药、农药及化肥等的保管及使用也必须严格，以免羊接触发

生中毒事故。

5. 防止水源性毒物

对喷洒过农药和施有化肥的农田排水，不应作饮用水；也不宜让羊饮用工厂附近排出的水或池塘内的死水。

(七) 发生传染病时及时采取措施

① 兽医人员要立即向上级部门报告疫情（如口蹄疫、羊痘等烈性传染病），划定疫区，采取严格封锁措施，组织力量尽快扑灭。

② 立即将病羊和健康羊隔离，以防健康羊受到传染。

③ 对于与可疑感染羊（与病羊有过接触，目前未发病的羊），必须单独圈养，观察20 天以上不发病，才能与健康羊合群。

④ 对已隔离的病羊和其他出现症状的羊，要及时进行药物治疗。

⑤ 工作人员出入隔离场所要遵守消毒制度，其他人员、畜禽不得进入。

⑥ 隔离区内的用具、饲料、粪便等，未经彻底消毒不得运出。

⑦ 没有治疗价值的病羊，在死亡后要进行焚烧或深埋。

⑧ 对健康羊和疑似羊要进行疫苗紧急接种或进行预防性治疗。

第二节　肉羊传染病

传染病是病原微生物直接或间接传染给健康羊，经历一定潜伏期而表现出临床症状的一类疾病。病程短、症状剧烈的叫急性传染病，如羊快疫、肠毒血症、炭疽病等；病程长、症状表现稍缓慢的叫慢性传染病，如结核、布氏杆菌病等。传染病较其他疾病来势猛、发病数量大、面积广、死亡率高。

一、小反刍兽疫

该病是由小反刍兽疫病毒引起的小反刍动物的一种急性、烈性、接触性传染病，主要感染山羊、绵羊及一些野生小反刍动物，临床症状以发热、口炎、腹泻、肺炎为特征，被列为必须通报的一类动物疫病。

(一) 病原

小反刍兽疫病毒（PPRV）属于副黏病毒科，麻疹病毒属。该病毒只有 1 个血清型，根据基因组序列差异可将其分为 4 个群。病毒颗粒呈多形性，多为圆形或椭圆形，直径 130~390nm。PPRV 可以在绵羊或山羊胎肾、犊牛肾、人羊膜和猴肾的原代或传代细胞上生长繁殖，也可以在 MDBK、BHK-21 等细胞株（系）繁殖并产生 CPE。PPRV 对酒精、乙醚和一些去垢剂敏感，乙醚在 $4℃$ 12 小时可将其灭活。大多数化学消毒剂如酚类、2%NaOH 等作用 24 小时可以灭活该病毒。

（二）流行特点

该病传染源主要为患病动物和隐性感染动物，处于亚临床状态的病羊尤其危险。病畜的分泌物和排泄物均可传播本病。PPRV 主要以直接、间接接触方式传播，呼吸道为主要感染途径。病毒可经受精及胚胎移植传播。PPRV 主要感染山羊、绵羊等小反刍兽，但不同品种的羊敏感性有差别，通常山羊比绵羊更易感。另外，猪和牛也可感染PPRV，但通常无临床症状，也不能够将其传染给其他动物。值得注意和警惕的是，这种非靶标动物感染有可能导致小反刍兽疫病毒血清型的改变。本病在多雨季节和干燥寒冷季节多发。

（三）症 状

症状急性型体温可上升至41℃，持续 3~5 天。感染动物烦躁不安，背毛无光，口鼻干燥，食欲减退。流黏液脓性鼻涕，呼出恶臭气体。口腔黏膜充血，颊黏膜广泛性损害、导致多涎，随后出现坏死性病灶，口腔黏膜出现小的粗糙红色浅表坏死病灶，以后变成粉红色，感染部位包括下唇、下齿龈等。严重病例可见坏死病灶波及齿垫、腭、颊部及其乳头、舌头等处。后期出现带血水样腹泻，严重脱水，消瘦，随之体温下降。出现咳嗽、呼吸异常。

（四）防 制

新传入该病的国家和地区应严密封锁疫区，隔离消毒，扑杀患畜。使用弱毒疫苗进行免疫预防接种。目前，我国除在西藏部分地区发现 PPRV 外，尚未在其他地区发现该病，应在与 PPRV 流行国家接壤的边境地区实施强制免疫接种，建立免疫保护带，严防该病传入；同时加强边境及内地地区疫情监测，一旦确诊该病应严格按照《重大动物疫病应急预案》和《国家突发重大动物疫情应急预案》进行处置。

二、羊口蹄疫

口蹄疫是由口蹄疫病毒引起的人兽共患的一种急性、热性、高度接触性传染病，其临诊特征是在口腔黏膜、四肢下端及乳房等处皮肤形成的水疱和烂斑。该病传播迅速、流行面广，幼龄动物多因心肌受损而死亡率较高。

（一）病 原

口蹄疫病毒属微 RNA 病毒科口疮病毒属。病毒具有多型性和变异性，根据抗原的不同，可分为 O、A、C、亚洲 I 型等不同的血清型和 6 个亚型，各型之间均无交叉免疫性。我国主要是 A 型、O 型和亚洲 I 型。口蹄疫病毒具有较强的环境适应性，耐低温，不怕干燥。

（二）流行特点

该病主要侵害偶蹄兽，如牛、羊、猪、鹿、骆驼等。其中，以猪、牛、羊最为易感。人也可感染此病。病畜和带毒动物是该病的主要传染源，痊愈家畜可带毒4~12 个月。本病主要靠直接和间接接触性传播，消化道和呼吸道传染是主要传播途径，也可通过眼结膜、鼻黏膜、乳头及伤口感染。空气传播对本病的快速大面积流行起着十分重要的作用。

（三）症状

潜伏期一般 2~3 天，最长为 21 天。病羊体温升高到 40~41℃，食欲减退，流涎 1~2 天后在唇内、齿龈、舌面等部位出现米粒、黄豆甚至蚕豆大小的水泡，或仅在硬腭和舌面出现水泡且很快破裂。绵羊舌上水泡较为少见，仅在蹄部出现豆粒大小的水泡，须仔细检查才能发现。如无继发感染，成年羊在 10~14 天内康复，死亡率 5% 以下；羔羊死亡率较高，有时可达 70% 以上，主要因出血性胃肠炎和心肌炎而死。

（四）防制

防制的基本措施有：① 对病羊、同群羊及可能感染的动物强制扑杀；② 对易感动物实施免疫接种；③ 限制动物、动物产品及其他染毒物的移动；④ 严格和强化动物卫生监督措施；⑤ 流行病学调查与监测；⑥ 疫情预报和风险分析。一旦发生疫情应严格按照《重大动物疫病应急预案》《国家突发重大动物疫情应急预案》和《口蹄疫防治技术规范》进行处置。

三、羊痘

本病是由羊痘病毒引起的绵羊或山羊的一种急性、热性、接触性传染病，以体表无毛或少毛处皮肤和黏膜发生痘疹为特征，被列为必须通报的一类动物疫病。

（一）病原

绵羊痘病毒和山羊痘病毒均属痘病毒科，病毒颗粒呈椭圆形。表面有短管状物覆盖，病毒核心两面凹陷呈盘状。羊痘病毒在易感细胞的胞浆内复制，形成嗜酸性包涵体。

（二）流行特点

感染的病羊和带毒羊是传染源。病羊唾液内经常含有大量病毒，健康羊因接触病羊或污染的圈舍及用具感染。主要通过呼吸道感染，其次是消化道。绵羊痘病毒主要感染绵羊，山羊痘病毒主要感染山羊。自然情况下，羊痘一年四季均可发生。

（三）症状

病羊病初发热，呼吸急促，眼睑肿胀，鼻孔流出浆液浓性鼻涕。1~2 天后，皮肤出现肿块，并于无毛或少毛部位的皮肤处（特别是在颊、唇、耳、尾下和腿内侧）出现绿豆大的红色斑疹，再经 2~3 天丘疹内出现淡黄色透明，脓疱伴发出血形成血痘。

（四）防制

羊场和养羊户应选择健康的良种公羊和母羊，坚持自繁自养。保持羊圈环境的清洁卫生。羊舍定期进行消毒，有计划地进行羊痘疫苗免疫接种。一旦发生疫情应严格按照《重大动物疫病应急预案》《国家突发重大动物疫情应急预案》和《绵羊痘、山羊痘防治技术规范》进行处置。

四、炭疽

炭疽是由炭疽杆菌引起各种家畜、野生动物的一种急性、热性、败血性传染病。病理变化的特点是败血症、脾脏显著肿大，皮下和浆膜下结缔组织出血性胶样浸润，血液凝固不良。本病草食兽最易感染，如牛、羊也属感染对象，本病也传染人。

（一）病原

病原炭疽杆菌不能运动，是长 3~8μm，宽 1~1.5μm 的大杆菌，成单个和成对，少数为 3~5 个菌体相连的短链，每个菌体均有明显的荚膜，两菌体相连处平截呈竹节状，培养物中的菌体则成长链，像竹节样，于一般条件下不形成荚膜。濒死病畜的血液中常有大量菌体存在。病畜体内的菌体不形成芽孢，在体外，于适宜的条件下（12~42℃）可形成芽孢，芽孢呈卵圆或圆形，位于菌体中央或略偏一端。炭疽杆菌为革兰氏阳性菌。

（二）流行特点

各种家畜及人对该病都有易感性，羊的易感性高。病羊是主要传染源，濒死病羊体内及其排泄物中常有大量菌体，若尸体处理不当炭疽杆菌形成芽孢并污染土壤、水、牧地，则可成为长久的疫源地。羊吃了污染的饲料或饮水而感染，也可经呼吸道和由吸血昆虫叮咬而感染。本病多发于夏季，呈散发或地方性流行。

（三）症状

多为最急性，突然发病，患羊昏迷、眩晕、摇摆、倒地、呼吸困难，结膜发绀，全身战栗，磨牙，口角流出血色泡沫，肛门流出血液，且不易凝固，数分钟即可死亡。羊病情缓和时，兴奋不安，行走摇摆，呼吸加快，心跳加速，黏膜发绀，后期全身痉挛，天然孔出血，数小时内即可死亡。

（四）防制

发现病羊，立即将病羊和可疑肉羊进行隔离，迅速上报有关部门，尸体禁止解剖和食用，应就地掩埋；病死肉羊躺过的地面应除去表土 15~20cm，并与 20% 漂白粉混合深埋，环境严格消毒，污物用火焚烧，相关人员加强个人防护。已确诊的患病肉羊一般不予治疗，而应严格销毁。如果必须治疗时，应在严格隔离和防护条件下进行。有炭疽病例发生时应及时隔离病羊，对污染的羊舍、用具及地面要彻底消毒，可用 10% 热氢氧化钠液或 20% 漂白粉连续消毒 3 次，间隔 1 小时。病羊群除去病羊后，全群应用抗菌药 3 天，有一定预防作用。

五、羊口疮

该病是由羊口疮病毒（ORFV）引起的以绵羊、山羊感染为主的一种急性、高度接触性人兽共患传染病。以病羊口唇等皮肤和黏膜发生丘疹、水疱、脓疱和痂皮为特征，俗称"羊口疮"。

（一）病原

病原口疮病毒又称传染性脓疱皮炎病毒，属于痘病毒科，副痘病毒属，病毒颗粒长220~250nm，宽125~200nm，表面结构为管状条索斜形交叉呈"8"字形缠绕线团状。含有 ORFV 的结痂在低温冰冻的条件下感染力可保持数年之久；本病毒对温度比较敏感。

（二）流行特点

发病羊和隐性带毒羊是本病的主要传染来源，病羊唾液和病灶结痂含有大量病毒，主要通过受伤的皮肤、黏膜感染；特别是口腔有伤口的羊接触病羊或被污染的饲草工具等易造成本病的传播。人主要是通过伤口接触发病羊或被其污染的饲草、工具等造成感染。山羊、绵羊最为易感，尤其是羔羊和 3~6 月龄小羊对本病毒更为敏感。红鹿、松鼠、驯鹿、麝牛、海狮等多种野生动物也可感染。本病多发于春季和秋季，羔羊和小羊发病率高达 90%，因继发感染、天气寒冷、饮食困难等原因死亡率高达 50%以上。

（三）症状

本病在临床上一般分为蹄型、唇型和外阴型 3 种病型，混合型感染的病例时有发生。首先在口角、上唇或鼻镜部位发生散在的小红斑点，逐渐变为丘疹、结节，压之有脓汁排出；继而形成小疱或脓疱，蔓延至整个口唇周围及颜面、眼睑和耳廓等部位，形成大面积易出血的污秽痂垢，痂垢下肉芽组织增生，嘴唇肿大外翻呈桑葚状突起。若伴有坏死杆菌等继发感染，则恶化成大面积的溃疡。羔羊齿龈溃烂，公羊表现为阴鞘口皮肤肿胀，出现脓疱和溃疡。蹄型羊口疮多见于一肢或四肢蹄部感染。通常于蹄叉、蹄冠或系部皮肤形成水疱、脓肿，破裂后形成溃疡。继发感染时形成坏死和化脓，病羊跛行，喜卧而不能站立。

（四）防制

预防禁止从疫区引进羊只。新购入的羊严格隔离后方可混群饲养。在本病流行的春季和秋季保护皮肤黏膜不发生损伤，特别是在羔羊长牙阶段，口腔黏膜娇嫩，易引起外伤，应尽量清除饲料或垫草中的芒刺和异物，避免在有刺植物的草地放牧。适时加喂适量食盐，以减少啃土、啃墙，防止发生外伤。每年春、秋季节使用羊口疮病毒弱毒疫苗进行免疫接种。由于羊痘、羊口疮病毒之间有部分的交叉免疫反应，在羊口疮疫苗市场供应不充足的情况下，建议加强羊痘疫苗的免疫来降低羊口疮的发病率。

六、羊肠毒血症

羊肠毒血症主要是绵羊的一种急性毒血症。本病的发生是由于 D 型魏氏梭菌在羊肠道中大量繁殖，产生毒素所引起的。病羊死后肾组织易于软化，因此又常称此病为"软肾病"。本病在临床上类似羊快疫，故又称"类快疫""过食病"。本病多发生于春末夏初抢青放牧和草籽成熟的时期；农区多发生于夏收秋收和冬菜收获季节抢茬放牧的羊群。呈散发性，多发生在膘情较好的羊只身上。

（一）病原

羊肠毒血症（软肾病）的病原体是 D 型魏氏梭菌。羊采食带有病菌的饲料，经消化道感染。病菌可在羊的肠道中大量繁殖，产生毒素而引起本病发生。3~12 周龄羔羊最易患此病而死亡，2 岁以上羊患此病的较少。

（二）流行特点

发病羊和带菌羊为本病传染源，D 型产气荚膜梭菌随病羊粪便排到饮水、饲草、饲料中作为羊患肠毒血症的传染来源。绵羊发生较多，山羊相对较少。本病有明显的季节性和条件性，春初、夏初至秋末多发，多雨季节、气候骤变、地势低洼等可诱发本病。

（三）症状

多呈最急性症状。病羊突然不安，迅速倒地、昏迷，呼吸困难，随之而窒息死亡。病程缓慢的，初期可呈兴奋症状，转圈或撞击障碍物，随后倒地死亡；或初期沉郁，继而剧烈痉挛死亡。一般体温不高，但常有绿色糊状腹泻。

（四）防制

疫区每年春、秋两次注射羊肠毒血症菌苗或三联苗。对羊群中尚未发病的羊只，可用三联苗作紧急预防注射。当疫情发生时，应注意尸体处理，羊舍及周围场所消毒。病程缓慢的可用免疫血清（D 型产气荚膜梭菌抗毒素）或抗生素、磺胺药等，也能收到一定疗效。但此病往往发病急，来不及治疗即死亡。

七、羊布鲁氏杆菌病

该病是由布鲁氏杆菌引起的人兽共患传染病，其临床特征是羊生殖器官和胎膜发炎，引起流产、不育和各种组织的局部病灶。

（一）病原

布鲁氏杆菌为革兰氏阴性菌，呈球形或短杆形。布鲁氏杆菌对外界环境的抵抗力较强，但 1%~3% 石炭酸、2% 苛性钠溶液，可在 1 小时内杀死本菌；5% 新鲜石灰乳 2 小时或 1%~2% 甲醛 3 小时可将其杀死；新洁尔灭 5 分钟内即可杀死本菌。

（二）流行特点

本病的传染源是患病动物及带菌动物。患病动物的分泌物、排泄物、流产胎儿及乳汁等含有大量病菌，感染的妊娠母畜最危险，它们在流产或分娩时将大量布鲁氏杆菌随胎儿、羊水和胎衣排出体外。本病的主要传播途径是消化道，在临床实践中，有皮肤感染的报道，如果皮肤有创伤，则更容易被病原菌侵入。其他传播途径，如通过结膜、交媾以及吸血昆虫也可感染。人患该病与职业有密切关系，畜牧兽医人员、屠宰工人、皮毛工等明显高于一般人群。本病的流行强度与牧场管理情况有关。

（三）症状

绵羊及山羊首先被注意到的症状是流产。常发生在妊娠后第 3~4 个月，常见羊水混浊，胎衣滞留。流产后排出污灰色或棕红色分泌液，有时有恶臭。早期流产的胎儿，常在产前已死亡；发育比较完全的胎儿，产出时可存活但显得衰弱，不久后死亡。公羊发病时有时可见阴茎潮红、肿胀，常见的是单侧睾丸肿大。临床症状可见关节炎。

（四）防制

布鲁氏杆菌是兼性细胞内寄生菌，致使化疗药物不易生效，对患病动物一般不予治疗，而是采取淘汰、扑杀等措施。当羊群的感染率低于 3% 时建议通过扑杀的方式进行处理，高于 5% 时建议使用疫苗免疫。我国布鲁氏菌病防治有以下相关标准，《布鲁氏菌病防治技术规范》（2006 年修订稿）《布鲁氏菌病诊断方法、疫区判定和控制区考核标准》（1988 年 10 月 25 日卫生部和农业部）《动物布鲁氏菌病诊断技术 GB/T 18646—2002》《布鲁氏菌病诊断标准 WS 269—2007（卫生部）》《布鲁氏菌病监测标准 GB 16885—1997（卫生部）》以及《山羊和绵羊布鲁氏菌病检疫规程 SNT 2436—2010）。治疗药物有复方新诺明和链霉素。

八、羊链球菌病

本病是由链球菌引起的一种急性、热性、败血性传染病，也称羊败血性链球菌病。临床以咽喉部及下颌淋巴结肿胀、大叶性肺炎、呼吸异常困难、出血性败血症、胆囊肿大为特征。

（一）病原

羊链球菌属于链球菌科，链球菌属，马链球菌兽疫亚种。本菌呈圆形或卵圆形革兰氏染色阳性。有荚膜，无鞭毛不运动，不形成芽孢。在血液、脏器等病中多呈双球状排列，也可单个菌体存在，偶见 3~5 个菌体相连的短链。羊链球菌对外环境抵抗力较强，对一般消毒药抵抗力弱，常用的消毒药如 2% 石炭酸、2% 来苏尔及 0.5% 漂白粉都有很好消毒效果。

（二）流行特点

病羊和带菌羊是本病的主要传染源。该病主要经呼吸道或损伤皮肤传播，主要发生于绵羊，山羊次之。新疫区常呈流行性发生，老疫区则呈地方性流行或散发性流行，多在冬、春季节发病，死亡率达 80% 以上。

（三）症状

最急性型病羊没有明显临床症状，多在 24 小时内死亡。急性型病例表现为病羊体温升高到 41℃，精神沉郁、食欲废绝、反刍停止、流涎、呼吸困难、弓背、不愿走，鼻孔流浆液性、脓性分泌物。个别病例可见眼睑、面颊以及乳房等部位肿大。咽喉肿胀，颌下淋巴结肿大。病羊死前有磨牙、抽搐等神经症，病程 1~3 天。亚急性型表现为体温升高、食欲减退，不愿走动，呼吸困难、咳嗽，鼻流透明性鼻液，病程 7~14 天。慢性型一般轻度发热，消瘦，食欲减退，步态僵硬。有些病出现关节炎或关节肿大，病程 1 个月左右。

（四）防制

加强饲养管理，不从疫区购进羊和羊肉、皮毛等产品。在每年发病季节到来及时进行疫苗预防接种。对发病羊尽早进行治疗，被污染的围栏、场地、用具、圈舍等用20%石灰乳、3%来苏尔等彻底消毒，病死羊进行无害化处理。早期可选用磺胺类药物治疗，重症羊可先肌内注射尼可刹米，以缓解呼吸困难，再用盐酸林可霉素，特效先锋等抗菌药物，加入维生素C、地塞米松，进行静脉注射。对于局部出现脓肿的病羊可配合以局部治疗，将脓肿切开，清除脓汁，然后清洗消毒，涂抗生素软膏。

第三节　肉羊寄生虫疾病

羊寄生虫病是羊养殖过程中常见的疾病之一，该种疾病虽然不像其他传染病一样导致疾病在养殖场大范围的传播，但是该种疾病属于慢性消耗类疾病，并且其隐蔽性很强。羊寄生虫寄生在羊的体内外，从羊身上获取营养，单纯的寄生虫病致死率低，但寄生虫病可导致羊机体免疫力下降，为病毒和细菌等其他病原体的入侵提供了时机，从而继发感染其他疾病，提高了死亡率。

羊常见的体内外寄生虫主要有：绦虫、肝片吸虫、血矛线虫、脑包虫等。

一、绦虫

绦虫病是羊的一种体内寄生虫病，分布很广，可引起羊发育不良，甚至死亡。

（一）病原

本病的病原体为绦虫。寄生在羊小肠内的绦虫有3个属，即莫尼茨绦虫、曲子宫绦虫和无卵黄腺绦虫。

绦虫虫体扁平，呈白色带状，分为头节、颈节、体节3个部分。绦虫雌雄同体，全长1~5m，每个体节上都包括1~2组雌雄生殖器官，自体受精。节片随粪便排出体外，节片崩解，虫卵被地螨吞食后，卵内的六钩蚴在螨体内经2~5个月发育成具有感染力的似囊尾蚴。羊吞食了含有似囊尾蚴的土壤螨以后，幼虫吸附在羊小肠黏膜上，经40天左右，发育为成虫。

本病主要危害1.5~8月龄的幼羊，2岁以上的羊感染率极低。

（二）症状

羊轻度感染又无并发症时，一般症状不明显。感染严重的羔羊，由于虫体在小肠内吸取营养，分泌毒素，并引起机械阻塞，使羊食欲减退，喜欢饮水，消瘦、贫血、水肿、脱毛、腹部疼痛和臌气，下痢和便秘交替出现，淋巴结肿大。粪便中混有绦虫节片。病后期精神高度沉郁，卧地不起，个别羊只还出现神经症状，如抽搐、仰头或做回旋运动，口吐白沫，终至死亡。

（三）防制

① 粪便要及时清除，堆积发酵处理，以杀灭虫卵，并做到定期驱虫。
② 硫双二氯酚治疗，剂量每千克体重100mg，一次性口服。

③ 氯硝硫胺（驱绦灵）治疗，剂量每千克体重 50~75mg，一次性口服。

④ 苯硫丙咪唑（抗蠕敏）治疗，剂量每千克体重 10~15mg，一次性内服。

二、球虫

该病是由艾美尔属球虫寄生于绵羊或山羊肠道上皮细胞内引起的一种原虫病。绵羊或山羊感染球虫后，生长发育迟缓和繁殖性能下降，羊肉、羊奶、羊毛（绒）、羊肠衣及皮革产量下降。此外，肉量和品质降低，严重感染时可导致死亡。

（一）病原

球虫隶属于顶复门、孢子虫纲、球虫亚纲、真球虫目、艾美尔亚目、艾美尔科艾美尔属。寄生于绵羊和山羊的球虫种类较多，各有 13~14 种，不同种球虫卵囊的形态大小等存在差异。较小的球虫如小型艾美耳球虫，卵囊平均大小为 $17\mu m \times 14\mu m$；较大的球虫如错乱艾美尔球虫卵囊大小为 $50\mu m \times 40\mu m$。随羊粪排出的卵囊呈卵圆形、球形、亚球形或短椭圆形等不同形态，内含一团卵囊质；不同种球虫卵囊在外界环境中经 1~5 天孢子生殖形成孢子化卵囊才对羊具有感染力，此时每个卵囊内形成 4 个孢子囊，每个孢子囊内含 2 个子孢子。球虫种类的鉴定，主要依据球虫卵囊的形态、大小、颜色，极的有无及其形状，卵膜孔的有无，有无内、外残体，孢子化时间等。

（二）症状

本病可依感染的种类、感染强度、羊只的年龄、抵抗力及饲养管理条件等不同而发生急性或慢性过程。急性经过的病程为 2~7 天，慢性经过的病程可长达数周。病羊精神不振，食欲减退或消失，体重下降，可视黏膜苍白，腹泻，粪便中常含有大量卵囊。体温上升到 40~41℃，严重者可导致死亡，死亡率常达 10%~25%，有时可达 80% 以上。

（三）防治

在治疗方面，常采用的药物有磺胺二甲基嘧啶、呋喃西林、氨丙啉、金霉素、莫能霉素等。常用防治药物为：氨丙啉，每千克体重 25~50mg，混入饲料或饮水，连用 2~3 周；磺胺甲基嘧啶，每千克体重 0.1g，每日口服 2 次，连用 1~2 周，如给大群羊使用，可按每日每千克体重 0.2g 混入饲料或饮水中；莫能霉素，每千克体重 1.6mg，每日内服 1 次，连用 7 天。该药对羊球虫的驱杀效果较好，3 天即见效，5 天驱除率可达 100%。

在使用药物防治时，应特别注意耐药性的产生，必须经常更换药品，以免影响防治效果。此外，肉羊和奶羊用抗球虫药要注意不同兽药要求的休药期。

三、肝片吸虫

肝片吸虫病是由肝片吸虫寄生在羊的肝脏和胆管内所引起。表现为肝实质和胆管发炎或肝硬化，并伴有全身性中毒和代谢紊乱，一般呈地方性流行。本病危害较大，尤其对幼畜的危害更为严重，夏秋季流行较多。

（一）病原

本病的病原体是肝片吸虫，其形状似柳树叶。雌虫在胆管内产卵，卵顺胆汁流入肠道，最后随粪便排出体外。卵在适宜的生活条件下，孵化发育成毛蚴，毛蚴进入中间宿主螺蛳体内，再经过胞蚴、雷蚴、尾蚴 3 个阶段的发育又回到水中，成为囊蚴。羊饮水时吞食囊蚴而感染此病。

（二）症状

本病可表现为急性症状和慢性症状。急性症状表现为精神沉郁，食欲减退或消失，体温升高，贫血、黄疸和肝肿大，黏膜苍白，严重者 3~5 日内死亡。慢性症状表现为贫血、黏膜苍白，眼睑及下颌间隙、胸下、腹下等处发生水肿，被毛粗乱干燥易脱断，无光泽，食欲减退，逐渐消瘦，并伴有肠炎，最终导致死亡。

（三）防制

① 不要到潮湿或沼泽地放牧，不让羊饮死水或饮有螺蛳生长地区的水。每年进行 2 或 3 次驱虫。

② 由于幼虫发育需要中间宿主螺蛳，因此应进行灭螺，使幼虫不能发育。每亩地可施用 20%的氨水 20kg，或用 1∶5 000 硫酸铜溶液、石灰等进行灭螺。

③ 四氯化碳治疗，四氯化碳 1 份、液体石蜡 1 份，混合后肌内注射。成年羊注射 3mL，幼羊 2mL。内服四氯化碳胶囊，成年羊 4 个（每个胶囊含四氯化碳 0.5mL），幼羊 2 个（含四氯化碳 1mL）。

四氯化碳对羊副作用较大，应用时先以少数羊试治，无大的反应再广泛应用。

④ 硝氯酚治疗，每千克体重 4mg，一次性口服。

⑤ 硫双二氯酚（别丁）治疗，每千克体重 35~75mg，配成悬浮液口服。

⑥ 苯硫丙咪唑治疗，每千克体重 15mg，1 日 1 次，连用 2 日。

⑦ 中药治疗，苏木 15g、贯仲 9g、槟榔 12g，水煎去渣，加白酒 60g 灌服。

四、肺线虫

肺线虫病是由网尾科和原圆科的线虫寄生在牛、羊、骆驼等反刍动物的气管、支气管、细支气管乃至肺实质引起的以支气管炎和肺炎为主要症状的疾病。

（一）病原

肺线虫病是网尾科网尾属和原圆科缪勒属的多种线虫寄生于反刍兽的呼吸器官而引起的疾病。网尾科的线虫，虫体较大，其引起的疾病又称大型肺线虫病；原圆科的虫体较小，其引起的疾病又称小型肺线虫病。

网尾线虫均呈乳白色丝线状。口囊小，口缘 4 个小唇片。交合伞的前侧肋独立，中、后侧肋融合，外背肋独立，背肋分为二枝，每枝末端又分为 2~3 个小枝。交合刺黄褐色、等长短粗的靴状多孔性构造。有一个多泡性构造的椭圆形引器。阴门位体中部卵胎生，虫卵无色，椭圆形，内含一幼虫。

丝状网尾线虫寄生于山羊、牛、骆驼及一些野生反刍兽支气管及气管和细支气管内，主要危害羔羊。雄虫长 30mm，融合的中、后侧肋末端分叉。雌虫长 35~44.5mm，虫卵（120~130）μm×（70~90）μm，一期幼虫头端有一小的扣状结节，卵胎生。

（二）症状

羊群的首发症状是咳嗽，先是个别羊发生咳嗽，继而成群发作，尤其是在羊只被驱赶和夜间休息时尤为明显，可听到羊群的咳嗽声和拉风箱似的呼吸声，咳出的痰液中可见幼虫和卵，患羊逐渐消瘦，被毛干枯，贫血，头胸部和四肢水肿，呼吸困难、频次加快，体温一般不高。当病情加剧和接近死亡时，呼吸困难加剧、干咳、迅速消瘦，患羊最终死于肺炎或者并发症。羔羊一般症状较为严重，感染轻微的羊和成年羊常常为慢性感染，症状不明显。网尾科线虫和原圆科线虫并发感染时，可造成羊群大量死亡。

（三）防制

该病流行区内，每年应对羊群进行 1~2 次普遍驱虫，并及时对病羊进行治疗驱虫，治疗期应收集粪便进行生物热处理；羔羊与成年羊应分群放牧，并饮用流动水或井水。有条件的地区，可实行轮牧，避免在低湿沼泽地区牧羊。冬季羊群应适当补饲，补饲期间，每隔 1 日可在饲料中加入阿维菌素（按其说明书进行投药），让羊自由采食，能大大减少病原的感染。可选用下列药物进行治疗。

丙硫咪唑，剂量按每千克体重 10~15mg，口服，这种药对各种肺线虫均有良效；苯硫咪唑，剂量按每千克体重 5mg，口服；左咪唑，剂量按每千克体重 8~10mg，口服；阿维菌素或者伊维菌素按每千克体重 0.2mg，口服或者皮下注射。

五、脑包虫

脑多头蚴病是由多头绦虫的幼虫——脑多头蚴（俗称包虫）所引起的。多头绦虫亦属带科带属。成虫在终末宿主豺、狼、狐狸等的小肠内寄生。幼虫寄生在绵羊、山羊、黄牛、牦牛和骆驼等有蹄类的大脑、肌肉、延髓、脊髓等处。人也能偶然感染。脑包虫是危害绵羊和犊牛的严重寄生虫病，尤其两岁以下的绵羊易感。

（一）病原

脑多头蚴呈囊泡状，囊体由豌豆到鸡蛋大，囊内充满透明液体，囊壁有两层膜组成，外膜为角质层，内膜为生发层，其上有许多原头节，原头节直径为 2~3mm，数目 100~250 个。成虫长 40~100cm，头节有 4 个吸盘，熟节片有生殖器官一组，睾丸约 300 个，卵巢分两叶，孕节含充满虫卵的子宫，子宫两侧有 14~26 个侧枝，并有再分枝，但数目不多。卵为圆形，直径 41~51μm。

（二）症状

根据侵袭包虫的数量和对脑部的损伤程度及死亡情况，可分为急性、亚急性和慢性 3 种。

1. 急性型

发生在感染后 1 个月左右，由于感染包虫数量多（7~25 个），幼虫在移动过程中，对脑部损伤严重，常引起脑脊髓膜炎，死亡前暴躁狂奔，痉挛惊叫，很快死亡。

2. 亚急性型

发生在感染后两个月左右。感染包虫数 2~7 个。病羊间断性癫痫发作，一日数次，每次 5~10 分钟，表现多种神经症状，死亡较急性拖得长。

3. 慢性型

发生在感染后 2~3 个月，包虫数大多为一个，癫痫发作次数一般一日或隔日一次，病羊向寄生侧做转圈运动。

（三）防制

① 加强对牧羊犬的管理，控制牧羊犬数量，消灭野犬，捕灭狼、狐，防止草场被严重污染。

② 每季度给牧羊犬投驱绦虫药一次，驱虫后排出粪便要深埋或焚烧。

③ 对病羊进行手术摘除。

手术部位确定：根据羊旋转的方向，一般向右旋转则寄生在脑的右侧，向左旋转则寄生在左侧。然后用小叩诊锤或镊子敲打两边颅骨疑似部位，若出现低实音或浊音即为寄生部位，非寄生部位呈鼓音。用拇指按压，可摸到软化区，此区即为最佳手术部位。

手术方法：术部剪毛，用清水洗净，再用碘酊消毒，用刀片对皮肤作"V"形切口。在切开"V"形骨的正中用圆骨钻或外科刀将骨质打开一个直径约 1.5cm 的小洞，用针头将脑膜轻轻划开。一般情况下，包虫即可向外鼓出，然后进行摘除，最后在"V"形切口下端作一针缝合，消毒后用绷带或纱布包扎。

④ 药物治疗，对感染期的病羊用 5% 黄色素注射液作超剂量静脉注射，注射量 20~30mL，每日 1 次，连用两日，病羊可逐渐康复。

六、疥螨与痒螨

本病是由于疥螨或痒螨寄生于羊体表所引起的一种接触传染的慢性皮肤病。严重感染时，常导致羊生产性能降低，甚至发生死亡。

（一）病原

1. 疥螨病原

为节肢动物门、蛛形纲、真螨目、粉螨亚目、疥螨科、疥螨属的疥螨。疥螨又叫疥，俗称疥虫病。疥螨虫体近圆形，长 0.2~0.5mm，呈灰白色或黄色，不分节，由假头部与体部组成，其前端中央有蹄铁形口器，腹面有足 4 对，前后各两对短粗、呈圆锥形的腿，末端具有吸盘。咀嚼式口器，成虫在皮肤角质层下挖掘隧道，以表皮细胞液及淋巴液为营养。疥螨的发育经虫卵、幼虫、若虫和成虫四个阶段，整个发育过程为 8~22 天。雌螨在隧道内产卵，每两三天产卵一次，一生可产 40~50 个卵。

2. 痒螨病原

为节肢动物门、蛛形纲、真螨目、粉螨亚目、痒螨科、痒螨属的痒螨。虫体椭圆形，体长 0.5~0.8mm，眼观如针尖大。口器长而尖，腿细长，末端有吸盘。痒螨口器为刺吸式，寄生于皮肤表面，吸取渗出液为食。痒螨具有坚韧的角质表皮，对不利环境的抵抗能力超过疥螨，一般能存活两个月左右。牧场上能活 25 天，在 -12~-2℃ 经 4 天死亡，在 25℃ 经 6 小时死亡。痒螨的发育同疥螨一样也经虫卵、幼虫、若虫和成虫 4 个阶段，雄螨和雌螨也分别有 1 个和 2 个若虫期，但其完成生活史需要 10~12 天。雌螨多在皮肤上产卵，一生可产约 40 个卵，寿命约 42 天。

（二）症状

患羊主要表现为剧痒、消瘦、皮肤增厚、龟裂、结痂和脱毛，影响羊只健康和羊毛产量及质量。疥螨病多见于山羊，绵羊较少，因淋巴液的渗出较痒螨病少，故有的地方称为"干骚"。本病通常首先发现于嘴唇、鼻面、眼圈、耳根、鼠蹊部、乳房及阴囊等皮肤薄嫩、毛稀处。因虫体挖凿隧道时的刺激，使羊发生强烈痒觉，病部肿胀或有水泡，皮屑增多。水泡破裂后，结成干灰色痂皮，皮肤变厚、脱毛，干如皮革，内含大量虫体。虫体迅速蔓延至全身，羊只消瘦，严重时食欲废绝，甚至衰竭死亡。

（三）防制

保持畜舍透光、干燥和通风良好，畜群密度合理。定期清扫消毒，对于引进家畜要隔离观察确定无病时，再行并群。经常注意观察畜群，及时挑出可疑畜体，隔离饲养并查明病因对症治疗。用于治疗羊疥螨的药物有多种：① 2% 敌百虫溶液或煤油患部涂擦；② 新灭癞灵稀释成 1%~2% 的水溶液，患部刷拭；③ 每千克体重 600mg 螨净喷淋；④ 伊维菌素每千克体重 0.2mg 皮下注射；50.05% 溴氯菊酯药浴。一般需治疗 2~3 次，间隔 7~10 天，重复用药一次。

七、硬蜱

本病是由于硬蜱寄生于羊体表引起的一种吸血性外寄生虫病，临床以羊的急性皮炎和贫血为主要特征，此外蜱传疾病对羊的为害也不容忽视。

（一）病原

病原为节肢动物门、蛛形纲、蜱螨目、硬蜱科的多种硬蜱。硬蜱俗称狗豆子、草爬子、壁虱、扁虱、草虱等。在我国，常见的硬蜱种类有长角血蜱、残缘璃眼蜱、血红扇头蜱、微小牛蜱、全沟硬蜱等。成蜱饥饿时呈黄褐色、前窄后宽、背腹扁平的长卵圆形，芝麻粒大到大米粒大（2~13mm）。虫体前端有口器，可穿刺皮肤和吸血。吸饱血的硬蜱体积增大几十倍至近百倍，如蓖麻子大，呈暗红色或红褐色。

（二）症状

硬蜱对羊的危害包括直接危害和间接危害。硬蜱以其前部的口器刺入羊皮肤吸血时初期以刺激与扰烦为特征，影响羊只采食，造成局部痛痒，损伤，皮肤发炎、水肿、出血、皮肤肥厚等；若继发细菌感染可引起化脓、肿胀和蜂窝组织炎等。硬蜱叮咬吸血时向局部注入唾液的毒素作用，病羊可出现神经症状及麻痹，引起"蜱瘫痪"。大量硬蜱密集寄生的患羊严重贫血，消瘦，生长发育缓慢，皮毛质量降低，泌乳羊产奶量下降等。部分怀孕母羊流产，羔羊和分娩后的母羊死亡率很高。硬蜱叮咬羊吸血时，还可随唾液把巴贝斯虫、泰勒虫及某些病毒、细菌、立克次氏体等病原注入羊体内而传播疾病。

（三）防制

主要应杀灭羊体和环境中的硬蜱。杀灭羊体上的硬蜱可用 2.5%敌杀死乳油 250~500 倍水稀释，或 20%系灭菊酯乳油 2 000~3 000倍稀释，或 1%敌百虫喷淋、药浴、涂擦羊体；或用伊维菌素或阿维菌素，按每千克体重 0.2mg 皮下注射，对各发育阶段的蜱均有良好杀灭效果；间隔 15 天左右再用药 1 次。对羊舍和周围环境中的硬蜱，可用上述药物或 1%~2%马拉硫磷或辛硫磷喷洒畜舍、柱栏及墙壁和运动场以灭蜱。感染严重且羊体质较差，伴有继发感染者，应注意对症治疗。

第四节　肉羊普通病

一、酮病

酮病是反刍动物体内物质代谢和能量生成障碍而发生的以酮血、酮尿、酮乳和低血糖为特征的代谢性疾病。

（一）病因

酮病主要是糖供给不足，脂肪大量分解所致的代谢障碍。本病的发生与饲料的种类、品质的好坏、日粮组成、精粗比例直接相关。因此，凡是引起瘤胃内丙酸生成减少，而乙酸和丁酸生成增加的因素，都可诱发酮病；或者低脂肪、低蛋白，碳水化合物亦不足；单纯饲喂含生酮物质丁酸较多的青贮和甜菜丝（粕）饲料或在料中比例过大，都是常见的主要病因。其他各种因素引起产后消化机能下降，挥发性脂肪酸产生减少，粗纤维和可消化总营养物质不足等均可引起原发性酮病。

绵、山羊的酮病，多与营养不良、怀孕后期胎儿相对发育较快，使母体代谢失衡、脂肪代谢障碍所致。

另外，动物患创伤性网胃炎、前胃弛缓、真胃溃病、子宫内膜炎、胎衣滞留、产后瘫痪及饲料中毒等疾病时，由于消化机能减退，可发生继发性酮病。

（二）症状

酮病主要发生在产羔后几天至几周内，临床上表现两种类型，即消耗型和神经型。

消耗型表现食欲降低和精料采食减少，甚至拒绝采食青贮饲料，一般可采食少量干草。体重迅速下降，很快消瘦，腹围缩小。因皮下脂肪大量消耗使皮肤弹性降低。粪便干燥，量少，有时表面附有一层油膜或黏液。瘤胃反刍减弱甚至消失。呼出气体、尿液和乳汁中有酮气味，加热时更明显。

神经型主要表现突然发病，初期表现兴奋，精神高度紧张，不安，大量流涎，磨牙空嚼，顽固性舔吮饲槽或其他物品；视力下降，走路不辨方向，横冲直撞。有的病畜全身肌肉紧张，步态踉跄，站立不稳，四肢叉开或相互交叉；有的震颤，吼叫，感觉过敏。这种兴奋过程持续 1~2 天后，一般转入抑制期，病畜表情淡漠，反应迟钝，不愿走动和采食，精神高度沉郁；严重者不能站立，头屈向颈侧，处昏睡状态。少数轻症病畜仅表现精神沉郁，头低耳耷，对外界刺激的反应性下降。

（三）治疗

① 补糖。50% 葡萄糖 100mL 静脉注射，对大多数患畜有明显效果。但须重复注射，否则有复发的可能。25% 葡萄糖 100~200mL，5% 碳酸氢钠液 100mL，静脉注射，连用 3~5 天。必须注意的是，口服补糖效果很小或无效，因为反刍动物瘤胃中的微生物使糖分解生成挥发性脂肪酸，其中丙酸量很少，因此治疗意义不大。

② 丙酸钠 20~60g，内服，2 次/天，连用 5~6 天，也可用乳酸钠、乳酸钙、乳酸铵，这些药物都是葡萄糖前体，有生糖作用。

③ 丙二醇或甘油拌料也有好的治疗效果，一天两次，每次 50g，连用 2 天，随后每天一次，用量减半。

④ 尽快解除酸中毒，口服碳酸氢钠 20g，一天两次，或 5% 碳酸氢钠液 100~150L，静脉注射。

⑤ 肌内注射氢化泼尼松 75mg 和地塞米松 25mg，并结合静脉补糖，其成活率可这 85% 以上。

⑥ 加强对病羊的护理，适当减少精料的饲喂量，增喂碳水化合物和富含维生素的饲料。适当运动，增强胃肠消化功能。

二、瘤胃积食

瘤胃积食又称急性胃扩张，是由于采食多量难消化、易膨胀的精料或粗纤维饲料，致使瘤胃体积增大，胃壁扩张，运动机能紊乱，胃内容物滞留引起的一种严重消化不良性疾病。中兽医上称为"畜草不转"。本病以舍饲羊常发多见。

（一）病因

瘤胃积食主要是过食所致，饲料的适口性太好也可引起。通常是采食过多难消化的纤维饲料或易膨胀的干饲料而引发本病。

运动过量或缺乏，体质虚弱，饮水不足，突然变换饲料等都是引起本病发生的诱因；胃阻塞、创伤性网胃炎、真胃炎等也可继发本病。

（二）症状

以反刍、嗳气停止，瘤胃坚实，腹痛，瘤胃蠕动减弱或消失为典型特征。

（三）治疗

治疗以排出瘤胃内容物，止酵，防止自体中毒和提高瘤胃兴奋性为原则。

① 病情较轻的可禁食 1~2 天，勤喝水，经常按摩瘤胃，每次 10~15 分钟，可自愈。如能结合按摩并灌服大量温水则效果更好。

② 消导下泻可用盐类和油类泻剂混合后灌服，通常使用的有硫酸镁或硫酸钠 50g、

石蜡油 80~100mL，加水溶解后一次内服。

③ 止酵防腐，可用来苏尔 3mL 或福尔马林 1~3mL 或鱼石脂 1~3g，加水适量内服。

④ 促进瘤胃蠕动可静脉注射 10% 盐水 100~200mL 或促反刍液 200mL，有良好效果。

⑤ 发生酸中毒时，可用 5% 碳酸氢钠溶液 100mL，5% 葡萄糖溶液 200mL，静脉注射。

⑥ 发生心衰时，用 10% 安钠咖 5mL 或 10% 樟脑磺酸钠 4mL，肌内注射。

积食严重时，需采取手术措施，取出瘤胃内容物，同时静脉注射抗生素（青霉素钠）和糖盐水，防止继发感染。

三、创伤性网胃心包炎

本病是由于金属（如针、钉、铁丝）等尖锐异物进入网胃后，刺伤或穿透网胃壁，进而损伤腹膜、膈肌以及心包的系列炎症损伤。单纯损伤网胃称创伤性网胃炎；如影响到腹膜称创伤性网胃腹膜炎；如损伤方向朝膈肌、心脏，当异物伤及心包时，称创伤性网胃心包炎，个别病例还可损伤心肌。

（一）病因

本病主要是由于采食混有金属尖锐异物（如钉子、铁丝、别针、缝针、发夹等）的饲料或于畜舍附近和牧地上舔食以上物品引起。

羊采食粗放、迅速，不经细嚼即行下咽，囫囵吞咽，口黏膜对机械性刺激敏感性差，同时，舌、颊部黏膜上具有朝向后方的乳头，致异物易于咽下。咽下的异物，形状粗钝且体积较大的，多数可在瘤胃和网胃内长期停留，或个别特别小的可随粪便排出体外。尖锐的金属异物，当瘤胃收缩时，随食糜进入网胃。由于网胃体积小，收缩力强，因此，异物很易刺伤网胃壁而引起创伤性炎症。刺入网胃壁的异物，在分娩、努责、过食、剧烈运动以及瘤胃积食、瘤胃鼓气等腹内压急剧增高的情况下，往往继续向前，穿过横膈而刺伤心包，引起创伤性网胃心包炎，有时也能穿入肝、脾、肺、胸腔、腹腔等处，并继发细菌感染，而招致炎症、坏死、脓肿等病变。

（二）症状

正常羊网胃一般也有异物，但这些异物在未刺入胃壁时，并不引起症状。当一些能使腹压升高的因素如分娩、瘤胃积食等作用于网胃时，其中的异物有可能刺入胃壁。初期呈现轻度的前胃弛缓症状。如异物穿通胃壁，或炎症反应较剧时，则表现不食，前胃蠕动明显减弱或废绝。精神沉郁，被毛逆立，拱背，四肢集拢于腹下，肘头外展，肘肌震颤，不愿伏卧，下坡、转弯或卧下时表现小心，甚至呻吟。压迫或叩打剑状软骨区，可能呈现疼痛反应，反、刍困难，体温初期升高，以后可能维持在正常范围。

（三）治疗

对早期病例置于前高后低位置，促使异物由胃壁退回，同时每天用普鲁卡因青霉素300 万单位、链毒素 200 万单位分两次肌内注射，连续数天。或将一种羊用小型磁铁

（由铅、钴、镍合金制成）投入网胃，同时结合抗生素疗法，可望收到治愈效果。确诊后尽早施行手术，经瘤胃内入网胃中取出异物；或者经腹腔，在网胃外取出异物，并将网胃与膈之间的粘连分开。同时，用大剂量抗生素或磺胺类药物进行注射，预防继发感染。

心包穿刺治疗，在左侧第 4~6 肋间，肩关节水平线下约 1~2cm，沿肋骨前缘刺入皮下，再向前下方刺入，接上注射器边抽吸边进针，直到吸出心包渗出液为止，同时要掌握穿刺深度，以免损伤心肌而导致死亡，并要防止空气溢入胸腔，经穿刺排出渗出液后，要注射抗生素防止感染。

四、羊食道阻塞

（一）病因

主要是由于羊抢食、贪食大块食物或异物，又未经咀嚼便吞下所致，或在垃圾堆放处放牧，羊采食了菜根、萝卜、塑料袋、地膜等阻塞性食物或异物而引起。继发性阻塞见于异嗜（营养缺乏症）、食管狭窄、扩张、憩室、麻痹、痉挛及炎症等病程中。

（二）症状

本病发病急速，采食顿然停止，仰头缩颈，极度不安，口和鼻流出白沫。用胃导管探诊，胃管不能通过阻塞部。因反刍、嗳气受阻，常继发瘤胃臌气。诊断依据胃管探诊和 X 射线检查可以确诊。若阻塞物部位在颈部，可用手外部触诊摸到。

（三）治疗

应采取紧急措施，排出阻塞物。治疗过程中应润滑食管的管腔，解除痉挛，消除阻塞物。治疗中若继发臌气，可施行瘤胃放气术，以防窒息。可采用吸取法，若阻塞物属草料团，可将羊保定好，送入胃管，用橡皮球吸水，注入胃管中，再吸出，反复冲洗阻塞食团，直至食管通畅。也可用送入法，若阻塞物体积不大、阻塞在贲门部，应先用胃管投入 10mL 石蜡油及 2% 普鲁卡因 10mL，润滑解痉，再用胃管送入瘤胃中。

五、青草抽搐症

羊青草抽搐症，又叫羊青草消化代谢综合征。

（一）病因

本病主要发生在放牧的春、夏和早秋季节，一般在每年的 5—9 月高发，这个季节是青草的旺盛期，羊主要以采食青草为主，由于青草供应比较充足，很多养羊者基本不补充干草。由于这个季节青草含水分很大，蛋白、能量物质丰富，粗纤维尚未发育完善，比较容易消化，极易引起发病，主要原因如下。

① 采食了豆科植物、苜蓿等蛋白含量较高的植物较多。

② 采食露水草、雨后草和不卫生的青草后，由于其水分和细菌较多。

③ 青草虽然容易消化，但一些营养物质相对含量较低。

④ 青草含水量较多，羊在采食后反射性地引起羊唾液分泌较少，消化酶和碱性唾液少。

⑤ 青草容易在瘤胃内发酵产酸和尸胺等有害物质。

以上这些原因都容易引起瘤胃内容物发酵产酸和大量的有害物质造成代谢紊乱，出现自体中毒的发生。

（二）症状

1. 精神沉郁型

病羊表现毛缺乏光泽，精神委顿，反应淡漠，卧多立少，不愿走动，强行驱赶，行走无力，不驱赶时又卧下，有的表现四肢不灵活，步态摇晃。耳、鼻、四肢末梢发凉，口吐白沫或者青色酸水，眼球下陷，鼻镜干燥，口腔黏膜潮红，后期结膜淡白，舌质薄软无力，舌苔淡白。体温一般正常或偏低，继发肺部炎症的稍高。呼吸加快，羊安静时心跳稍快而弱，稍有骚动不安心跳马上加快，可达 110~130 次/分，节律不齐，严重的可在颈部和背部听到明显的心音，稍有惊动则表现出不安恐惧。瘤胃蠕动音微弱或消失，部分羊表现腹胀或者鼓气症状，部分病例瘤胃结实或者松软。病情严重的羊瘤胃内积满多量液状内容物，随着羊在运动时随着腹部的摆动或用手撞击瘤胃部，可听到明显的击水声。病情较轻的还能多少吃些草料，病情较重的草料均不吃。大部分羊可见拉稀症状，粪便呈灰绿色或者褐色。前期糊状，后期水样。病羊均喜欢舔食碱土，如羊场砖墙上、墙根下的白色碱土。

2. 精神狂躁型

多在放牧时离群，突然表现惊恐不安，感觉过敏。吼叫，乱跑，步态不稳，像喝醉酒样，倒地并四肢强直，阵发性肌肉痉挛，双眼圆睁、牙关紧闭，口吐白沫，1~2 分钟后症状消失，病畜安静躺卧。但受外界的声响和触摸等刺激，可再次发作。体温升高，呼吸、脉搏数增加，不用听诊器可听到心跳声（心音），不及时治疗，可在 1 小时内死亡。有的表现头颈强直并高抬，痉挛性频繁排尿和不断排粪。

（三）治疗

① 生石灰 0.5kg，温水 10kg，混合去掉沉渣澄清洗胃，洗到 pH 值 6.5~7.0。

② 用健胃消胀灵或者消积抗酸灵按每千克体重 2g，每天 1 次，严重的每天 2 次。

③ 5%碳酸氢钠注射液 50~300mL，生理盐水 500~100mL 维生素 C 10~20mL，维生素 B_1 10~20mL，混合静脉注射，每天 2 次，每次间隔 8~10 小时。

④ 用 25%硫酸镁 20~50mL，缓慢静脉注射，再静脉注射少量氯化钙。

⑤ 出现神经兴奋症状时，用盐酸氯丙嗪每千克体重 1~3mg 肌内注射。出现沉郁症状注射尼可刹米注射液。

⑥ 出现心脏衰竭用 10%安钠咖 3~5mL，肌内或静脉注射。

六、白肌病

羔羊白肌病又称为肌营养不良症，是伴有骨骼肌和心肌变性，并发生运动障碍和急性心肌坏死的一种微量元素缺乏症。

（一）病因

本病的发生主要是饲料中硒和维生素 E 缺乏或不足，或饲料内钴、锌、铜、锰等微量元素含量过高而影响动物对硒的吸收。当饲料、牧草内硒的含量低于 0.03mg/kg 时，就可发生硒缺乏症。

维生素 E 是一种天然的抗氧化剂，当饲料保存条件不好，高温、湿度过大、淋雨或暴晒，以及存放过久，酸败变质，则维生素 E 很容易被分解破坏。试验证明在酸性土壤中，农作物、牧草对硒的利用率很低，含量很少，羔羊发病率很高。现在已经发现动物缺硒的地理分布比较规律，一般在北纬 35°~60°。我国动物缺硒病分布在黑龙江到四川的大面积缺硒地带。

（二）症状

临床上以病羊弓背、四肢无力、行动困难、喜卧等为主要症状，死后剖检，骨骼肌、心肌苍白为典型特征。本病于秋冬、冬春气候骤变，青绿饲料缺乏时多发生。

（三）治疗

0.2%亚硒酸钠注射液 2mL，肌内注射，1 次/月，连续应用 2 个月。同时辅助应用氯化钴 3mg、硫酸铜 8mg、氯化锰 4mg、碘盐 3g，水溶后口服。再结合肌内注射维生素 E 注射液 300mg，疗效更佳。

七、维生素 A 缺乏症

维生素 A 缺乏症是由维生素 A 或其前体胡萝卜素缺乏或不足所引起的一种营养代谢性疾病。其典型特征为脑脊髓功能不全、晕厥、共济失调、生长发育缓慢、角膜结膜干燥、夜盲症、机体繁殖机能障碍及免疫力下降。有时可出现羔羊先天性缺陷。

（一）病因

本病的发生主要是由于饲料中维生素 A 或其前体胡萝卜素缺乏或不足所致。维生素 A 仅存在于动物源性饲料中，例如：鱼粉等，而胡萝卜素存在于植物性饲料中，例如：胡萝卜、青草、南瓜、黄玉米等，而谷类及其副产品如米糠、麸皮等含维生素 A 极少。因长期使用配合饲料，未补充青绿饲料易产生维生素 A 缺乏症。

饲料在加工、调制及贮存过程中方法不得当，例如热喷、高温制粒、储存时间太长均可造成维生素 A 或胡萝卜素变质、流失，长期饲喂该种饲料即可引起发病。

维生素 A 及胡萝卜素是脂溶性物质，其消化吸收必须在胆汁酸的参与下进行。因此动物患有消化道和肝脏疾患时，对维生素 A 或胡萝卜素的吸收、转化、储存、利用发生障碍也易患此病。

维生素 A 不能通过胎盘，故初生羔羊容易患病，初乳中维生素 A 含量较高，它是羔羊获得维生素 A 的唯一来源。母羊分娩后死亡、无奶等易发生缺乏症。

维生素 E 可促进维生素 A 的吸收，同时作为抗氧化剂，防止维生素 A 在肠道氧化。饲料中蛋白质低，其吸收率下降，这些因素最终均会引起维生素 A 的缺乏。

此外，饲养管理不善，圈舍拥挤、污秽，运动量不足，没有充足的阳光照射都可诱发该病的发生。

（二）症状

病羊特别是羔羊的早期症状是夜盲症，早晨、傍晚或月夜朦胧时，病羊盲目前进，不时碰撞障碍物，行动迟缓；共济失调、后躯瘫痪，眼里分泌一种浆液性分泌物，随后角膜角化，形成云雾状，有时呈现溃病和羞明。

（三）治疗

① 日粮中加入青绿饲料及鱼肝油，可以迅速获得治愈，鱼肝油的口服剂量为 20~50mL/次。

② 当消化系统紊乱时，可以皮下或肌内注射鱼肝油，用量为 5~10mL/次，分为数点注射，每隔 1~2 天 1 次。

③ 亦可用维生素 A 注射液进行肌内注射，用量为 2.5 万~5 万单位/次。

④ 饲料中加维生素 AD_3 粉，剂量参照使用说明书。

⑤ 病重羊肌内注射维生素 ADE 注射液，成年羊 5mL/只，羔羊 1~2mL/只。

⑥ 对眼部病变的羊，结膜应用红霉素眼膏，1 次/天。

⑦ 增加病羊运动量及光照时间，同时补充优质牧草和胡萝卜等。

八、骨软病

骨软病是成年羊比较多发的骨质性脱钙，未钙化的骨基质过剩而骨质疏松的一种慢性疾病。

（一）病因

主要是由于草料内磷不足或缺乏所致。

（二）症状

病羊出现慢性消化障碍症状和异嗜，舔墙吃土，啃嚼石块，或舔食铁器、垫草等异物。四肢强拘，运步不灵活，出现不明原因的一肢或多肢跛行，或交替出现跛行。弓背站立，经常卧地，不愿起立。骨骼肿胀、变形、疼痛。尾椎骨移位、变软，肋骨与肋软骨结合部肿胀，易折断。

（三）治疗

预防本病主要在于调整草料内磷钙含量和磷钙比例，加强管理，适当运动，多晒太阳。

九、食毛症

（一）病因

成年绵羊、山羊体内常量元素硫缺乏是该病的主要病因。此外，钙、磷、钠、铜、锰、钴等饲料矿物元素缺乏，维生素和蛋白质供给不足是引起本病发生的基本原因。本病具有明显的季节性和区域性，发病仅局限于终年只在当地草场流行病区放牧的羊只，当羊群到外地山上坡地放牧时，已有症状可在短期内消失，而一旦返回病区后，过一段时间则又可复发。该病多发生在 11 月至翌年 5 月，1—4 月为高峰期，至青草萌发并能供以饱食时即可停止。山羊发病率明显高于绵羊，其中以山羯羊发病率最高；发病羊只无性别、年龄差异，从不满周岁到老龄羊只均可发生。

（二）症状

发病羊只啃食其他羊只或自身被毛，以臀部叼毛最多，而后扩展到腹部、肩部等部位。被啃食羊只，轻者被毛稀疏、重者大片皮板裸露，甚至全身净光，最终因寒冷而死亡。有些病羊出现掉毛、脱毛现象；采食羊只亦逐渐消瘦、食欲减退、消化不良，亦或发生消化道毛球梗阻，表现肚腹涨满，腹痛，甚至死亡。病羊还可啃食毛织品，部分羊只出现采食煤渣、骨头等异食症状。

（三）治疗

用硫酸铝、硫酸钙、硫酸亚铁、少量硫酸铜等含硫化合物治疗，病羊可在短期内取得满意的疗效。在发病季节坚持补铜以及含硫化合物，硫元素用量可控制在饲料干物质的 0.05% 或成年羊 0.75~1.25g/（只·天），即能得到中长期预防和治疗效果。补饲方法以含硫化合物颗粒饲料为主，既经济又投服方便，适合大批羊只发病的治疗；个别病羊可灌服硫酸盐水溶液治疗即可。有机硫化合物如蛋氨酸等含硫基的氨基酸治疗本病虽效果明显，但其价格太高，不适合牧区和农户推广使用。

十、尿素中毒

（一）病因

尿素添加剂量过大，浓度过高，和其他饲料混合不匀，或食后立即饮水以及羊喝了大量人尿都会引起尿素中毒。

（二）症状

发病较快，表现不安，呻吟磨牙，口流泡沫性唾液；瘤胃急性膨胀，蠕动消失，肠蠕动亢进；心音亢进，脉搏加快，呼吸极度困难；中毒严重者站立不稳，倒地，全身肌肉痉挛，眼球震颤，瞳孔放大。

（三）治疗

合理正确使用尿素添加剂。发现尿素中毒应及早治疗，一般常用 1% 醋酸 200~300mL 或食醋 250~500g 灌服，若再加入食糖 50~100g，加水灌服效果更好。另外可用硫代硫酸钠 3~5g，溶于 100mL 5% 葡萄糖生理盐水内，静脉注射。临床证明 10% 葡萄糖酸钙 50~100mL，10% 葡萄糖溶液 500mL 静脉注射，再加食醋半斤灌服，有良好效果。

十一、农药中毒

（一）病因

羊只误食喷洒过农药的农作物、牧草、田间野草和被农药污染过的饲料及水、或农药管理不当被羊舔食均可引起中毒。目前常用的农药有机磷和有机氯。

（二）症状

羊只兴奋不安、腹泻、腹痛、呕吐、口吐白沫、肌肉颤抖、四肢发硬。严重者全身战栗，狂躁不安，无目的奔跑，呼吸困难，心跳加快。体温升高，瞳孔缩小，视物不清，抽搐痉挛，昏迷，大小便失禁，终至死亡。

（三）治疗

严禁用刚喷洒过农药的作物、蔬菜、牧草、杂草等作饲料喂羊，一般需喷洒 7 天后方可饲用。

发现农药中毒后应及早治疗，可用解磷定、氯磷定等特效解毒药，第一次每只羊 0.2~1g，以后减半，用生理盐水配成 2.5%~5% 的溶液缓慢静脉注射，视病情连续用药，一般每天 1~2 次；也可用 1% 硫酸阿托品 1~2mL 皮下注射，病重者 2~3 小时一次，到出现瞳孔散大、口干等症状出现时停药；排出胃肠道滞积物，先用 1% 盐水或 0.05% 高锰酸钾溶液洗胃，再灌服 50% 硫酸镁溶液 40~60mL，进行导泄，使中毒羊胃内毒物能由肠道尽快排出。

参考文献

陈自胜，陈世良. 1999. 粗饲料调制技术 ［M］. 北京：中国农业出版社.

刁其玉，王锋，张英杰，等. 2004. 肉羊饲养新技术 ［M］. 北京：中国农业科学技术出版社.

刁其玉. 2012. 科学自配羊饲料 ［M］. 北京：化学工业出版社.

刁其玉. 2013. 农作物秸秆养羊 ［M］. 北京：化学工业出版社.

刁其玉. 2013. 农作物秸秆养牛手册 ［M］. 北京：化学工业出版社.

刁其玉. 2015. 肉羊饲养实用技术 ［M］. 北京：中国农业科学技术出版社.

刁其玉. 2018. 中国肉用绵羊营养需要 ［M］. 北京：中国农业出版社.

冯仰廉. 2004. 反刍动物营养学 ［M］. 北京：科学出版社.

何峰、李向林. 2010. 饲草加工 ［M］. 北京：海军出版社.

何晓红，马月辉. 2005. 21 世纪的中国及世界养羊业的现状和发展趋势 ［J］. 中国畜牧兽医文摘
  （4）：15-19.

黄有德，刘宗平. 2001. 动物中毒病及毒理学 ［M］. 兰州：甘肃科学出版社.

侯桂芝，周秀英，贺健. 1987. 热喷麦秸饲喂羔羊试验报告 ［J］. 畜牧与饲料科学 （1）：13-16.

计伦. 2004. 牛羊病诊治验方收集 ［M］. 北京：中国农业科学技术出版社.

简路洋，高月锋，芦伟，等. 2018. 2016 年世界羊肉生产及我国羊肉出口概况 ［Z］. 中国河南兰
  考：7.

黎力之，潘珂，袁安，等. 2014. 几种油菜秸秆营养成分的测定 ［J］. 江西畜牧兽医杂志 （5）：
  28-29.

李秉龙，夏晓平. 2011. 中国肉羊产业发展动力机制研究 ［M］. 北京：中国农业科学技术出版社.

李国彰. 2017. 大麦秸秆营养价值评定及育肥羔羊大麦秸秆型饲粮的研究 ［D］. 兰州：兰州大学.

李海涛，马友记，李杰. 2014. 世界养羊业现状及发展措施 ［Z］. 中国贵州遵义.

李连任. 2015. 羊场消毒防疫与疾病防制技术 ［M］. 北京：中国农业科学技术出版社.

李延云. 2010. 农作物秸秆饲料加工技术 ［M］. 北京：中国轻工业出版社.

李元晓，赵广永. 2006. 反刍动物饲料蛋白质营养价值评定体系研究进展 ［J］. 中国畜牧杂志，42
  （1）：61-63.

刘春. 2012. 浅析妊娠母羊的饲养管理 ［J］. 科学之友 （6）：160-161.

刘桂琼，姜勋平，孙晓燕，等. 2015. 肉羊繁育管理新技术 ［M］. 北京：中国农业科学技术出
  版社.

刘建新. 2003. 干草秸秆青贮饲料加工技术 ［M］. 北京：中国农业科学技术出版社.

刘敏，王霞，刘琳，等. 2017. 向日葵秸秆玉米秸秆混合青贮在羔羊育肥上的应用研究 ［J］. 畜牧
  与饲料科学，38 （7）：51-53.

刘艳丰，郑伟，哈尔阿力·沙布尔，等. 2017. 棉花秸秆对绵羊生产性能和血清生化指标的影响
  ［J］. 黑龙江畜牧兽医 （7）：127-131.

律祥君，王拥庆，冯海洋，等. 2015. 实用羊病防治新技术手册 ［M］. 北京：中国农业科学技术

出版社.

马利青. 2016. 肉羊常见病防制技术图册 [M]. 北京：中国农业科学技术出版社.

马友记，李发弟. 2011. 中国养羊业现状与发展趋势分析 [J]. 中国畜牧杂志 (14)：16-20.

穆会杰，刘庆华，邢其银，等. 2014. 不同生育期小麦秸营养动态及饲用价值 [J]. 动物营养学报，26 (2)：549-556.

聂海涛，施彬彬，王子玉，等. 2012. 杜泊羊和湖羊杂交 F1 代公羊能量及蛋白质的需要量 [J]. 江苏农业学报，28 (2)：344-350.

彭克美. 2005. 畜禽解剖学 [M]. 北京：高等教育出版社.

唐庆凤，杨承剑，彭开屏，等. 2018. 添加植物乳杆菌对桑枝叶与玉米秸秆混合青贮发酵品质的影响 [J]. 饲料工业，39 (19)：38-43.

王贝，许贵善，董利锋，等. 2018. 反刍动物甲烷排放测定和营养调控减排方法 [J]. 饲料工业，39 (19)：49-55.

王成章，王恬. 2017. 饲料学 (第二版) [M]. 北京：中国农业出版社.

王洪壮，商振达，刘锁珠，等. 2018. 西藏地区不同比例油菜与三叶草混合青贮对饲料发酵品质的影响 [J]. 高原农业，2 (16)：647-653.

王慧华，赵福平，张莉，等. 2015. 中国地方绵羊品种的地域分布及肉用相关性状的多元分析 [J]. 中国农业科学 (20)：4170-4177.

王九峰，李同洲. 2001. 动物营养学 [M]. 北京：中国农业大学出版社.

王林，孙启忠，张慧杰. 2011. 苜蓿与玉米混贮质量研究 [J]. 草业学报，20 (4)：202-209.

王炜康，杨红建，邢亚亮，等. 2017. 棉酚对反刍动物的危害性及其瘤胃微生物学脱毒机理探讨 [J]. 中国畜牧杂志，53 (6)：15-19.

魏湜、曲文祥. 2009. 秸秆饲料玉米 [M]. 北京：中国农业科学技术出版社.

邢廷铣. 2002. 农作物秸秆饲料加工与应用 [M]. 北京：金盾出版社.

许贵善，刁其玉，纪守坤，等. 2012. 20~35kg 杜寒杂交公羔羊能量需要参数 [J]. 中国农业科学，45 (24)：5082-5090.

许贵善，刁其玉，纪守坤，等. 2012. 不同饲喂水平对肉用绵羊生长性能、屠宰性能及器官指数的影响 [J]. 动物营养学报，24 (5)：953-960.

许贵善，纪守坤，姜成钢，等. 2013. 杜寒杂交公羔羊能量与蛋白质的组织分布及机体组成的预测模型研究 [J]. 畜牧兽医学报，44 (5)：727-736.

许贵善. 2013. 20~35kg 杜寒杂交羔羊能量与蛋白质需要量参数的研究 [D]. 北京：中国农业科学院.

旭日干. 2016. 中国肉用型羊主导品种及应用展望 [M]. 北京：中国农业科学技术出版社.

于杰，郑琛，李发弟，等. 2013. 向日葵秸秆与全株玉米混合青贮饲料品质评定 [J]. 草业学报，22 (5)：198-204.

张克山，高娃，菅复春. 2013. 羊常见疾病诊断图谱与防治技术 [M]. 北京：中国农业科学技术出版社.

张乃锋. 2009. 新编羊饲料配方 [M]. 北京：化学工业出版社.

张晓庆，金艳梅. 2016. 牧区舍饲半舍饲养羊技术 [M]. 北京：中国农业科学技术出版社.

张银生，李翠霞. 2014. 妊娠母羊的饲养管理 [J]. 山东畜牧兽医，35 (8)：107-108.

张英杰. 2010. 羊生产学 [M]. 北京：中国农业大学出版社.

张英杰. 2013. 规模化生态养羊技术 [M]. 北京：中国农业大学出版社.

郑中朝，白跃宇，张雄，等. 2002. 新编科学养羊手册 [M]. 郑州：中原农民出版社.

周泉伏，马先锋. 2018. 裹包青贮燕麦和苜蓿饲喂肉羊育肥效果试验研究 ［J］. 畜牧与兽医，50 （09）：26-29.

周元军. 2009. 秸秆饲料加工与应用技术图说 ［M］. 郑州：河南科学技术出版社.

AFRC. 1992. Technical committee on responses to nutrients, Report 9. Nutritive requirements of ruminants animals: Protein. Nutrition Abstracts and Reviews, Series B.

AFRC. 1993. Energy and Protein Requirements of Ruminants. An advisory manual prepared by the AFRC Technical Committee on Responses to Nutrients. Wallingford, UK: CAB International.

ARC. 1980. The Nutrient Requirements of Ruminant Livestock. Slough, UK: Commonwealth Agricultural Bureaux.

Deng K D, Diao Q Y, Jiang C G, *et al*. 2012. Energy requirements for maintenance and growth of Dorper crossbred ram lambs ［J］. Livestock Science, 150 （1-3）: 102-110.

Deng K D, Jiang C G, Tu Y, *et al*. 2014. Energy requirements of Dorper crossbred ewe lambs ［J］. Journal of Animal Science, 92 （5）: 2161-2169.

INRA. 1989. Ruminant Nutrition: Recommended Allowances and Feed Tables ［M］. John Libbey& Co. Ltd, Paris, France.

Ma T, Deng K D, Jiang C, *et al*. 2013. The relationship between microbial N synthesis and urinary excretion of purine derivatives in Dorper× thin-tailed Han crossbred sheep ［J］. Small Ruminant Research. 112 （1）: 49-55.

Mcdonald P, Edwards R A, Greenhalgh J F D, *et al*. 2002. Animal nutrition ［M］. Sixth Edition. London: Pearson Education Limited.

NRC. 1985. Nutrient Requirement of Sheep. Washington, DC: National Academy Press.

NRC. 2000. Nutrient Requirements of Beef Cattle. Washington, DC: National Academy Press.

NRC. 2001. Nutrient requirements of dairy cattle. Washington, DC: National Academy Press.

NRC. 2007. Nutrient Requirements of Small Ruminants: Sheep, Goats, Cervids, and New World Camelids. Washington, DC: National Academy Press.

Xu G S, Ma T, Ji S K, *et al*. 2015. Energy requirements for maintenance and growth of early-weaned Dorper crossbred male lambs ［J］. Livestock Science, 177: 71-78.